火药装药技术

张江波　马中亮　赵良友　韩冬海　吴瑞强　编著

国防工業出版社

·北京·

内 容 简 介

本书系统地介绍了身管武器和火箭武器装药的相关知识，主要包括火药的能量性能、发射装药设计的理论基础、发射装药与弹道性能的关系、发射装药的弹道设计及结构设计、固体推进剂装药设计及其内弹道计算、火药装药技术的进展等内容。

本书可作为高等院校特种能源技术与工程、军事化学与烟火技术、武器系统与工程、武器发射工程等相关专业的本科生和硕士生的教材或参考书，也可供从事发射药、固体推进剂等相关生产、科研和管理工作的技术人员参考。

图书在版编目（CIP）数据

火药装药技术/张江波等编著．—北京：国防工业出版社，2025.7.—ISBN 978-7-118-13752-1

Ⅰ. TQ562

中国国家版本馆 CIP 数据核字第 20257H59Q0 号

※

国防工业出版社出版发行

（北京市海淀区紫竹院南路 23 号　邮政编码 100048）

北京虎彩文化传播有限公司印刷

新华书店经售

*

开本 787×1092　1/16　**印张** 14　**字数** 312 千字

2025 年 7 月第 1 版第 1 次印刷　**印数** 1—1200 册　**定价** 78.00 元

国防书店：（010）88540777　书店传真：（010）88540776

发行业务：（010）88540717　发行传真：（010）88540762

前言

火炸药作为武器的发射能源和毁伤能源，在现代战争中起着至关重要的作用。特种能源工程作为火炸药人才培养的本科专业，所开设课程经过多年优化，主要包括基础化学、工程力学，火工品、火药、炸药的制备工艺及性能，火炸药的装药及应用等相关课程。四年专业的培养使得学生基本掌握了火炸药的基本性能和安全特性，为火炸药行业输送了大批专业人才，保障了火炸药的安全生产和研发。

火药装药技术作为特种能源工程本科生的专业课之一，是学生对前序课程进行综合应用的体现。本书针对本科生的教学特点和专业进行了知识点的优化，重点突出与前序课程的衔接，扩大了知识面的广度，对前序课程已有内容进行了简化，增加了知识综合应用的内容，尽量做到深入浅出、自成系统，方便教师教学和学生自学。

火药装药分为发射装药和固体推进剂装药。经过长期的发展，火药装药已经成为一门学科。它和火药学、弹药学密切相关，它有系统的和较完整的科学内容和科学方向。目前，火药装药技术发展很快，新原理、新概念、新结构等装药技术不断涌现，促进了火炮、弹药、固体发动机等技术的进展，也充实了装药学的科学内容。

本书分为9章。第1章为绪论，介绍了火药装药的组成及目标。第2章为火药的能量性能，介绍了火药的爆热、爆温、比容、火药力、余容、比冲及特征速度。第3章为发射装药设计的理论基础，介绍了火炮内弹道模型与发射装药设计，发射装药的点火和燃烧过程，火药燃气对炮膛的热传导、烧蚀，发射时的有害现象等。第4章为发射装药与弹道性能，介绍了火药力、装药量等对弹道性能的影响。第5章为发射装药的弹道设计，介绍了装药设计步骤，发射装药弹道设计及模型等。第6章为发射装药的结构设计，介绍了发射装药中的结构、点火系统、附加元件等。第7章为固体推进剂装药设计，介绍了装药设计的步骤及方法。第8章为固体推进剂装药的内弹道计算，介绍了内弹道过程及计算方法，点火及熄火过程。第9章为火药装药技术的进展，介绍了渐增性燃烧装药、多层变燃速装药、随行装药等内容。

本书的撰写工作由张江波、马中亮、赵良友、韩冬海、吴瑞强合作完成，张江波主要参与第2、第3、第4、第8章的编写，马中亮主要参与第1章和第9章的编写，赵良友主要参与第6章的编写，韩冬海主要参与第5章的编写，吴瑞强主要参与第7章的编写。全书由张江波统稿。另外，张钲昊、刘雅杰、刘欢欢、侯龙等研究生也参与了部分工作。

由于作者水平有限，书中难免有疏漏和不足之处，敬请读者批评指正。

编著者

2024年1月

目录

第1章　绪　论

火药包括发射药和固体推进剂，火药装药分为发射装药和固体推进剂装药。经过长期的发展，火药装药已经成为一门学科：火药装药学。它和火药学、弹道学有密切关系，它有系统的和较完整的科学内容和科学方向。目前，火药装药技术发展很快，新原理、新概念、新结构等装药技术不断涌现。在发射装药方面，高能量密度装药、高渐增性装药、刚性装药、随行装药、压实装药、电热化学能装药，以及缓蚀、底排、零梯度等装药技术逐步得到应用。装药技术近期的发展，促进了火炮和弹药技术的发展，也充实了装药学的科学内容。

发射装药为武器提供发射能量，它是决定武器威力的关键因素之一。发射装药应满足武器的战术技术要求，尤其是满足武器威力的要求，为武器储备提供必需的能量，并在发射瞬间完成能量的转换。

发射装药应在武器环境中、在武器服役和瞬间发射时准确地发挥效能。装药的可靠性、敏感性和安全性是令人关注的。赋予装药低易损性，是武器摧毁目标、保存自己的需求。

勤务处理和机动性有相近的意义。简化、安全的装药，可在较大程度上影响武器的机动性和人员的操作环境。

发射装药应从威力、安全可靠性和勤务处理等诸多方面满足武器的战术技术要求。发射装药的研究内容虽然很多，但主要有以下3项：

(1) 满足武器威力要求，提高炮口动能；

(2) 提高武器的安全性和可靠性；

(3) 改善武器的勤务处理环境。

其中，炮口动能和弹道稳定性是发射装药研究的核心内容，发射装药研究一直在关注增加炮口动能的理论和技术。有利于武器机动性、武器寿命的装药研究也很重要，如可燃容器、刚性装药、缓蚀技术、整装和分装式装药结构、装药工艺等，都是装药研究的主要内容，它们和武器威力有密切联系。

装药理论是装药学的重要组成部分。近些年来，发射药设计、装药设计、点火系统设计、弹道设计等基础理论的研究都有所进展，发展的有关理论逐步改变装药经验和半经验的设计方式。

1.1　发射装药的组成

发射装药由以下装药元件组成。

1. 发射药

发射药是发射装药的基本元件，是武器转变成弹丸有效功的能源。现有多种发射药，不仅成分不同，而且形状和尺寸不同。发射装药设计的核心内容是合理地选择和设计发射药。

2. 点火具及其元件

点火是发射药燃烧的起始条件，点火的好坏直接影响发射药燃烧的状况，从而影响发射装药的弹道性能。点火系统的作用是在瞬间全面地点燃发射药，使发射药正常燃烧并获得稳定的弹道性能。点火过强是造成膛内气体压力骤然增高的原因之一。微弱和缓慢的点火会导致装药不均匀点燃和迟发火，这是弹道性能反常和射击烟雾多的主要原因。装药的正常燃烧，除选择合适的点火系统外，还必须合理地选定点火系统的结构和它在装药中的位置。

点火系统由两部分组成：一是基本点火具，它对辅助点火药、传火药，或直接对装药进行点火，是提供最初点火热量的点火具，基本点火具有火帽、击发底火、电底火、击发门管等；二是辅助点火具，用于加强点火能力，包括传火药和传火具，传火药有黑火药和速燃无烟药，传火具（如传火管）内有黑火药或奔奈药条。

3. 其他元件

装药中除发射药和点火系统外，还可能有护膛剂、除铜剂、消焰剂、紧塞具、可燃药筒和密封盖等装药元件。各种装药不一定都有这些元件，而是根据武器的要求分别选择采用。

各元件的作用如下：

护膛剂：护膛剂可以减轻火药燃气对炮膛的烧蚀作用，提高身管的使用寿命。大口径火炮普遍使用护膛剂，中小口径火炮在初速或射速很高时也使用护膛剂。

除铜剂：除铜剂用于清除炮管膛线表面的积铜。射击时，铜质弹带在膛线上被切割和摩擦，使部分铜黏附在膛线上。积铜多，炮膛表面不光滑，影响弹丸的正常运动和降低射击精度，甚至在积铜严重时出现胀膛现象。使用除铜剂可以明显地提高射击精度。

消焰剂：射击时，火药气体中的可燃气体与空气混合，有时会产生炮口焰或炮尾焰。这是射击时发生的有害现象。应尽量消除炮口焰，不允许产生炮尾焰。装药中的消焰剂可以消除火焰或减弱火焰的强度。

紧塞具：紧塞具包括在药筒口部的厚纸紧塞盖和固定装药用的纸垫或纸筒。用它们固定装药，避免药粒移动或摩擦，保持装药原有结构和弹道性能；在射击时，紧塞具有密闭火药气体，减轻对膛线烧蚀的作用。

可燃药筒：它是装药的容器，射击后消失。可燃药筒也具有能量。它的燃烧性质、质量、结构都对弹道性能有影响，尤其是对弹药的强度、储存性能和易损性有重要影响。

密封盖：它是一个有提环的盂形纸盖，其上涂有密封油，起防潮作用，在射击时取出。把发射药、点火药和装药的其他元件合理结合在一起，形成完整的结构，即装药结构。装药结构直接影响火药的点燃、传火过程和单体发射药燃烧规律，也影响其他元件作用的发挥。

发射装药的总体设计、装药元件和装药结构与武器的弹道性能和机动性有着十分密切的关系。

1.2 发射装药的目标

火炮内弹道过程是装药潜能转变为弹丸动能的过程。内弹道过程遵循能量转换的规律,装药研究的重要基点是提高炮口动能,由于

$$\frac{1}{2}\varphi m v_0^2 = \int_0^{l_g} Sp\mathrm{d}l \tag{1-1}$$

式中:p 为火炮膛内压力(MPa);l 为弹丸的行程(m);v_0 为弹丸初速(m/s);m 为弹丸质量(kg);φ 为次要功系数;l_g 为弹丸全行程(m);S 为身管截面积(m^2)。

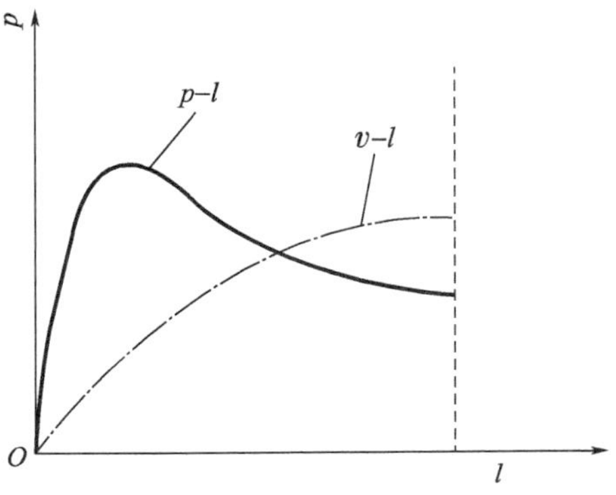

图1-1 火炮 $p-l$、$v-l$ 曲线示意图

炮口动能在数值上等于 $p-l$ 曲线下的面积 $\int_0^{l_g} Sp\mathrm{d}l$,该值用 ∇ 表示。

下面分析提高 ∇ 的方法和可能性,从中确定装药技术所追求的技术目标。现取身管长 l_g、最大压力 p_m 和初速 v_0 已给定的火炮。该火炮的 $p-l$、$v-l$ 曲线如图1-1所示。

要在 $p \leqslant p_m$ 的条件下增加 $p-l$ 曲线的面积,该曲线应尽快达到最大压力 p_m,之后保持此压力至 l_g,这种曲线称为弹道平台曲线。图1-2是接近弹道的压力平台曲线。

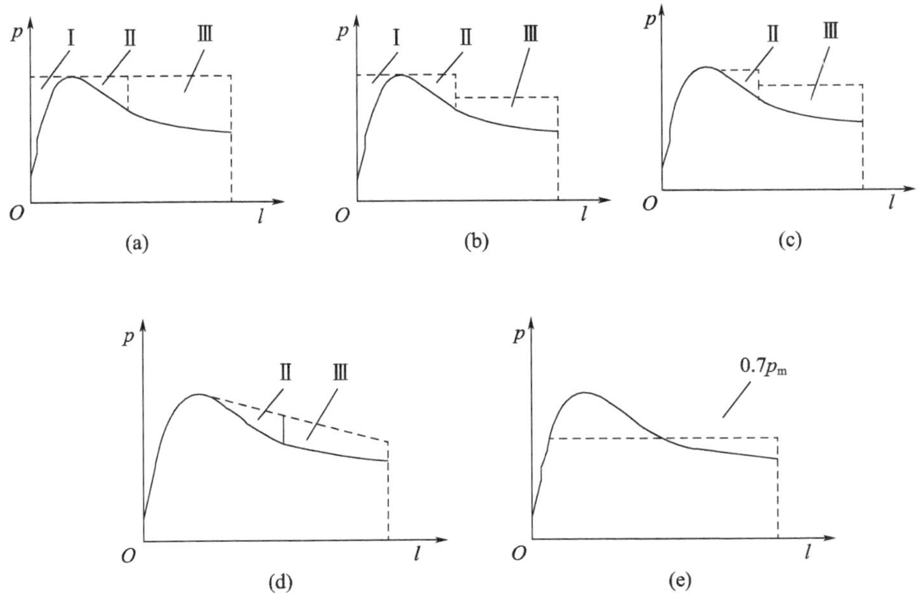

图1-2 压力平台曲线示意图

(a) 最大压力平台;(b) 阶梯压力平台;(c) 局部阶梯压力平台;(d) 缓降压力平台;(e) 0.7p_m 的压力平台。

图1-2(a)的曲线(虚线)是p_m保持不变的压力平台曲线,它从点火开始就进入最大压力,一直保持到炮口。和原曲线相比,面积增加Ⅰ区、Ⅱ区、Ⅲ区三个部分。但因接近炮口的身管强度较低,这部分身管不能承受最大压力,所以图1-2(a)曲线虽有最高的做功面积,但没有实际应用的意义。

图1-2(b)的曲线是有两个阶梯的平台曲线,两个阶梯的压力比$p_{m1}/p_{m2}=3/2$;行程长之比$l_g/l_m=3$;此曲线的压力较接近原火炮的允许压力。

图1-2(c)是在图1-2(b)的基础上去掉曲线下Ⅰ区的面积而形成的两个阶梯的平台曲线。图1-2(d)是在图1-2(c)的基础上使p_m缓慢下降而产生的类似平台的曲线,该曲线所代表的压力是缓慢下降的。图1-2(e)是压力为$0.7p_m$并去掉Ⅰ区的压力平台曲线。

上述五种情况都达到了提高∇值的目的。它们分别产生的效果见表1-1。

表1-1 压力平台增速效果

类型	$p-l$面积增加相对值×100			总增加面积×100	理论增速×100
	Ⅰ区	Ⅱ区	Ⅲ区		
图1-2(a)	9.3	6.2	117.0	132.5	52.5
图1-2(b)	9.3	6.2	65.0	80.5	34.4
图1-2(c)		6.2	65.0	71.5	31.0
图1-2(d)		6.2	33.0	39.2	18.0
图1-2(e)				52.6	23.5

在上述提高炮口动能的几种方式中,图1-2(a)情况的增加值是火炮可能增加的极限值。图1-2(b)和(c)的情况是在技术发展的条件下有可能实现的,其炮口动能可提高80%。图1-2(d)和(e)具有现实性,炮口动能增加39%~52%,初速可提高18%~23%。

图1-2(a)~(e)的动能增加值都受环境温度的影响。表1-1所列数据是以常温为基准的数据。如果消除平台压力的温度感度,则平台压力可以继续提高。

真正完成做功的力是弹底压力,由于受弹后工质声速的影响,膛底和弹底存在较大的压力梯度。弹丸初速越大,压力差越大,初速损耗也越大。因此,要考虑温度和声速的影响,希望在各种条件下都能稳定、最大地提高平台效果与炮口动能。

根据以上分析,装药研究的重要技术目标是获取压力平台效应、增加炮口动能。

1.3 固体火箭发动机的组成

固体火箭发动机是一种性能优越的火箭动力装置,其主要组成部件如图1-3所示,包括燃烧室、主装药、点火器(点火装置)和喷管等。

燃烧室:一端封闭,另一端与喷管相连。燃烧室平时相当于一个推进剂主装药的贮箱,起贮存固体推进剂主装药的作用,当发动机工作时,推进剂主装药在燃烧室内燃烧,形成高温、高压燃气。所以燃烧室不仅要有足够的容量,还要有承受高温、高压的能力。

大多数燃烧室都做成圆柱形,成为整个飞行器受力结构的一部分;也有少数其他形状,如球形或椭球形。燃烧室大都采用高性能的金属材料,如各种合金钢、铝合金和钛合

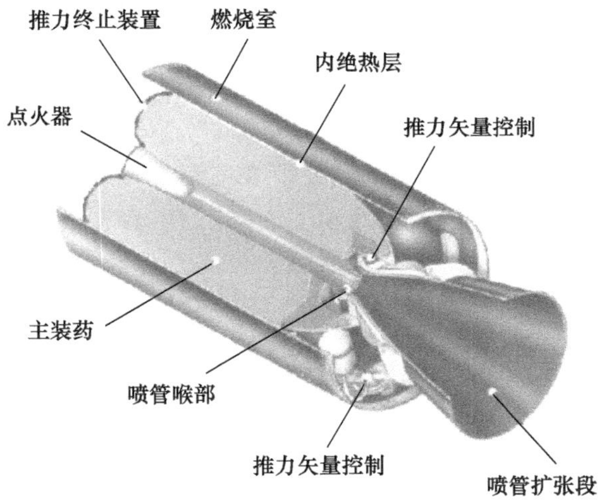

图 1-3 固体火箭发动机主要组成部件

金；还有的采用玻璃纤维缠绕加树脂成型的玻璃钢结构，可以大幅减轻壳体的质量。为了防止壳体材料过热而被破坏，在燃烧室与高温燃气接触的表面，要采取各种隔热措施，用各种隔热材料粘涂燃烧室内壁，形成防护层。

主装药：主装药是固体火箭发动机工作的能源和工质源。主装药由固体推进剂（包括燃料、氧化剂和其他组元）制成，具有一定的几何形状和尺寸，其燃烧表面的变化必须保持一定的规律（为了保证燃烧表面的变化规律，必要时需要对主装药表面的某些部分用阻燃层进行包覆，防止其参与燃烧），以保证发动机实现预期的推力方案。

主装药在燃烧室内可以是贴壁浇铸的，也可以是自由装填的。贴壁浇铸的主装药与燃烧室粘连成一体，是不可分解的；自由装填的主装药是预先制好的，然后自由装填在燃烧室内，与燃烧室是可分解的。对于自由装填的主装药，还需要有可靠的固定装置，目的是使主装药定位，防止发动机工作或搬动时发生位移，以免和燃烧室壳体相碰撞。

点火器（点火装置）：为了点燃主装药，使发动机起动进入工作状态，需要提供一个初始条件，即在燃烧室内创造一定的温度和压强的环境，点火器（或点火装置）就是起这样的作用，即点火器用于点燃主装药，使发动机顺利起动。

点火器（点火装置）主要包括一旦接收起动信息就开始工作的始发器（如电发火管）和有相当数量的点火药。起动时，先是始发器发火，然后点燃点火药，点火药燃烧产生最初的高温高压燃烧产物，包围主装药的燃烧表面，将主装药点燃。主装药燃烧，产生大量的高温高压燃气，这就是火箭发动机的工质，而主装药在燃烧的同时又将其中的化学能转换为燃烧产物（工质）携带的热能，然后进入喷管。

喷管：固体火箭发动机的喷管都采用超声速拉瓦尔喷管，它既是燃烧室内高温高压燃气的出口，又是一个能量转换装置，其功能如下：

（1）通过喷管喉部横截面积的大小，控制高温燃气的流出量，以保证燃烧室内有足够的压强，使推进剂主装药正常燃烧。

（2）将高温燃气的热能转换为动能，产生反作用推力。燃烧室内的高温高压燃气，通过喷管膨胀加速，将燃气的热能转化为燃气流的动能，以超声速气流从喷管排出，产生反作用推力。

(3) 通过喷管实现推力大小和方向的调节与控制。为了在飞行中对飞行器的方向和姿态进行控制,现代的固体火箭发动机都有推力矢量控制装置,有的将整个喷管做成可以摆动或可旋转的,或者在喷管结构上安装其他的推力矢量控制装置,在发动机工作期间用于改变推力的方向。有的固体火箭发动机要求有推力终止装置。例如,弹道式导弹的末级火箭发动机,要求在达到预定的高度和速度的时候,准确地停车,以保证其弹道的准确性,这就要求固体火箭发动机能准确地实现推力终止。通常是在燃烧室头部打开反向喷管,产生反向推力来终止原来的推力。

由于喷管始终受到高温、高压和高速燃气流的传热和烧蚀,需要在相应的内表面上采用耐高温抗烧蚀的材料或相应的防热防烧蚀的措施,而喷管喉部的热防护是喷管设计的最大难题,因为最大的热传递发生在喉部。

综合以上内容,固体火箭发动机的工作过程是:通过点火器(点火装置)将主装药点燃,主装药燃烧,其化学能转变为热能,形成高温高压燃气,然后通过喷管加速流动,膨胀做功,进而将燃气的热能转换为动能,当超声速气流通过喷管排出时,其反作用力推动火箭飞行器前进。固体火箭发动机能量转换的历程如图 1-4 所示。

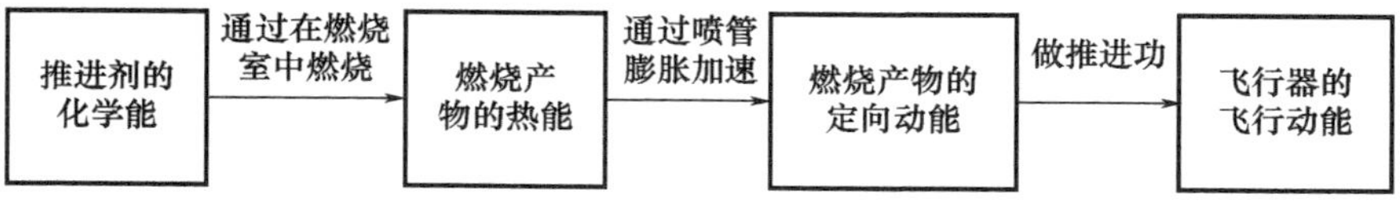

图 1-4　固体火箭发动机能量转换的历程示意图

1.4　固体发动机装药的发展方向

为了进一步提高装填密度,减少余药和应力集中,近年来研制的大型战略导弹用固体火箭发动机广泛采用三维结构装药设计(如翼柱形、锥柱形等),因此,三维药柱设计是装药设计技术发展的主要方向之一。但三维结构装药设计带来了药柱通道内复杂的燃气流动问题,因此三维流场分析成为固体火箭发动机内流场分析的主要方向之一。

在提高装填密度、减少余药和应力集中的同时,避免侵蚀燃烧的出现也是发动机设计者所关注的主要问题之一。因此,装药设计又根据发动机的具体结构、任务用途等不同要求,做相应的调整。例如:对于长径比很小的航天器上的固体火箭发动机可采用头部满装药的柱槽或锥槽形药柱;对于长径比很大的大型航天固体助推器多采用分段式装药设计,且不同段可采用不同的药柱结构,以适应工艺制造等的需求。

战术导弹用固体火箭发动机的装药设计多以星形为主,但已明显向高装填密度的药形过渡,且常采用组合药形,如端面燃烧形与星形组合、圆柱形与圆锥形组合等,以达到既可改变推力方案又能保持高性能的目的。

小型军用固体助推器、末修末敏固体发动机等多采用薄肉厚的单根或多根管状装药,以满足快速点火、减少侵蚀燃烧和降低碎药率等的设计要求。

本书围绕发射装药设计和固体推进剂设计两个核心内容进行讲解,首先介绍发射装药和推进剂的能量性能,进而分章讲解发射装药设计、固体推进剂装药设计,最后给出了火药装药技术的最新进展。

习　题

1. 发射装药的主要研究内容有哪些?
2. 发射装药由哪些部分组成?
3. 固体发动机中喷管的主要功能是什么?
4. 固体火箭发动机的工作过程是什么?

第 2 章　火药的能量性能

火药的能量性能是装药设计的关键参数，主要包括爆热、爆温、比容、火药力、余容、比冲及特征速度等，本章分别简述它们的定义及意义。

2.1　火药的爆热

火药的爆热一般可定义为 298K 或其他标准温度下 1kg 火药变成相同温度的爆发（燃烧）产物时所放出的热量。也就是处于标准状态下的火药，在没有氧气或空气存在的条件下进行爆发反应，并使爆发产物温度降到标准温度的过程中放出的全部热量。

要研究火药热量，首先需区分火药的爆热和火药完全燃烧热这两个不同的概念。在热化学中，1mol 化合物在过量氧存在下充分燃烧，使其中的元素生成稳定氧化物时的热效应称为该化合物的燃烧热。火药的完全燃烧热即上述热化学意义上的燃烧热。为避免混淆，火药的完全燃烧热又常称为充分燃烧热。而火药在武器膛内或火箭发动机内的燃烧（爆发）是在隔绝外界空气的条件下进行的，因为绝大多数火药具有负的氧平衡值，所以火药的爆发产物中含有大量没有完全氧化的产物，如 CO 和 H_2 等，这些氧化不完全的燃烧产物，如遇空气还可发生二次燃烧，进一步放出热量。其次，火药的爆热（有时也称火药的燃烧热）在概念上不同于火药的完全燃烧热，在数值上小于完全燃烧热。

爆热是火药爆发过程的热效应，它与过程进行的条件（定压还是定容）及产物的最终聚集状态（主要指水为液态或气态）有关。水为液态的定容爆热、水为气态的定容爆热和水为气态的定压爆热等，分别以 $Q_{V(l)}$、$Q_{V(g)}$ 和 $Q_{P(g)}$ 表示，单位为 kcal/kg 或 kJ/kg。

考虑到在定容下 1mol 水的汽化热为 9.927kcal，所以

$$Q_{V(g)} = Q_{V(l)} - 9.927 \times n_{H_2O} \tag{2-1}$$

式中：n_{H_2O} 为 1kg 火药爆发产物中水的物质的量。

下面讨论定压爆热与定容爆热的关系。由热力学基本原理可知，定容反应热 Q_V 与物系终态和初态热力学能的差值相等，定压反应热 Q_P 与物系终态和初态的差相等，即

$$Q_V = \Delta U$$

$$Q_P = \Delta H$$

因为在定义火药爆热时，以放热为正值，以吸热为负值，这与热力学上的规定正好相反，所以

$$Q_{V(g)} = \Delta U$$

$$Q_{P(g)} = \Delta H$$

又因为对于定压反应，热焓变化与热力学能变化之间存在下列关系：

$$\Delta H = \Delta U + P\Delta V$$

式中：ΔV 为物系终态与初态体积的差值。

所以火药的定压爆热与定容爆热之间存在下列关系：

$$Q_{P(g)} = Q_{V(g)} - P(V_{产物} - V_{火药}) \quad (2-2)$$

因为火药爆发产物可视为理想气体，而且火药体积相对于爆发产物体积来说可以略去不计，又根据理想气体状态方程，所以式(2－2)可改写为

$$Q_{P(g)} = Q_{V(g)} - PV_{产物} = Q_{V(g)} - \bar{n}RT \quad (2-3)$$

将式(2－1)代入式(2－3)得

$$Q_{P(g)} = Q_{V(1)} - 9.927 \times n_{H_2O} - \bar{n}R^o T \quad (2-4)$$

式中：$\bar{n}$为 1kg 火药爆发气体产物的总物质的量；R^o 为气体常数(8.314J/(mol·K))；T 为定义爆热时所采用的标准温度(K)，一般为 298K。

如取 T=298K，则式(2－3)和式(2－4)可直接写为

$$Q_{P(g)} = Q_{V(g)} - 0.592\,\bar{n} \quad (2-5)$$

$$Q_{P(g)} = Q_{V(1)} - 9.927 \times n_{H_2O} - 0.592\,\bar{n} \quad (2-6)$$

如取 T=0K，则式(2－3)中右边第二项等于零，故得

$$Q^o_{P(g)} = Q^o_{V(g)} \quad (2-7)$$

式中：$Q^o_{P(g)}$ 和$Q^o_{V(g)}$ 分别为标准温度为 0K 时的定压爆热和定容爆热(水为气态)。

爆热是表征火药燃烧时放出化学潜能多少的标志，火药的爆热大，意味着它燃烧时放出的能量大，所以爆热是火药能量性能最重要的参数之一，也是火药选择、设计和生产控制中考虑的主要指标。一般来说，武器要求火药有较高的爆热，但不一定是爆热越高越好。不同类型的武器要求火药有不同的爆热。

2.2　火药的爆温

在放热化学反应过程中，所放出的热量如果不能及时传走，则反应物系的温度就会上升。假如反应是在绝热条件下进行的，则反应所放出的热量完全被物系本身吸收，这时物系的温度将升至高。因此，我们可以定义反应的理论最高温度为反应物系在绝热条件下所能达到的最高温度。

对于绝热定容反应，所达到的最高温度记为 T_V。可以设想图 2－1 所示的两种反应历程：一是由 298K 的反应物直接变为 T_V的反应产物；二是 298K 的反应物先变为 298K 的反应产物，再接着升温至 T_V。

由热力学基本原理，可得

$$(U_{T_V}) = (U_{298}) \quad (2-8)$$

$$Q_{V(g)} = (U_{298})_{反应物} - (U_{298})_{产物} = (U_{T_V})_{产物} - (U_{298})_{产物} = \int_{298}^{T_V} C_V \mathrm{d}T \quad (2-9)$$

如果取平均热容，则

$$Q_{V(g)} = \bar{C}_V(T_V - 298) \quad (2-10)$$

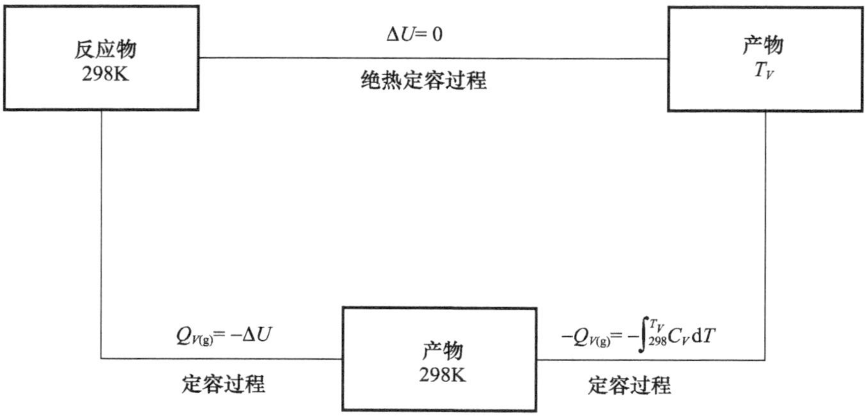

图 2-1　定容过程化学反应历程图

$$T_V=\frac{Q_{V(g)}}{\overline{C}_V}+298 \tag{2-11}$$

或

$$T_V=\frac{(U_{T_V})_{产物}-(U_{298})_{产物}}{\overline{C}_V}+298 \tag{2-12}$$

式(2-8)~式(2-12)描述了物系反应前后热力学能变化与定容反应热效应和最高定容温度之间的关系，这是热化学计算火药爆温的理论基础。

同样，对于绝热定压反应，设所达到的最高温度为 T_P，可得到式(2-13)~式(2-17)：

$$(H_{T_P})_{产物}=(H_{298})_{反应物} \tag{2-13}$$

$$Q_{P(g)}=(H_{298})_{反应物}-(H_{298})_{产物}=(H_{T_P})_{产物}-(H_{298})_{产物}=\int_{298}^{T_P}C_P\mathrm{d}T \tag{2-14}$$

如取平均热容，则

$$Q_{P(g)}=\overline{C}_P(T_P-298) \tag{2-15}$$

$$T_P=\frac{Q_{P(g)}}{\overline{C}_P}+298 \tag{2-16}$$

或

$$T_P=\frac{(H_{T_P})_{产物}-(H_{298})_{产物}}{\overline{C}_P}+298 \tag{2-17}$$

这些公式描述了物系反应前后热焓变化及定压反应热效应与反应最高温度 T_P之间的关系。

上述的基本原理完全适用于火药的爆发反应。因此，火药在绝热条件下燃烧所能达到的最高温度，称为火药的爆温。按照爆发反应条件的不同，火药的爆温有定容爆温和定压爆温，分别以 T_V和 T_P表示，单位为 K，前者近似于火炮膛内燃烧所达到的温度，后者近似于火箭发动机内燃烧所达到的温度。火药爆温的大小对火炮膛内和火箭发动机的热力计算、生成炮口焰的可能性及火药气体的烧蚀性都有着重要意义。一般来说，当火药燃烧产物的体积（比容）一定时，爆温越高，火药做功的能力越大，对火炮炮膛或发动机喷管的烧蚀也越大。

在能量计算中,发射药的爆温采用的是定容爆温的计算方法,固体推进剂的爆温采用的是定压爆温的计算方法,虽然都是爆温但是物理意义不同。

2.3 火药的比容

1kg 火药燃烧时生成的气体产物在标准状态下(1 个标准大气压和 273K 时)所占有的体积(水为气态)称为火药的比容,以 v 表示,单位为 L/kg。

比容也是衡量火药做功能力的主要参数之一。因为在一定温度和压力下,火药燃烧生成的气体体积越大,做功能力也越大,因此火药的比容越大越好。

如果知道了火药燃烧产物的平衡组成,则根据阿伏加德罗定律极易求出火药的比容:

$$v = \left(\sum n_i^{g}\right) \times 22.41 \tag{2-18}$$

式中:n_i^g为 1kg 火药燃烧产物中第 i 种气态产物的物质的量。

有些资料中直接用气态产物的总物质的量 $\sum n_i^g$ 来表示火药的成气性质。也有些资料中以气态产物的平均分子量$\overline{M}^g$来表示火药的成气性质,而$\overline{M}^g$可由式(2-19)来定义,即

$$\overline{M}^g = \sum n_i^g M_i^g / \sum n_i^g \tag{2-19}$$

式中:M_i^g为第 i 种气态产物的分子量。

由式(2-18)、式(2-19)可以看出,火药燃烧时所生成气态产物的物质的量越多,或气态产物的平均相对分子质量越小,则火药的比容越大。比容、气态产物的总物质的量和平均相对分子质量三个参数是等价的,都是表明火药燃烧生成气体产物的多少的。火药燃烧所处的压力和温度不同,其燃烧产物的平衡组成也不同,因而火药的比容也不同。对于 C、H、O、N 系统的发射药,在定容下燃烧且不考虑产物解离的条件下,比容值仅取决于火药的组成,不受压力和温度的影响,即

$$v = 22.41 \times \left(\mathcal{N}_C + \frac{\mathcal{N}_H}{2} + \frac{\mathcal{N}_N}{2}\right)$$

这是因为此时影响火药燃烧产物平衡组成的化学反应只有水煤气平衡反应,而水煤气反应平衡的移动并不产生气体物质的量之改变。因而对于每种火药,比容就是仅取决于火药组成的特定不变的参数。对于固体推进剂,燃烧产物的组成受燃烧压力的影响很大,比容就不是一个不变的特征量,而是随燃烧条件的不同而改变。所以,固体推进剂一般不用"比容"这一术语,而是用每一燃烧条件下气态产物的平均分子量来表示火药的成气性能。

在火药能量性能的理论计算中,用式(2-19)计算比容虽然十分方便,但在实际工作中,为了避免繁杂的火药爆温与平衡组成的迭代计算或假定化学式的计算,常采用比容系数来计算火药的比容。这种方法与采用爆热系数(β 值)法来计算爆热是一样的,是基于火药组分的比容系数具有加和性原理,其式为

$$v = m_1 v_1 + \cdots + m_n v_n = \sum m_i v_i \tag{2-20}$$

式中:v_i称为火药组分的比容系数,其定义为火药中某组分含量变化 1%(质量)时所引起火药燃烧产物比容的变化值,单位为 L/kg。同β_i值一样,v_i值可以实验测定,也可以通过

理论计算,通常采用理论计算。理论计算公式为

$$v_i = n_i \times 22.41 \times 10/M_i \tag{2-21}$$

式中:M_i为火药组分 i 的分子量;n_i为火药组分 i 燃烧时生成气态产物的物质的量。

一定量的火药燃烧时所生成气态产物的物质的量越多,即产物的平均分子量越小,则比容越大。因此,火药的比容与其燃烧产物的平均分子量成反比。在 C－H－O－N 系统火药中,如果不考虑解离,则燃烧产物中分子量最小的是 H_2,最大的是 CO_2。如果燃烧产物全部是 H_2,则比容为 11116L/kg;如果燃烧产物全部是 CO_2,则比容为 506L/kg。由此可见,火药组成中氢含量增加,则火药的比容增大;火药组成的氧平衡增高,燃烧产物中 CO_2 和 H_2O 的含量增大,CO 和 H_2 含量减少,因而火药的比容减小。如果火药燃烧产物中有凝聚态产物,则比容急剧减小,当燃烧产物发生解离时,则比容稍有增加。所以,要想提高火药的比容,在火药配方设计时,应选用含有较多相对原子质量较小的元素和不生成凝聚态产物的组分,并且配方的氧平衡要适当控制,不可太大。

2.4 火药力和余容

火药在完全密闭或部分密闭的空间内燃烧,由于生成的高温气体的积聚,会产生很高的压力。火药燃烧时所产生的压力的大小和它所处的环境条件是密切相关的。火药在完全密闭和没有热损失的条件下燃烧所产生的压力最大,称为火药燃烧的最大压力,以 P_m 表之。最大压力与爆温、比容以及装药密度相关。在发射药技术上,常用一种叫作密闭爆发器的仪器来研究发射药在密闭空间内的燃烧情况,由这个试验测出的火药燃烧的压力和时间的关系以及最大压力、火药力、余容等值,是火药、火炮内弹道设计的基础。

火药力和余容这两个概念最初是根据经验得出的。诺贝尔和阿贝尔在用密闭爆发器研究火药在密闭条件下的燃烧情况时,得出如下经验公式;

$$P_m = \frac{f\Delta}{1-\alpha\Delta} \tag{2-22}$$

式中:P_m为密闭爆发器内测得的最大压力;Δ 为密闭爆发器内的火药装填密度;f 为系数,称为火药力;α 为系数,称为余容。

下面从理论上来推导式(2－22),并研究 f 与 α 的物理意义。

在密闭空间内,火药燃烧所产生的气体具有高温高压的性质,它的状态函数压力 P,温度 T 和体积 V 之间的关系不符合理想气体状态方程,而只能用真实气体状态方程——范德华方程来表示。对于 1kg 火药气体的范德华方程可写为如下形式:

$$\left(P+\frac{a}{V^2}\right)(V-b) = nR^oT \tag{2-23}$$

式中:a/V^2为表示分子之间引力的一个修正量。由于火药气体温度很高,即使气体的密度很大,分子之间的吸引力相对来说也是很小的,因此式中 a/V^2可以略去不计。b 是考虑气体分子本身体积的一个修正量,它约等于气体分子本身体积的 4 倍。由于气体压力很高,必须予以考虑。如 P 等于最大压力,T 为定容爆温,则式(2－23)可以改写为

$$P_m(V-b) = nR^oT \tag{2-24}$$

为了确定式中 1kg 火药气体的体积 V,我们设所研究的密闭空间即密闭爆发器的容

积为 V_0，其中装有火药 Wkg，在火药完全燃尽以后，则 1kg 火药气体的体积应为

$$V = \frac{V_0}{W} = \frac{1}{W/V_0} \tag{2-25}$$

因为装药密度 Δ 定义为 W/V_0，所以式(2-25)可变为

$$V = 1/\Delta \tag{2-26}$$

将式(2-26)代入式(2-24)并整理得

$$P_m = \frac{\Delta n R^o T_V}{1 - \Delta b} \tag{2-27}$$

我们比较式(2-27)和式(2-22)不难看出以下关系：

$$f = \Delta n R^o T_V$$

$$a = b$$

由此可见，1kg 火药气体的气体常数 nR^o 与其定容爆温的乘积通常称为火药力，也称定容火药力。由于

$$nR^o = P_0 v/273$$

因此

$$f = P_0 v T_V/273 \tag{2-28}$$

式中：P_0 为 1 个标准大气压；v 为火药气体的比容；T_V 为定容爆温。

1/273 为温度升高 1K 时气体的膨胀系数，$v/273$ 为温度升高 1K 时 1kg 火药燃烧所生成的气体 v 膨胀的体积，而 P_0 是一个标准大气压。因此，$P_0 v/273$ 表示在一个标准大气压下，温度升高 1K 时，1kg 火药燃烧生成的气体膨胀所做的功。因此，火药力 f 可以理解为：1kg 火药燃烧后的气体生成物在一个标准大气压力下，当温度由 0K 升到 T_VK 时膨胀所做的功。所以火药力虽然叫作"力"，但实质上不是力，而是一种做功的能力。根据 P_0 和 v 所用单位的不同，火药力的单位为 kJ/kg。

将式(2-22)与式(2-27)对比还可以看出余容 α 的物理意义是：1kg 火药气体分子本身不可压缩的体积，单位为 m^3/kg。

火药力是火炮内弹道学中重要的特征量，也是比较发射药能量大小的特性参数。由式(2-28)可以看出，火药力的大小与爆温和比容的乘积有关，只有在爆温与比容同时高的情况下，才具有较高的火药力，即火药在燃烧时既放出大量热，又生成大量气体的情况下，才具有较高的能量。因此，孤立地用爆热(爆温)或比容的大小来衡量火药能量的大小都是片面的。

假如将式(2-28)中的定容爆温代以定压爆温，则得到的火药力称为定压火药力，也称火药力换算值，用 f_P 表示：

$$f_P = nR^o T_P = P_0 v T_P/273 \tag{2-29}$$

现在讨论式(2-22)的实用意义。式(2-22)在当时虽为阿贝尔等根据经验得出，但现在完全可以由理论推导出，它实际上是定容情况下火药燃烧时的最大压力公式。该式表明，在火药性质一定的条件下，P_m 不仅随 Δ 的增加而增加，而且比 Δ 增加得还要快些。利用该式只需知道装药密度 Δ，则可算出最大压力 P_m，或者从给定的 P_m 算出 Δ。除此以外，更为重要的是应用这一公式，通过实验的途径，可以测出火药的能量特性参数火药力和余容。

2.5 比 冲

2.5.1 比冲的定义和意义

1. 推力

火箭发动机是一种推进用动力装置，首先要求它产生一定的推力。依靠发动机的推力，使火箭、导弹或其他飞行器能够克服飞行中的各种阻力，达到一定的飞行速度或射程，完成预定的飞行任务。火箭发动机中推力的产生是由于推进剂燃烧产生的高温高压燃气在发动机喷管中膨胀加速，然后从喷管高速喷出所产生的反作用力。根据火箭发动机原理，发动机推力基本关系式如下：

$$F = \dot{m}V_e + (P_e - P_a)A_e \tag{2-30}$$

式中：F 为火箭发动机所产生的推力；$\dot{m}$为燃气通过喷管的质量流率；V_e为燃气通过喷管出口截面处的速度；P_e为喷管出口截面处燃气压力；P_a为外界大气压力；A_e为喷管出口截面积。

2. 总冲量

火箭发动机的总冲量就是发动机的推力与工作时间的积分，用 I 表示。如以 t_b表示推进剂的燃烧时间，则有下列关系：

$$I = \int_0^{t_b} F\mathrm{d}t$$

在推力不随时间延长而变化的情况下则有

$$I = Ft_b$$

3. 比冲

比冲是火箭推进剂中用得最多的能量特性参数，也是评定火箭推进系统性能如何的重要指标。比冲（也称比推力）一般可表述为推力 F 与推进剂重量流率 $\dot{m}g$（或质量流率 $\dot{m}$）之比：

$$I_{sp} = F/\dot{m}g \tag{2-31}$$

或

$$I_{sp} = F/\dot{m} \tag{2-32}$$

比冲可定义为单位重量（或质量）推进剂所产生的冲量，其数学表达式为

$$I_{sp} = \frac{1}{W_p}\int_0^{t_b} F\mathrm{d}t = \frac{I}{W_p} \tag{2-33}$$

或

$$I_{sp} = \frac{1}{m_p}\int_0^{t_b} F\mathrm{d}t = \frac{I}{m_p} \tag{2-34}$$

式中：I_{sp}为比冲（N · s/kg）；F 为发动机推力（kg 或 N）；W_p、m_p为推进剂质量（kg）；t_b为燃烧时间（s）。

当发动机排气压力等于外界大气压力（$P_e = P_a$），即燃气经过喷管达到完全膨胀时，则由式（2－30）和式（2－31）可以得到发动机排气速度 V_e和比冲 I_{sp}的关系：

$$I_{sp} = \frac{F}{\dot{m}} = \frac{\dot{m}V_e}{\dot{m}g} = \frac{V_e}{g} \tag{2-35}$$

或

$$I_{sp}=\frac{F}{\dot{m}}=\frac{\dot{m}V_e}{\dot{m}g}=V_e \tag{2-36}$$

4. 比冲的意义

比冲是衡量推进剂能量大小的重要指标，人们希望推进剂的比冲越大越好。但是如果用增加推进剂总量的办法来增大发动机的冲量，那么大部分冲量都消耗在使推进剂本身加速上面了。因而单位质量推进剂所产生的冲量——比冲，则是作为火箭发动机给予飞行器冲量的有效利用程度的一种衡量指标。关于这一点，由下面的公式和例子可以看出。根据齐奥尔柯夫斯基公式，火箭发动机中推进剂燃烧完时整个火箭系统的最大速度V_m表示为

$$V_m=I_{sp}g\ln\frac{W_m}{W_f} \tag{2-37}$$

式中：W_m为火箭系统总质量；W_f为推进剂燃烧完后的火箭系统质量。

由式(2-37)可以看出，火箭最大速度V_m与推进剂的比冲成正比，因而比冲很小的变化，对武器的射程有很大的影响。对于洲际导弹，当推进剂比冲增加1%时，洲际导弹的射程增加7%，当推进剂比冲增加5%时，射程可增加45%。所以，提高推进剂的比冲值是推进剂研究工作的主要方向和任务，特别是对于远程火箭导弹所用的推进剂更是如此。

2.5.2 冻结比冲与平衡比冲

推进剂燃烧产物在喷管流动膨胀过程中要发生一系列复杂的物理变化与化学变化。一方面，随着膨胀过程中燃气温度与压力的降低，产物之间发生重合反应（温度降低使解离产物发生重合反应，而压力降低有利于燃烧产物的解离，总的来说温度降低的影响占主导地位，因此在喷管流动膨胀过程中，总的结果是解离产物进行重合反应，并把燃烧产物解离时吸收的能量再释放出来）；另一方面，某些产物可能产生相变（凝聚或凝固）。但是，完成化学反应和相变都需要一定的时间，而燃烧产物在喷管中停留的时间很短，一般在0.001s以下，这就产生了这样一个问题：在喷管流动过程中重合反应是否来得及进行？相变是否来得及完成？现在由于缺乏关于重合反应速度和相变速度的动力学数据，因此无法讨论这一真实的复杂情况。为了近似地处理这一问题，人们采取两种极端的情况，即冻结流动过程与平衡流动过程。

如果假设在喷管膨胀流动过程中，燃烧产物组成保持燃烧室中的平衡组成不变，好像冻结了一样，这种流动称为冻结流动。虽然，这是相对于反应速度与凝聚速度（相变速度）等于零的一种极端情况。按照冻结流动条件计算出的比冲称为冻结比冲。如果假设在喷管流动膨胀过程中，喷管中任意地点燃烧产物组成都符合该地点的压力和温度下的平衡组成，并且随着喷管中压力和温度的变化，能够凝聚的产物总来得及发生相变，将热量传给气体，使气态产物与凝聚态产物处于同一温度，而气态产物总来得及将凝聚态产物加速，使后者与前者处于同一速度。燃烧产物在喷管流动过程中时时处处均处于化学平衡、热平衡和速度平衡的状态，这种条件下的流动称为平衡流动。显然，这是相当于动力学速度为无穷大的另一种极端情况。按照平衡流动条件计算出的比冲称为平衡比冲。

通常，流入喷管的燃气温度是很高的，因而其中必然含有一定量的解离产物。在喷管膨胀流动过程中，如果燃气组成处于冻结状态，则解离产物仍继续保持解离状态，不会放

出附加的热能；然而，如果是平衡流动，则当温度下降时解离产物便会发生重合反应，放出附加的热能，并进一步转变为喷气的动能。同样，某些产物在喷管平衡流动过程中的及时凝结，也放出附加的热能——相变热，这部分热能及时地转变为喷气的动能。这两种效果往往超过了由于重合反应与凝聚反应使燃气平均分子量增大所产生的对比冲的不利影响。因此，平衡比冲比冻结比冲要稍高一些。

对固体推进剂来说，平衡比冲与冻结比冲的计算值一般相差较小（与液体推进剂相比）。例如，典型的比冲为250s左右的含铝复合推进剂的平衡比冲和冻结比冲的差值为3% ~4%（与此相反，对于高能液体推进剂系统来说，这种差别要超过10%）。这个差值主要是由于气态铝原子和氧化铝与氧的再化合并凝结为 Al_2O_3。在固体推进剂中，由于单纯气相再化合过程所产生的对平衡比冲与冻结比冲差值的影响很小。因此，就不含金属燃料的固体推进剂而言，平衡比冲与冻结比冲的差异往往可以忽略不计。

上面讨论了两种极端流动情况下的比冲，实际上重合反应速度和相变速度既不是零，也不是无穷大，而是一个有限值。因此，在喷管流动过程中，随着燃烧产物温度和压力的降低，进行了一定程度的重合反应和相变，使燃气组成改变了，但没有达到化学平衡和相平衡的程度，虽然放出了一部分能量，但没有平衡流动时放出的那么多。所以真实流动情况是介于平衡流动与冻结流动这两种极端情况之间的，而真实比冲值也是介于平衡比冲值与冻结比冲值之间。

在某种具体情况下，喷管流动过程究竟是接近平衡流动还是接近冻结流动，即真实比冲是接近平衡比冲还是接近冻结比冲，取决于推进剂的组成、膨胀压力比以及燃烧室压力等。对于一般的双基推进剂，其燃烧温度较低，在燃烧过程中产物解离较少，且不含能够凝聚的产物，所以其平衡比冲与冻结比冲的计算结果相差很小。为了计算简单，通常按冻结流动计算其理论比冲。对于能量较高的推进剂，如某些复合推进剂，其燃烧温度较高，而燃烧室压力一般较低，燃烧过程中产物解离又较多，且含有大量可凝聚的燃烧产物，在这种情况下，平衡比冲与冻结比冲的差值较大，因此通常都按平衡流动条件来计算理论比冲。

2.5.3 标准理论比冲

如前所述，推进剂比冲值主要取决于推进剂本身的特性和发动机的结构性能。通常根据推进剂热力学性质计算出来的比冲称为理论比冲，以 I_{sp}^0 表示。不同的计算者有可能选择不同的 p_c、p_e、ε、α 等条件，其计算结果就不一致，这对于不同的推进剂系统就无法比较其能量性能，因此就要选择一个统一的标准。在实际应用中一般规定计算的标准条件如下：

（1）燃烧室压力 $p_c = 70$ 个标准大气压；

（2）环境压力 $p_e = 1$ 个标准大气压；

（3）喷管面积膨胀比 ε 为最佳，即膨胀到 $p_c = p_e$；

（4）喷管出口扩张半角 $\alpha = 0°$；

（5）平衡的喷管排出物组成。

根据这些标准条件计算出来的理论比冲，称为推进剂的标准理论比冲，以 I_{sp}^0 表示。这样就可以对不同推进剂比冲值的大小进行比较。

表 2-1 中列出了典型固体推进剂系统标准理论比冲值的范围。

表 2-1　典型固体推进剂系统的能量性能

推进剂	理论比冲/s	燃烧温度/℃	密度/(g/cm^3)	金属含量/%
双基	220～230	2280	1.60	0
双基/高氯酸铵/铝	260～265	3593	1.79	20～21
双基/高氯酸铵-奥托今/铝	265～270	3704	1.79	20
氨氯乙烯/高氯酸铵	230～240	2538	1.69	0
聚氟乙烯/高锌酸铵/铝	260～265	3093	1.77	21
聚硫/高氯酸铵	230～240	2593	1.72	0
聚硫/高氯酸铵/铝	240～250	2760	1.72	3
聚氨酯/高氯酸铵/铝	260～265	2982～3315	1.77	16～20
聚丁二烯丙烯/高氯酸铵/铝	260～263	3204	1.77	16
端羟基聚丁二烯/高氯酸铵/铝	260～265	3093～3204	1.77	15～17
端羟基聚丁二烯/高氯酸铵/铝	260～265	3093～3204	1.77	4～17
氟碳/高氯酸铵/铝	240～245	3427	2.05	19.5
双基/高氯酸铵/铍	275～280	3593	1.77	12
端羟基聚丁二烯/高氯酸铵/铍	275～280	3204	1.66	12
聚氨酯/高氯酸铵/铝	275～280	3204	1.68	12

2.5.4　密度比冲

前面讨论了推进剂的能量特性参数比冲，但是在实际应用中固体推进剂是直接装填在火箭发动机的燃烧室内的，因此推进剂密度的大小对燃烧室体积的大小有很大的影响。而燃烧室质量的大小又直接影响火箭的射程。为了使燃烧室的质量能够减轻，当I_{sp}和装药量 W_p一定时，则希望推进剂的密度越大越好。为了全面评价推进剂的能量特性和正确选择推进剂品种与配方，最好有一个能将比冲和密度结合在一起的参数，作为比较推进剂能量特性的标准。最简单的办法就是运用密度比冲这一概念，它定义为

$$I_\rho = I_{sp}\rho \tag{2-38}$$

式中：I_ρ为密度比冲（$kg \cdot s/m^3$或$N \cdot s/m^3$）；I_{sp}为比冲（$kg \cdot s/kg$ 或 $N \cdot s/kg$）；ρ 为推进剂密度（kg/m^3）。

为了更精确地研究比冲和密度对推进系统的协同影响，下面进一步分析比冲和密度的关系。为此，假设有一个单级的理想火箭系统，略去空气阻力及重力影响，则其主动段末速 V_m为

$$V_m = I_{sp}g\ln\frac{W_m}{W_f} = I_{sp}g\ln\frac{W_m}{W_m - W_p} \tag{2-39}$$

将式（2-39）进行微分，得

$$dV_m = I_{sp}gd\left(\ln\frac{W_m}{W_f}\right) + \ln\frac{W_m}{W_f}d(I_{sp}g) = I_{sp}g\frac{1}{W_m/W_f}d\frac{W_m}{W_f} + \ln\left(\frac{W_m}{W_f}\right)d(I_{sp}g)$$

所以

$$\frac{\mathrm{d}V_m}{V_m}=\frac{I_{sp}g}{V_m}\frac{1}{W_m/W_f}\mathrm{d}\frac{W_m}{W_f}+\frac{\ln(W_m/W_f)}{V_m}\mathrm{d}(I_{sp}g) \tag{2-40}$$

由式(2－39)知

$$\frac{1}{I_{sp}g}=\ln[W_m/(W_m-W_p)]/V_m \tag{2-41}$$

将式(2－41)代入式(2－40)后,得

$$\frac{\mathrm{d}V_m}{V_m}=\frac{I_{sp}g}{V_m}\frac{1}{W_m/W_f}\mathrm{d}\frac{W_m}{W_f}+\frac{\mathrm{d}(I_{sp}g)}{I_{sp}g} \tag{2-42}$$

因为

$$W_p=V_p\mathrm{d}p$$

所以对于固定容积的火箭发动机,只能通过改变推进剂的密度ρ来改变推进剂的质量W_p,才能使火箭的V_m发生变化。推进剂质量的变化为

$$\mathrm{d}W_p=V_p\mathrm{d}p$$

式中:V_p为推进剂体积。

因为

$$W_m=W_f+W_p$$
$$W_f=常数$$

所以

$$\frac{1}{W_m/W_f}\mathrm{d}\frac{W_m}{W_f}=\frac{1}{W_m}\mathrm{d}(W_f+W_p)=\frac{1}{W_m}\mathrm{d}W_p=\frac{1}{W_m}V_p\mathrm{d}p=\frac{W_p}{W_m}\frac{\mathrm{d}\rho}{\rho} \tag{2-43}$$

将式(2－43)代入式(2－42)得

$$\frac{\mathrm{d}V_m}{V_m}=\frac{\mathrm{d}(I_{sp}g)}{I_{sp}g}+\frac{I_{sp}g}{V_m}\frac{W_p}{W_m}\frac{\mathrm{d}\rho}{\rho}=\frac{\mathrm{d}(I_{sp}g)}{I_{sp}g}+\frac{W_p/W_m}{\ln\frac{1}{1-W_p/W_m}}\frac{\mathrm{d}\rho}{\rho} \tag{2-44}$$

式中:W_p/W_m称为推进剂的质量分数。式(2－44)显示了推进剂密度变化与推进剂比冲变化之间的等效关系。表2－2为根据式(2－44)计算的推进剂比冲变化与密度变化之间等效关系的数据。

表2－2 推进剂质量分数对$\mathrm{d}\rho/\rho$项系数的影响

推进剂质量分数	$\frac{W_p/W_m}{\ln\frac{1}{1-W_p/W_m}}$	推进剂质量分数	$\frac{W_p/W_m}{\ln\frac{1}{1-W_p/W_m}}$
0.95	0.317	0.60	0.858
0.90	0.391	0.50	0.721
0.85	0.448	0.40	0.783
0.80	0.497	0.30	0.839
0.75	0.541	0.20	0.896
0.70	0.581	0.10	0.958

由表2－2可以看出,当推进剂质量分数在0.95时,其密度变化1%,等效于0.317%的比冲变化。而在低的推进剂质量分数时,密度变化变得更加重要,即密度的较小变化相

当于比冲的较大变化。例如,质量分数为0.8时,当ρ由1.6提高到1.8时,相当于I_{sp}由200s提高到212s,即密度增加1%,相当于增加0.497%的比冲。

对于多级火箭系统,也可以进行类似的处理,得到类似的公式。

将式(2-44)进行数学变化可以得到下列表达式:

$$\mathrm{dln}V_m = \mathrm{dln}(I_{sp}g) + n\mathrm{dln}\rho$$

因而对于单级火箭有

$$V_m = I_{sp}g\rho^n \tag{2-45}$$

对于多级火箭有

$$\Delta V_i \propto I_{sp}\rho^n$$

式中:ΔV_i为某一级火箭的速度增量;n为密度指数,其物理意义为密度变化所产生的火箭速度的变化与比冲变化所产生的火箭速度的变化之比,即

$$n = \left(\frac{\partial \Delta V}{\partial \ln\rho}\right)_{I_{sp}} \Big/ \left(\frac{\partial \Delta V}{\partial \ln I_{sp}}\right)_{\rho} \tag{2-46}$$

n值可以在0~1范围变化。式(2-46)虽然是一个十分近似的表达式,但在工程应用中有很大的实际意义,即在战术技术指标确定之后,可用来比较和选择推进剂系统。例如,考虑有两种不同比冲和密度的推进剂,它们的综合能量性能可用$I_{sp}\rho^n$的值来衡量,即当两种推进剂的$I_{sp}\rho^n$值相等时,这两种推进剂有相等的能量性能。同时也可以看出,密度比冲的概念只是式(2-45)在$n=1$时的一种特殊情况。

在考虑应用了$I_{sp}\rho^n$这一参数时,必须注意n值不同,同一密度变化所带来的比冲的等效变化也不同。表2-3中列出了不同n值时,密度变化相当于比冲的变化值。从这些数据可以看出,由于n值的不同,密度变化的等效比冲值可以由微不足道变化到相当大。n值越大,密度变化所等效的比冲值也越大。因此,密度指数值的大小说明密度重要性的大小。

表2-3　不同n值时密度变化的等效比冲值

n	0.05	0.10	0.25	0.50	0.75	1.00
ΔI_{sp}/s	0.8	1.6	4.0	8.0	12.0	16.0

根据以上分析可以看出,在应用$I_{sp}\rho^n$参数时,选择什么样的n值是一个关键因素。n值的大小与使用该推进剂的发动机的质量比、战术技术性能及推进剂的其他性能有关,没有一个固定的值。图2-2中分别给出了定体积和定质量两种不同类型发动机中密度指数n与质量比R的关系。可以看出,在体积限制的发动机中n值要大些,说明密度的影响较大,发动机的级数越低,则密度的影响也越大,在体积限制的发动机中,随着质量比的增加,密度的影响减小,而在质量限制的发动机中存在着相反的关系。

R——质量比,$R=\dfrac{W_m}{W_f}$;

β——系数,$\beta = 14 \times Np_c/\rho$;

p_c——燃烧室压力(0.098MPa);

N——与材料有关的参数;

ρ——推进剂密度(g/cm^3)。

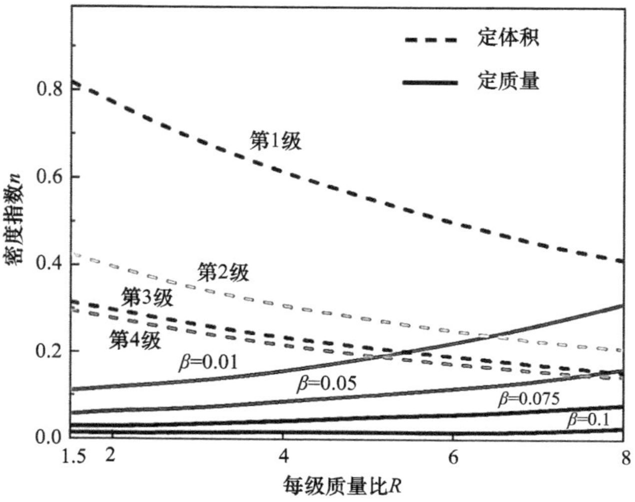

图 2-2　不同类型发动机中密度指数与质量比的关系

n 值这种不确定的情况，使 $I_{sp}\rho^n$ 不能作为一个普遍的能量准则，可于特定条件下用来比较与选择推进剂。同时，在理论上 $I_{sp}\rho^n$ 也不能严格说明推进剂密度的重要性，仅告诉我们什么时候密度起较大的作用和什么时候起较小作用的粗略概念。

通常，在为某一发动机研制一种新推进剂品种时，根据发动机设计的需要预先给出密度指数 n 值或密度变化与比冲变化的等效数据作为选择或调整推进剂配方的参考。

2.6　特征速度

特征速度 C^* 是与流过喷管的质量流率有关的又一个表征推进剂能量性能的参数，可定义为：

$$C^* = p_c A_t / \dot{m} \tag{2-47}$$

式中：p_c 为燃烧室压力 0.098MPa；A_t 为喷管喉部面积（m^2）；$\dot{m}$ 为质量流率（kg · s/m）。

从式（2-47）可见，C^* 的单位为 m/s。特征速度意味着在一定喷喉面积与燃烧室压力时，较高 C^* 值的推进剂需要较小的质量流率就可以产生相同的推力。本质上 C^* 值与喷管中气流的膨胀过程无关，而仅仅取决于燃烧室内产物的特性，这就使 C^* 有可能成为表征推进剂能量性能的较好参数。

如果假设从燃烧室到喷管喉部的流动是热容为常数的单组分理想气体的等熵过程，则可以推导出以燃烧室燃气的特性所表达的 C^* 的计算式。下面进行推导。

质量流率 $\dot{m}$ 可表示为

$$\dot{m} = \rho_t V_t A_t = \rho_t a_t A_t = \rho_c a_c \left(-\frac{a_t}{a_c}\right)\left(\frac{\rho_t}{\rho_c}\right) A_t \tag{2-48}$$

式中：ρ_t、V_t、a_t、A_t 分别为喷管喉部截面处气流的密度、速度、声速和截面积，下标“c”用来标注喷管入口处气流参数。

研究超声速气体动力学理论证明：

$$a_t/a_c = [2/(k+1)]^{1/2} \tag{2-49}$$

$$p_t/p_c = [2/(k+1)]^{1/(k-1)}$$

将式(2-49)代入式(2-48)后得

$$\dot{m} = p_c a_c \left(\frac{2}{k+1}\right)^{\frac{k+1}{2(k-1)}} A_t \tag{2-50}$$

在绝热流动过程中声速有下列关系：

$$a_c = \sqrt{kgRT_c} \tag{2-51}$$

又由气体状态方程知

$$\rho_c = \frac{p_c}{gRT_c} \tag{2-52}$$

将式(2-52)和式(2-51)代入式(2-50)得

$$\dot{m} = \frac{p_c A_t}{\sqrt{gRT_c}} \Big/ \sqrt{k\left(\frac{2}{k+1}\right)^{\frac{k+1}{k-1}}} \tag{2-53}$$

将式(2-53)代入式(2-47)得

$$C^* = \sqrt{gRT_c} \Big/ \sqrt{k\left(\frac{2}{k+1}\right)^{\frac{k+1}{k-1}}} = \sqrt{ng\ R^o T_c} \Big/ \sqrt{k\left(\frac{2}{k+1}\right)^{\frac{k+1}{k-1}}} \tag{2-54}$$

式中：R 为 1kg 燃气的气体常数(J/(kg · K))；T_c 为火药燃烧温度(K)；k 为火药燃气比热比；R^o 为气体常数(J/(mol · K))；n 为 1kg 燃气物质的量(mol/kg)。

令

$$\sqrt{k\left(\frac{2}{k+1}\right)^{\frac{k+1}{k-1}}} = \Gamma \tag{2-55}$$

则式(2-54)可改写为

$$C^* = \sqrt{\frac{gR^{o\prime}T_c}{\overline{M}}} \Big/ \Gamma \tag{2-56}$$

式中：$\overline{M}$为燃气的平均分子量。

式(2-54)和式(2-56)为C^*的基本关系式。其中 Γ 的值只是燃气比热比的函数，其值见表2-4。从特征速度 C^* 的理论表达式容易看出，C^* 虽然叫作速度，但实际上是一个能量参数，即它反映了推进剂本身所能提供的做功能力的大小。和前面讨论过的比冲基本关系式一样，C^* 值的大小也是T_c、$\overline{M}$和 k 的函数。因为一般推进剂燃气的 k 值变化不大，而T_c及$\overline{M}$值变化比较大，所以 C^* 主要取决于$\sqrt{T_c/\overline{M}}$的大小，推进剂的燃烧温度越高，燃气平均分子量越低，则 C^* 值越大。燃烧温度T_c的升高，表明系统热力学能的增加，所以我们说 C^* 是一个反映系统动能大小的物理量。它与比冲不同的是，C^* 值只反映燃烧室内的状况，只涉及推进剂本身和燃烧室条件，C^* 值的大小仅取决于燃烧过程所放出的能量，而与喷管中进行的过程无关。因此，使用特征速度作为推进剂能量性能的评定标准，比较直接和方便。

表 2-4 不同 k 值时的 Γ 值

k	Γ	k	Γ
1.14	0.6366	0.23	0.6543
1.15	0.6386	1.24	0.6562
1.16	0.6407	1.25	0.6581
1.17	0.6426	1.26	0.6599
1.18	0.6446	1.27	0.6618
1.19	0.6466	1.28	0.6636
1.20	0.6485	1.29	0.6655
1.21	0.6505	1.30	0.6674
1.22	0.6524	1.31	0.6691

采用式(2-54)和式(2-56)计算的特征速度值为冻结的特征速度。固体推进剂的特征速度值一般在 1200~1800m/s,而一般的双基推进剂的 C^* 值在 1400m/s 左右,某些复合推进剂的 C^* 值还可以更高一些。

习 题

1. 火药爆热的定义和意义是什么?
2. 火药爆温的定义和意义是什么?
3. 火药比容的定义和意义是什么?
4. 火药力和余容的定义和意义是什么?
5. 推进剂标准理论比冲的计算方法是什么?
6. 推进剂特征速度的定义和意义是什么?

第3章　发射装药设计的理论基础

火炮装药设计主要包括两方面的工作：一是装药弹道设计，二是装药结构设计。装药弹道设计的任务是根据火炮内弹道设计所给定的弹丸初速、最大膛压等弹道指标，选择合适的火药及药型，求解装填条件、计算单体火药的燃烧层厚度，其基本依据是火炮内弹道理论。装药结构设计的任务则是确定装药在药筒或药室中的配置方式，设计点火系统和选择其他装药元件，它与火药的点火和燃烧、火焰在装药中的传播、火药燃气对炮膛的传热和烧蚀，以及烟、焰形成等机制密切相关。本章将对这些理论问题作简要介绍。

3.1　火炮内弹道模型与发射装药设计

火炮装药弹道设计的方法是根据火炮内弹道理论建立起来的。火炮内弹道理论的发展对装药设计技术的进步有着指导意义。

火炮内弹道的研究，已有200多年的历史。最早的内弹道问题几乎只局限于在给定火炮、弹丸及装药诸元的条件下，确定膛内最大压力 p_m 和弹丸初速 v_0，相应地建立了火炮内弹道的经验模型。经验模型是把 p_m 和 v_0 作为身管长度、口径、火药药室容积、装药量、火药厚度等诸元（或由这些诸元组成的综合参量）的函数，用火炮实验数据推导出如下形式的方程：

$$p_m = p(y_1, y_2, y_3, \cdots) \tag{3-1}$$

$$v_0 = v(y_1, y_2, y_3, \cdots) \tag{3-2}$$

式中：$y_1, y_2, y_3, \cdots$ 为火炮、弹丸参数及装药诸元或其综合参量。

随着武器的发展以及测试、计算技术的进步，人们希望尽可能确切地了解发生在火炮中的物理过程，因此就提出了许多模拟火炮内弹道物理过程的理论，建立了各种各样的内弹道模型。但是，迄今为止，这些模拟火炮内弹道过程的模型都还属于半经验的。按照这些模型所采用的假设与简化方法的不同，可以把火炮内弹道的半经验模型大体分为常规模型和流体动力学模型两大类。

常规内弹道模型是在对任一瞬间弹后空间的气流及热力学参量取平均值的基础上建立来的。附加其他不同的假设，即可得到不同形式的常规模型。

常规模型一般包含5个方程：

（1）发射药气体的状态方程；

（2）能量方程；

（3）弹丸运动方程；

（4）燃烧速度方程；

（5）形状函数方程。

其中前两个方程是相关的，第二个包含了第一个。因此在常规模型中只有4个方程是最基本的。在装药量与弹丸质量之比较小（一般认为 $m_p/m<1$）或火炮初速比较低（一般认为 $v_0<915\text{m/s}$）的情况下，常规方法对射击现象都能作出较好的模拟。随着对火炮在射程和精度方面要求的提高，火炮装填结构变得越来越复杂，弹丸初速不断增加，常规内弹道模型的弹道解与实验之间出现了差距，特别是无法解释诸如压力反常、胀膛、炸膛、迟发火等反常内弹道现象。这就促使人们建立新的数学物理模型，更真实地模拟火炮内弹道的物理过程，从理论上解释射击中遇到的各种内弹道现象，以正确指导火炮－弹药系统的设计。内弹道流体动力学模型就是在研究武器内弹道问题的实践中建立和发展起来的。

内弹道的流体力学问题是由拉格朗日（Lagrange）首先提出和研究的。简单地说，内弹道流体力学问题就是求在整个射击过程中膛底与弹底之间的压力、密度以及气体速度的分布。其结果可用来研究诸如扰动波（如压力扰动）发展的这类动态过程，而这一点，对于大量反常内弹道现象的产生往往是至关重要的。

由于现代实验手段的进步和计算技术的发展，内弹道流体动力学模型在20世纪60年代之后得到很大发展。它由原来药粒瞬间燃尽发展到分阶段的逐步燃烧，由等截面发展到变截面，由单一的气体流动发展到火药气体和未燃尽药粒的两相流动，由一维发展到两维、三维等。

这种模型较常规方法更深入地描述了射击过程的物理本质，揭示了许多常规方法所无法得到的弹道参量的变化规律。

应当指出，并不是复杂的模型相比简单的模型能够提供更好的结果，结论往往是相反的。这是因为复杂模型需要众多的输入参量，如上面所介绍的准两相流模型中的速度比 β、两相流模型中的相间阻力等，由于理论与实验研究方面的困难，其数据可靠性很低。此外，像点火、挤进以及燃气对炮膛表面的热传导等这些过程，迄今还没有很完善的理论。因此，一些涉及点火、挤进和热传导过程的模型，其可靠性和适应性都受到很大的限制。虽然，随着科学技术的发展，人们对内弹道现象的本质将会有更透彻的了解，但是由于射击过程的复杂性，仍将遇到种种困难。因此，简单的经验和半经验模型在今后的内弹道研究中仍将占有重要地位。随着科学技术的发展，内弹道流体动力学模型将越来越完善，也将发挥越来越重要的作用。

火炮内弹道模型是进行火炮发射药装药设计的理论基础，尤其是弹道设计，其实质就是利用内弹道模型解弹道的反向问题。

它是由给定的火炮口径 d、弹丸质量 m，以及炮口初速 v_0、最大膛压 p_m 等少数已知量解出膛内构造诸元和装填条件等众多未知量的过程。因此，这是一个多解问题，而且，弹道设计结果的准确性取决于内弹道模型及其弹道解法的准确性。

采用常规模型进行装药设计时，通常利用计及挤进压力的分析解法作为基础，因为这种解法能比较正确地反映普通线膛火炮射击过程的本质。其原理是依据分析解法中第二时期初速解的公式：

$$v_0^2 = v_j^2\left\{1 - \left(\frac{l_k + 1 - \alpha\Delta}{l_g + 1 - \alpha\Delta}\right)^{\theta}\left[1 - \frac{B\theta}{2}(1 - b)^2\right]\right\} \tag{3-3}$$

式中：v_0为弹丸炮口初速；v_j为弹丸极限速度；l_k为火药燃烧结束时弹丸的相对行程；Δ 为装填密度；B 为综合装填参量，$B = \frac{S^2 I_k^2}{f m_p \varphi m}$，其中，$I_k$为火药燃烧结束瞬间的压力全冲量，$m_p$为装药量；$b$ 为弹丸运动瞬间火药燃去的相对厚度。

由于

$$\frac{v_0^2}{v_j^2} = \frac{v_0^2}{\frac{2fm_p}{\theta\varphi m}} = \varphi\frac{\frac{1}{2}mv_0^2}{\frac{fm_p}{\theta}} = \varphi\gamma_g \tag{3-4}$$

式中：γ_g是火炮的有效功率，于是得

$$\varphi\gamma_g = 1 - \left(\frac{l_k + 1 - \alpha\Delta}{l_g + 1 - \alpha\Delta}\right)^{\theta}\left[1 - \frac{B\theta}{2}(1 - b)^2\right] \tag{3-5}$$

或改写为

$$(l_g + 1 - \alpha\Delta)(1 - \varphi\gamma_g)^{\frac{1}{\theta}} = (l_k + 1 - \alpha\Delta)\left[1 - \frac{B\theta}{2}(1 - b)^2\right]^{\frac{1}{\theta}} \tag{3-6}$$

当火药性质、形状、挤进压力一定时，l_k及 B 都是 Δ 及 p_m的函数，而 b 是 Δ 的函数，故上式右边仅是p_m及 Δ 的函数，即

$$(l_k + 1 - \alpha\Delta)\left[1 - \frac{B\theta}{2}(1 - b)^2\right]^{\frac{1}{\theta}} = F(p_m, \Delta) \tag{3-7}$$

将式(3-7)代入式(3-6)，并解出 l_g，得

$$l_g = \frac{F(p_m, \Delta)}{(1 - \varphi\gamma_g)^{1/\theta}} + \alpha\Delta - 1 \tag{3-8}$$

式(3-8)表明，当火药性质一定时，l_g应该是 p_m、Δ 和 $\varphi\gamma_g$的函数，即

$$l_g = f(p_m, \Delta, \varphi\gamma_g) \tag{3-9}$$

$\varphi\gamma_g$可进一步改写为

$$\varphi\gamma_g = \varphi\frac{\frac{1}{2}mv_0^2}{\frac{fm_p}{\theta}} \tag{3-10}$$

其中，$\varphi = K + b\frac{m_p}{m}$，$K$、$b$ 均为系数，显然 $\varphi\gamma_g$是 p_m/m 及v_0的函数，即

$$\varphi\gamma_g = f\left(\frac{m_p}{m}, v_0\right) \tag{3-11}$$

因此，在v_0、p_m给定的情况下，由式(3-9)可知 l_g仅仅是 Δ 及 p_m/m 的函数：

$$l_g = f(\Delta, m_p/m) \tag{3-12}$$

此时，指定属于装填条件的 Δ、m_p/m 两个量，即可计算出膛内构造诸元之一的弹丸相对行程长Λ_g。利用其他的简单关系式，即可计算其他构造诸元。由此可知，式(3-12)表示了在给定v_0、最大压力p_m的情况下，构造诸元与装填诸元之间的函数关系。因此，

式(3－12)也称弹道设计的基本方程。利用常规模型进行装药弹道设计的过程，实际上就是对式(3－12)求解的过程。

国外已有多种用于火炮装药弹道设计的计算机程序。如美国迈耶－哈特(Mayer－Hart)程序，它是由综合参量型的常规内弹道模型改编而成的。在向计算机输入最大膛底压力(或最大弹底压力)、初速、弹丸质量、弹径以及有关火药示性数之后，将会给出装药量与各种装填密度下弹丸行程(以口径倍数表示)的曲线。设计者选定一个装填密度，可权衡装药量和火炮长度，进行多种方案的选择比较。国内也有根据常规模型编制的装药弹道设计程序。

火炮装药弹道设计可初步确定单体火药的种类、形状、尺寸等有关参数和装药量。但仅有这些还不足以组成一个完整的、确定的装药。只有元件完备、结构合适的装药才能保证火炮具有预定的弹道性能。在火炮装药的结构设计中，内弹道模型同样具有重要意义，特别是近年来发展起来的计及点火、挤进、传热等过程的两相流模型，其弹道解可以提供装药结构设计的许多理论依据。例如，一些模型能揭示点火具的结构与位置对火炮中压力波的影响，因而提供了在装药设计中减少膛内压力波的措施。

3.2　发射装药的点火和燃烧过程

射击过程实质是火药的化学能转化为热能，进而转化为火药燃气及弹丸动能的过程。射击时，为实现火药燃气膨胀推动弹丸运动，必须连续迅速地使装药发生下列变化：装药的点火、火药的燃烧、火焰在装药中的传播。实践证明，火炮装药的点火与燃烧对整个内弹道循环产生极大的影响。因此，对它们的研究，对于认识射击过程的本质、改进和发展武器都具有实际意义。

3.2.1　装药的点火

装药的点火大致可分为点火药剂的引发、传火药的燃烧、传火药燃烧产物沿装药表面的传播以及装药中单体火药表面的加热和点燃四个阶段。点火药剂的引发是指在外加冲量(机械的或电的)作用下，装药点火具(药筒火帽、底火、击发门管或电底火等)中的点火药剂着火燃烧放出气体、固体和热量的过程。击发式火帽药剂的一种配方由雷汞[$Hg(ONC)_2$]、氯酸钾($KClO_3$)和硫化锑(Sb_2S_3)组成，其燃烧反应可表示为

$$5KClO_3 + Sb_2S_3 + 3Hg(ONC)_2 = 3Hg + 5KCl + Sb_2O_3 + 3N_2 + 6CO_2 + 3SO_2 \tag{3-13}$$

1g 这样的火帽药剂燃烧后可放出 186ml 气体、0.23ml 固体粒子，同时放出 1400J 热量。一个枪、炮火帽所含的药剂质量在 0.02～0.05g，所产生的热量在 40J 左右。它可以点燃不超过 10g 的火药装药，但当点燃更多的装药量时，这一热量就显得不够，此时需使用传火药(也称辅助点火药)。

传火药通常采用黑火药或多孔硝化棉。它在点火药剂燃烧所生成的火焰作用下迅速点燃。黑火药(各组分质量分数：$\omega(KNO_3)$为 75%，$\omega(C)$为 15%，$\omega(S)$为 10%；折合物质的量分别为 10mol、16.8mol 和 4.2mol)的燃烧反应可分为两步，第一步为迅速的氧化过程，第二步为较缓慢的还原过程。氧化过程可表示为

$$10KNO_3 + 8C + 3S \longrightarrow 2K_2CO_3 + 3K_2SO_4 + 6CO_2 + 5N_2 \tag{3-14}$$

此反应是放热的。多余的 6molC 及 1molS 参加第二步还原过程：

$$4K_2CO_3 + 7S \longrightarrow K_2SO_4 + 3K_2S_2 + 4CO_2 \tag{3-15}$$

$$4K_2SO_4 + 7C \longrightarrow 2K_2CO_3 + 2K_2S_2 + 5CO_2 \tag{3-16}$$

它们是吸热的,但由于还原反应进行得较缓慢,因此,在火炮装药条件下,黑火药的第二步反应是不完全的。1kg 黑火药燃烧后大体生成固体粒子 0.522kg、标准状态下的气体体积 225L,同时释放热量 3100kJ。黑火药的爆温可达 2200～2500℃,火药力为 245～294kJ/kg。

黑火药在大气压力下的线性燃烧速度约为 1cm/s。线性燃烧速度与黑火药密度与木炭性质有关。实验测试数据推得的黑火药在 300～10000kPa 范围的线性燃速方程为

$$u = 1.72(p/p_0)^{0.614 \pm 0.017} \tag{3-17}$$

式中:u 为以 cm/s 为单位的燃速;p 为压力;p_0为大气压力。

火焰在黑火药床中的传播是很快的。国外有实验表明,在 19cm 长的开孔管中,黑火药中火焰传播速率为 20～30m/s,燃烧均匀。如将孔堵上,压力会增高,火焰传播速率可达 100m/s,并可观察到不均匀的燃烧。

传火药燃烧生成的气体和固体粒子以很大的速度沿装药表面运动。例如,100kPa (1atm)下,黑火药燃烧气体沿药管传播的速度可达 1～3m/s。压力越高,速度提高得越快。这些高速运动的热产物在装药床中通过,由于热的传导与对流而对火药药粒表面加热,使火药表面层发生分解,并进行氧化还原放热反应。当外界供给的热和火药分解反应放出的热足以使火药药粒表面层的温度升高到发火温度时,火药药粒即被点燃。从火药加热开始到火药局部点燃所需的时间称为点火延迟期。严格地说,装药中火药粒瞬时全面点火的情况是不存在的。不过在许多场合下,点火延迟时间比火药装药全部燃烧时间要短得多,"瞬时全面点火"是在这种意义下为方便处理问题所做的一种近似。

3.2.2 火药的燃烧

火药表面被点燃之后,火焰即向火药内部扩展,进行燃烧。火药的燃烧是一个复杂的物理化学过程。燃烧过程的特性与火药本身的组成和火药装药条件有着密切的关系。重要的火药烧特性有火药的燃速、燃速压力指数、燃速温度系数以及火焰温度等。长期以来,为有效地控制火药的燃烧性质、适应武器发展对装药的要求,许多学者对火药燃烧机理进行了大量的实验和理论研究,取得了一定的成就。但是,由于火药燃烧是在高温、高压条件下进行的,受外界条件影响很大,加上燃烧反应速度很快,燃烧区域很薄,这就使得对火药燃烧过程的深入研究变得十分困难。因此,迄今为止所建立的各种燃烧模型都是在一定的实验观察基础上提出一系列假设经简化得到的,仍属半经验性质。

对均质(单基、双基)火药燃烧过程的研究证明,火药燃烧的最终产物不是瞬间一步生成的,而是从凝聚相到气相经过一系列中间化学变化才得到的。现代理论认为,均质火药的燃烧过程是多阶段的,可分为 4 个区域,如图 3-1 所示。它们是亚表面及表面反应区、嘶嘶区、暗区和火焰区。在这四个区中,火药进行一系列连续的物理化学变化,并且彼此相互影响,不能截然分开。

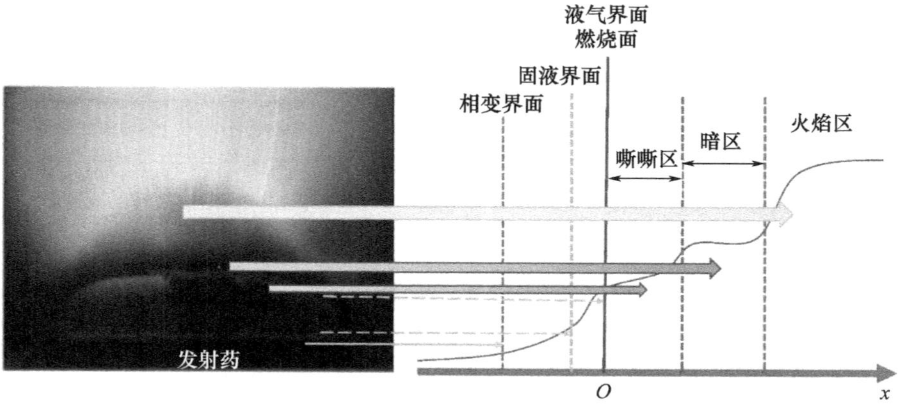

图 3-1　均质火药燃烧过程示意图

在亚表面及表面反应区，距火药燃烧表面较远的火药层中，主要发生硝酸酯的分解反应，这一反应是吸热的，有

$$R-ONO_2 \longrightarrow NO_2 + R'-CHO \tag{3-18}$$

$$\begin{bmatrix} NC \\ NG \end{bmatrix} \begin{bmatrix} HCHO \\ CH_3CHO \\ HCOOH \end{bmatrix} \quad (\text{吸热反应})$$

在更接近火药燃烧表面的一层中，则进行如下放热反应：

$$NO_2 + CH_2O \longrightarrow NO + H_2O + CO \tag{3-19}$$

$$2NO_2 + CH_2O \longrightarrow 2NO + H_2O + CO_2 \tag{3-20}$$

通常情况下，亚表面及表面反应区反应的总热效应是正的（放热的），其放热量约占火药总放热量的 10%。燃烧表面温度 T_s 一般在 300℃左右，并随着压力的增大而有所提高。该区厚度随压力增加而减小。

嘶嘶区是一个混合相区。除了固体或液体微粒熔化、蒸发等物理变化外，还发生下述化学反应：

$$NO_2 + R'-CHO \longrightarrow NO + C-H-O \tag{3-21}$$

$$\begin{bmatrix} HCHO \\ CH_3CHO\ \text{等} \\ HCOOH \end{bmatrix} \begin{bmatrix} CO、CO_2 \\ CH_4、H_2O \\ H_2\ \text{等} \end{bmatrix}$$

及

$$NO_2 + H_2 \longrightarrow NO + H_2O \tag{3-22}$$

$$NO_2 + CO \longrightarrow NO + CO_2 \tag{3-23}$$

上述反应都是放热的，使嘶嘶区形成较陡的温度梯度。该区放热量约占火药总放热量的 40%，温度 T_1 可达 700～1000℃。嘶嘶区厚度也随压力增加而变薄。在本区中燃烧产生大量的 NO、H_2、CO，这些中间产物的还原需要在高温、高压的条件下才能有效地进行。在太低的压力下，火药的燃烧就可能在本区结束。

在暗区，由嘶嘶区燃烧生成的中间产物的还原反应进行得很慢。因此，该区温度梯度极小,温度在1500℃左右,没有光亮。暗区厚度较厚,但随着压力升高,厚度显著减小。

火焰区是燃烧的最终阶段。该区进行着强烈的氧化还原放热反应:

$$NO + C - H - O \longrightarrow N_2 + CO_2 + H_2O \tag{3-24}$$

$$\begin{bmatrix} CO、H_2 \\ CH_4 \end{bmatrix}$$

典型的反应有

$$NO + H_2 \longrightarrow 1/2N_2 + H_2O \tag{3-25}$$

该区放热量约占火药总放热量的50%。燃气在本区被加热到最高温度 T_f。由于火药组分的不同,这一温度可达2000~3500℃。在此温度下,该区产生光亮的火焰。火焰区距燃烧表面的距离随着压力升高而减小。

依照上述燃烧模型,列出热平衡方程,通过求解可得到均质火药燃烧速度的理论表达式。由于模型本身以及在求解过程中所作的许多假设,在实际上所得公式不能用来进行燃速的定量计算。但是,可以定性地说明燃速的影响因素与实验规律是基本一致的。例如:均质火药的能量增大,燃速增加;火药初温增高,燃速增大;火药密度增加,燃速降低等。在燃烧过程中,压力对燃速的影响是最重要、最复杂的。这是因为压力不仅影响气相化学反应速度,还影响燃烧过程中的各种物理过程。而且在不同压力下,火药的燃烧火焰结构是不同的,这说明火药的燃烧机理是随压力而变化的。在高压下燃烧经过4个区,嘶嘶区和暗区被压缩得很薄,火焰区距火药表面很近,火焰区的反应进行得很快很完全,该区反应放出的大量热可直接反馈给凝聚相,维持火药的正常燃烧。在此情况下,火焰区的反应是火药燃烧的主导反应,是速率决定步骤。随着压力降低,暗区变厚,火焰区远离火药表面且该区反应速度减缓。当压力低至一定程度时,火焰区消失,燃烧就在暗区结束。由于暗区反应速度很慢,放热量又很少,因此向火药燃烧表面反馈的热量主要由嘶嘶区提供。此时,嘶嘶区反应是火药燃烧的主导反应,是速率决定步骤。当压力降至很低时,嘶嘶区离燃烧表面较远,且该区反应速度也大大减缓,火药燃烧到嘶嘶区即结束,产生 NO_2 等大量不完全燃烧产物,通常称为嘶嘶燃烧。在这种情况下,燃烧表面的凝聚相反应起着主导作用。

在实际工程中使用的燃速关系式都是实验定律,一般是针对一定的火药给出在已知初温条件下燃速 u 与压力 p 的关系。由于在不同压力下,火药的燃烧机理不同,因此,这种关系式只能适用于一定的压力范围。常见的均质火药燃速－压力关系式有如下几种形式:

直线式:

$$u = a + bp \tag{3-26}$$

正比式:

$$u = bp \tag{3-27}$$

指数式:

$$u = bp^n \tag{3-28}$$

综合式:

$$u = a + bp^n \tag{3-29}$$

式中:a 为与凝聚相反应特性有关的参数;b 为与火药初温等因素有关的参数;n 为燃速压

力指数，$n=\left(\frac{\partial \ln u}{\partial \ln p}\right)_T$。

对于一定火药，在一定压力变化范围内，a、b、n 可视作常数。式(3－26)及式(3－29)都由两项组成，第一项 a 与凝聚相反应有关；第二项 bp 或 bp^n 则与气相反应有关，它们适用于低压条件。由于在高压时气相反应起主导作用，凝聚相反应对燃速的影响可略去不计，因此，在较高压力条件下可用指数式(3－28)。在更高压力(大于100MPa)下，均质火药燃速压力指数趋于1，此时可用正比式(3－27)。在火炮条件下，火药在很高的膛内压力下燃烧，此时用正比式描述燃速－应力关系是恰当的。应当指出，对于某些非均质火药，如硝基胍火药，即使在很高的膛压下燃烧，燃速－压力关系仍遵循指数式规律。式(3－27)与式(3－28)中的 b 习惯上称为燃速系数，并用 u_1 表示，即

正比式：

$$u=u_1 p \tag{3-30}$$

指数式：

$$u=u_1 p^n \tag{3-31}$$

3.2.3 火焰在火药装药中的传播

所谓“同时点火”是不存在的，点火药或传火药气体不可能同时到达装药的所有部分。因此，火焰在装药床中的传播就成为装药燃烧的一个重要步骤。火焰传播应包括两方面含义：一是被局部点燃的单体火药表面处的火焰沿药粒自身表面的传播；二是装药局部点燃区域的火焰向整个装药床中未点燃区域的传播。这两方面在火焰传播阶段是交织在一起并同时进行的。

火焰沿单体火药表面的传播过程在理论上可用下述简化模型描述。假定在时间 $t=0$ 时，火药粒表面有一部分正在燃烧。坐标如图3－2所示。为了保持点燃点在 $x=0$ 处，火药必须以火焰传播速度 u 相对于坐标移动。定义在 x 位置处传给火药表面的能量流率为 $q(x)$，这一能量输入将引起表面温度的升高，且由于热传导而使热流传入火药体内。并假设热量在火药内只沿 y 方向传导，即$(T/x)\ll(T/y)$，使用能量守恒定律，即可得到火药内部的热平衡方程：

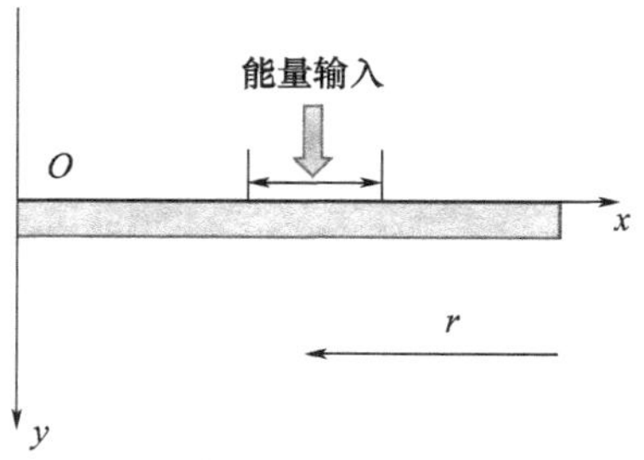

图3－2 火焰沿单体火药表面传播示意图

$$-\lambda\frac{\partial^2 T}{\partial y^2}+u\rho c\frac{\partial T}{\partial x}=0 \tag{3-32}$$

式中：λ、ρ、c 分别为火药的导热系数、密度和比热容。其初始和边界条件分别为

$$T=T_{\text{ign}}\quad(x=0,y=0) \tag{3-33}$$

$$T=T_0\begin{pmatrix}x\to\infty,0<y<\infty\\ y\to\infty,0<x<\infty\end{pmatrix} \tag{3-34}$$

式中：T_{ign} 为火药的点火温度；T_0 为火药的初始温度。此外，表面处的能量守恒方程为

$$-\lambda\frac{\partial T}{\partial y}=q(x) \tag{3-35}$$

式(3－32)可利用分离变量法求满足式(3－33)及式(3－34)的通解,有

$$T = T_0 + (T_{ign} - T_0)\mathrm{e}^{-\alpha y}\mathrm{e}^{-\frac{a2\lambda}{c\rho u}x} \tag{3-36}$$

式中:α 为分离参数。进而由式(3－35)可得

$$q(x) = a\lambda(T_{ign} - T_0)\mathrm{e}^{-\frac{a2\lambda}{c\lambda u}x} \tag{3-37}$$

这说明 $q(x)$ 具有的形式:

$$q = q_0\mathrm{e}^{\frac{-x}{L}} \tag{3-38}$$

比较式(3－37)及式(3－38)可得

$$q_0 = \alpha\lambda(T_{ign} - T_0) \tag{3-39}$$

$$L = \frac{c\rho u}{\alpha^2\lambda} \tag{3-40}$$

因而

$$u = \alpha^2\lambda L/\rho\rho = \frac{q_0^2\lambda L}{\lambda^2(T_{ign} - T_0)^2 c\rho} = \frac{L\,q_0^2}{\lambda\rho c\,(T_{ign} - T_0)^2} \tag{3-41}$$

虽然实际热流率不能精确地写成式(3－38)的形式,但可以通过调整 q_0 和 L 两个参数,用式(3－38)的形式来拟合。所以式(3－41)便是火焰传播速度的近似关系式。注意到在 $x=0$ 处,$q=h(T_g - T_0)$,此处 h 为对流热交换系数,T_g 为 $x=0$ 处的气体温度。式(3－41)可写成

$$u = \frac{Lh^2}{\lambda\rho c}\left(\frac{T_g - T_0}{T_{ign} - T_0}\right)^2 \tag{3-42}$$

由式(3－42)可知,增加气体与火药表面的热交换系数,提高点火区域周围的气体温度和火药初温,降低火药的导热系数、密度或比热容,降低火药的点燃温度,均可促进火焰沿火药表面的传播,这些结论与实际结果是一致的。

装药中局部点燃区域的火焰向整个装药床中未点燃区域的传播过程是十分复杂的。一般认为,装药中距点火药近的区域最先点火,该区域被点燃的火药所产生的高温高压气体填充,弥补了最初点火药气体在装药中流动时因冷却而造成的点火能量损失,并向装药更远的部分点火。这样,即使在点火药失去作用后,点火仍在继续,火焰阵面在整个装药床中不断推进。与之伴随的压力升高一方面促进燃烧,另一方面使燃气对未燃区域的点火更加有效地进行。直至火焰扩展至整个装药床,即达到了装药的全面点火燃烧。

有关考虑点火过程的内弹道两相流数学模型可以描述装药体中火药的点火和火焰传播过程。这里需要确定一个点火判据,即找出一个可以表明火药从吸收外部点火能量而转变为能自行持续燃烧的条件。目前一般以火药的表面温度和吸收的总能量为判据。例如,以表面温度为判据时,当火药表面温度达到这样一个临界温度,即由表面点火而开始向内燃烧时,就认为是火焰阵面的到达。由模型解出装药各位置火药粒的表面温度随时间的变化关系,即可了解火焰传播速度、火焰阵面到达位置等火焰传播细节。显然,点火和火焰传播过程具有明显的三维流动特性,而且由于点火时的传热是非稳态的,火药表面温度及吸收的总热量与点火之间并不是简单的关系,加上对包括燃烧在内的其他一些细节也不清楚,因此,这类模型还停留在理论上的定性模拟。

3.3 火药燃气对炮膛的热传导

火药装药燃烧放出大量的热，使燃气与膛壁之间存在很大的温度梯度，尽管高温燃气与膛壁表面接触时间极短，但向膛壁传热的速度仍然很高，其结果是火炮身管迅速加热。这种加热带来的影响是武器使用寿命受到限制的主要原因。同时，在高射速的情况下，身管温度的升高容易引起发射装药的自燃，从而引发事故。因此，燃气对炮膛热传导，即热散失的问题，早就被内弹道和火药装药工作者所重视。

显然，燃气对膛壁的总传热量 Q 应该和单位装药量的传热表面成正比，即

$$Q_{\Sigma} \propto \frac{S}{m_{\mathrm{p}}} \tag{3-43}$$

式中：S 为传热面积；m_{p} 为装药量。

一般 S/m_{p} 随武器口径的增加而减小，所以，总的热散失也是随武器口径的增加而减小的。例如，76mm 加农炮的热散失占火药全部能量的 6% ~8%，而 152mm 加农炮占 1% 左右。

膛内火药气体流动是非定常的湍流流动，流动情况十分复杂。在此过程中所发生的传热机理，除了对流传热之外，同时有传导和辐射等传热方式，加之在射击过程中火药气体和膛壁的温度都是不断变化的，因此，对这一热散失问题进行直接精确的计算是很困难的。在许多内弹道模型中常采用修正的方法加以间接考虑，例如，引入热散失系数，或对某些参量加以经验修正等。在常规内弹道模型中，可以采用降低火药力 f 或增大 θ 值的方法计及燃气对膛壁的传热作用，至于 f 和 θ 减小或增大的数值则要依据经验决定。

也有一些定量计算火药燃气对炮膛热散失的理论模型。这些模型都是建立在大量假设上的，仍属半经验性质。通常的主要假设包括燃气在膛内的流动是一维的、燃气对炮膛的传热只沿炮膛径向发生等。描述这一传热过程的主要物理量是放热系数、比热流、膛壁温度以及总热流量。

3.3.1 传热系数和比热流

燃气对膛壁的对流传热可表示为

$$H = h(T_{\mathrm{g}} - T_{\mathrm{s}}) \tag{3-44}$$

式中：H 为比热流，其意义是燃气在单位时间内向单位炮膛表面的传热量；h 为燃气与膛壁间的传热系数；T_{g} 为燃气温度；T_{s} 为膛壁表面温度。对于身管武器，h 取以下形式较为合理：

$$h = 0.5 r_1 c_p \rho v \cdots \tag{3-45}$$

这里的 c_p 为燃气的比定压热容，ρ 和 v 分别为燃气的密度和速度，r_1 为无因次摩擦因数。由管内热传导理论可建立起不同口径火炮的 r_1 计算式：

$$r_1 = (A + 4\lg d)^{-2} \tag{3-46}$$

式中：d 为火炮口径；A 为经验常数。若 d 以 cm 表示，则 A 取 13.2。

假定燃气速度分布从膛底到弹底是线性的，且密度是均匀的，那么，结合内弹道解就很容易求出弹丸出炮口前每个瞬间的 h 值。

在常规内弹道模型中，膛内气体温度 T_{g} 认为是均匀的，并满足火药气体状态方程：

$$p(V - m_{\mathrm{c}}\alpha) = m_{\mathrm{c}} R T_{\mathrm{g}} \tag{3-47}$$

式中：V 为燃气体积；m_c 为已燃药量；a 为燃气余容。

如果假定火药气体的余容恰好等于固体火药的比容，则式(3-47)可改写为

$$pV_f = m_c R T_g \tag{3-48}$$

式中：V_f 为燃气自由容积，它等于炮膛初始自由容积与弹丸运动所增加的容积之和，即

$$V_f = V_{f0} + Sl \tag{3-49}$$

式中：V_{f0} 是炮膛初始自由容积；S、l 分别为炮膛截面积和弹丸行程。

注意到 $R = c_V(\gamma - 1)$，则由式(3-48)、式(3-49)可得

$$T_g = \frac{p(V_{f0} + Sl)}{(\gamma - 1)c_V m_c} \tag{3-50}$$

式中：c_V 为燃气比定容热容的平均值，它可以由火药力的定义而给出，即

$$c_V = \frac{f}{(\gamma - 1)T_1} \tag{3-51}$$

式中：f、T_1 分别为火药的火药力与爆温。于是，只要知道膛壁表面温度分布，即可计算任意瞬间弹后膛壁表面各点处的比热流。

3.3.2　膛壁温度

如果膛壁温度沿炮膛轴向变化较小，就可以近似地认为燃气对炮膛的传热只沿炮膛径向发生。

不难建立起沿炮膛径向热传导的一维傅里叶方程：

$$\frac{\partial T'}{\partial t} = a_s \frac{\partial^2 T'}{\partial z^2} \tag{3-52}$$

式中：z 为以内膛表面为起点沿径向的坐标；a_s 为膛壁材料的热扩散系数，$a_s = \lambda_s / c_s\rho_s$，其中，$\lambda_s$、$c_s$、$\rho_s$ 分别为炮膛材料的导热系数、比热容及密度；T' 为高于身管初始温度的温度值，它是时间 t 及径向坐标 z 的函数：

$$T'(t,z) = T(t,z) - T(0,z) \tag{3-53}$$

式(3-52)的初始及边界条件分别为

$$\lambda_s \frac{\partial T'}{\partial z} = -h(T'_s - T') \quad (z = 0,\quad 0 < t < \infty) \tag{3-54}$$

$$T' = 0 \quad (t = 0,\quad 0 \leqslant z < \infty) \tag{3-55}$$

$$T' = 0 \quad (0 < t < \infty, z \to \infty) \tag{3-56}$$

式(3-52)可用数值方法求解。例如，有限元差分代替对 t 的导数而保留对 z 的导数，可得

$$\frac{T'_{n+1} - T'_n}{\Delta t} = \frac{a_s}{2} \frac{d^2}{dz^2}(T'_n + T'_{n+1}) \tag{3-57}$$

式中：$T'_n(z)$、T'_{n+1} 分别为第 n 时间区段(t_n, t_{n+1})的起点和终点温度分布函数，该区段延续时间为 Δt。

令

$$q^2 = \frac{2}{a_s \Delta t} \tag{3-58}$$

有

$$\frac{d^2}{dz^2}(T'_n + T'_{n+1}) = q^2(T'_n + T'_{n+1}) - 2q^2T'_n \tag{3-59}$$

其边界条件为

$$h_{n+1}[T'_g(t_{n+1}) - T'_{n+1}] = q^2(T'_n + T'_{n+1}) - \lambda_s\frac{d}{dz}T'_{n+1} \quad (z=0) \tag{3-60}$$

$$T'_{n+1} = 0 \quad (z\to\infty) \tag{3-61}$$

若函数$T'_n(z)$已求出并满足下述条件：

$$h_n[T'_g(t_n) - T'_n] = -\lambda_s\frac{dT'_n}{dz} \quad (z=0) \tag{3-62}$$

$$T'_n = 0 \quad (z\to\infty) \tag{3-63}$$

则有

$$\lambda_n\frac{d}{dz}(T'_n + T'_{n+1}) = -[h_{n+1}T'_s(t_n+1) + h_nT'_a(t)_n] + h_{n+1}T'_{n+1} + h_nT'_n \quad (z=0) \tag{3-64}$$

$$T'_n = T'_{n+1} = 0 \quad (z\to\infty) \tag{3-65}$$

满足式(3-64)、式(3-65)的方程式(3-59)的解为

$$\begin{aligned} T'_n + T'_{n+1} =\ & qe^{-q}\int_0^z e^{qn}\ T'_n(u)du + qe^{qu}\int_z^\infty e^{-q}\ T'_n(u)du \\ & + e^{-\alpha q}\Big[\frac{h_n\ T'_g(t_n) + h_{n+1}\ T'_g(t_{n+1})}{h_{n+1} + \lambda_s q} + \frac{(h_{n+1} - h_n)\ T'_n(0)}{h_{n+1} + \lambda_s q} \\ & - \Big(\frac{h_{n+1} - \lambda_s q}{h_{n+1} + \lambda_s q}\Big)q\int_0^\infty e^{-qu}\ T'_n(u)du\Big] \end{aligned} \tag{3-66}$$

由于对于起始瞬间 $T'_1(z) = 0(0\leqslant z<\infty)$，且 $h_1 = 0$，则由式(3-66)可得

$$T'_2(z) = \frac{h_2T'_g(t_2)e^{-q}}{h_2 + \lambda_s q} \tag{3-67}$$

再利用式(3-66)即可得 $T'_3(z)$，$T'_4(z)$，…，对于第 n 个时间区段有

$$T'_n(z) = e^{-q}\Big[A_0 + A_1(2qz) + \cdots + \frac{A_{n-2}}{(n-2)!}(2qz)^{n-2}\Big] \tag{3-68}$$

式(3-68)中，$A_0, A_1, \cdots, A_{n-2}$与 z 无关，而

$$T'_{n+1}(z) = e^{-q}\Big[B_0 + B_1(2qz) + \cdots + \frac{B_{n-1}}{(n-1)!}(2qz)^{n-1}\Big] \tag{3-69}$$

其中

$$B_0 = \frac{h_nT'_g(t_n) + h_{n+1}T'_g(t_{n+1}) - (h_n + \lambda_s q)A_0 + \lambda_s q(A_0 + A_1 + \cdots + A_{n-2})}{h_{n+1} + \lambda_s q}$$

$$B_r = -A_r + 1/2(A_{n-1} + A_r + \cdots + A_{n-2}) \quad (1\leqslant r\leqslant n-2)$$

$$B_{n-1} = \frac{1}{2}A_{n-2}$$

从而可以计算瞬时膛壁各点处的温度。假如关心的是膛壁表面温度，只要在相应的分析式中令 $z=0$ 即可得到。图 3-3 是典型的膛壁温度分布曲线。

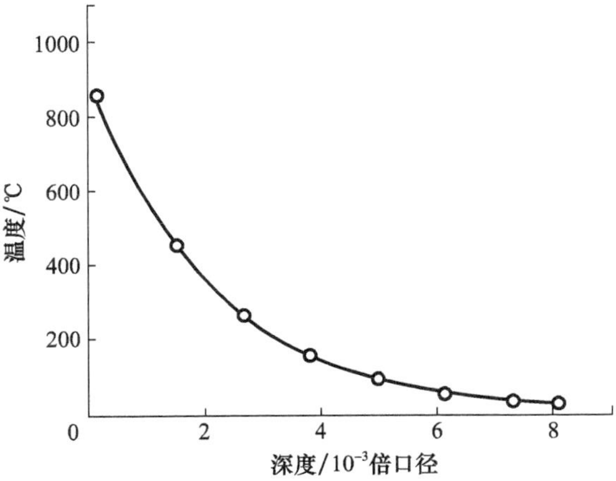

图 3－3　典型的膛壁温度分布曲线

3.3.3　总热流量

现在，已可以计算弹丸出炮口瞬间火药气体传给膛壁的总热流量即热损失。显然，在弹丸运动过程中，传热表面是不断增加的，而且弹丸每进一个时间间隔 $\Delta t_i = t_{i+1} - t_i$；火药气体将对所有接触的膛壁表面加热。在 Δt_i时间内总的传热量 Q_i可以表示为

$$Q_i = \int_0^{F_i}\int_{t_i}^{t_{i+1}} H(t)\,\mathrm{d}t\mathrm{d}F_i \tag{3-70}$$

将式(3－44)代入式(3－70)得

$$Q_i = \int_0^{F_i}\int_{t_i}^{t_{i+1}} h(t)(T_g - T_s)\,\mathrm{d}t\mathrm{d}F_i \tag{3-71}$$

若$T_g - T_s$用$t_i \to t_{i+l}$间隔内的平均值代替，并记为T_e，则有

$$Q_i = T_e\int_0^{F_i}\int_{t_i}^{t_{i+1}} h(t)\,\mathrm{d}t\mathrm{d}F_i \tag{3-72}$$

式(3－72)在实际计算时可采用下列步骤：

(1) 由内弹道解获得初速－时间曲线和弹丸行程－时间曲线，即 $v-t$ 及 $l-t$ 曲线。

(2) 将弹丸运动的总时间分成 n 等份儿，如图 3－4 所示。

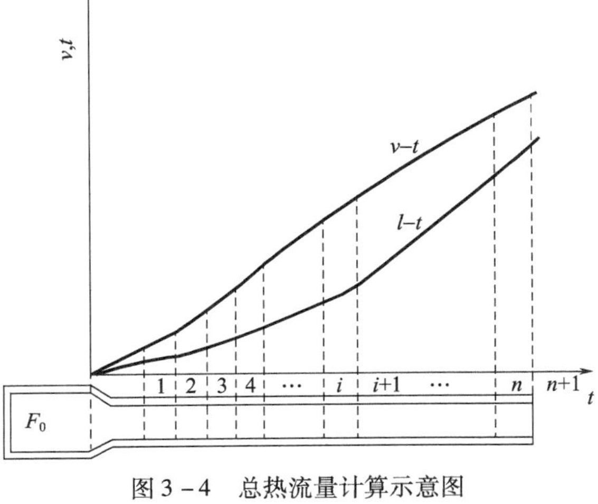

图 3－4　总热流量计算示意图

(3) 对于第 i 个时间间隔，利用式(3－45)计算在 t_i 和 t_{i+1} 时刻的平均放热系数；利用式(3－50)计算相应时刻的燃气温度；并根据上节给出的各瞬间膛面温度的表达式，计算 $z=0$ 时相应的表面温度。

(4) 计算

$$Q_i=\frac{1}{2}(h_{i+1}-h_i)(t_{i+1}-t_i)T_eF_i$$

式中：F_i为在t_{i+1}时刻弹后总传热面积，$F_i=F_0+\pi dl_{i+1}$，其中F_0为药室表面积；d 为炮膛直径；l_{i+1}为 t_{i+1}瞬间弹丸行程。

弹丸出炮口瞬间火药气体对膛壁的总热流量，即热散失为

$$Q_\Sigma=\sum_{i=1}^{n}Q_i \tag{3-73}$$

图 3－5 是单位面积的热损失沿炮膛轴向的变化。

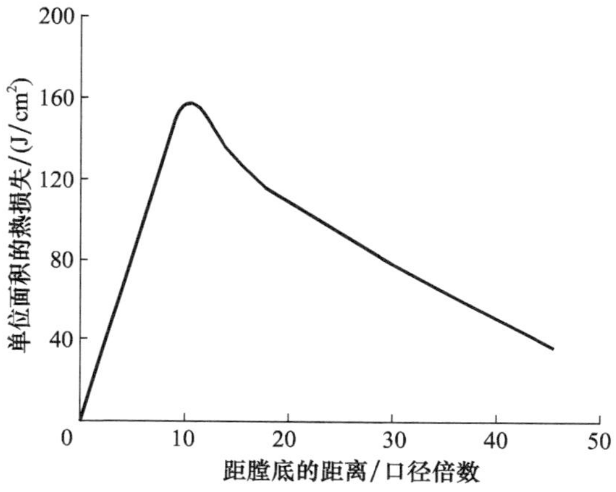

图 3－5 单位面积的热损失沿炮膛轴向的变化

试验和计算表明：射击过程中的传热主要是对流和传导传热，热辐射传热所占比例很小，例如，120mm 镀铬火炮最大的辐射热流量约为 10.5MW/m^2，位置在坡膛附近。而总的热流量约为 1000MW/m^2，所以，在火炮射击过程中可以忽略辐射热流量。

射击过程中的热传导是十分复杂的现象。迄今虽有许多更为详尽的模型，但所采用的数据仍都缺乏可靠性。因此，这些模型的实用性和适应性受到很大限制，在众多场合下，这一传统问题仍采用经验方法处理。

3.3.4 计算稳定热传递的简易方法

射击过程中热传导要涉及复杂的内弹道计算，下面是一种简易的计算方法，在大范围的火炮条件下其计算结果与内弹道计算机编码的计算结果一样精确。该方法被用来确定在长射击周期内(连续射击)的身管温度。

(1) 最大身管温度时气体的密度：

$$\rho_g=\frac{1}{\alpha+0.9f/p_{max}} \tag{3-74}$$

(2)最大身管温度时弹丸速度：

$$v_2 = \sqrt{\frac{1.8f}{m/m_p + 1/3}} \tag{3-75}$$

(3) 最大身管温度时弹丸位置：

$$x_2 = m_p/(A\rho_g) \tag{3-76}$$

式中：A 为身管截面积(m^2)。

(4) 时间常数t_0：

$$t_0 = \frac{0.48(m + m_p/3)v_0}{p_{max}A} \tag{3-77}$$

(5) 雷诺数、热特性比例、膨胀数：

$$\begin{gathered} Re = \frac{\rho_g v_2 x_1^2}{\mu_g x_2} \\ R_T = \frac{0.7k}{k_g}\sqrt{\frac{x_1^2}{kt_0}} \\ E = (\gamma - 1)\frac{v_2}{x_2}\sqrt{\frac{m_p c_V d^3}{V k_g v_0}} \end{gathered} \tag{3-78}$$

式中：x_1、x_2分别为最大传热和最大身管温度时弹丸的位置；c_V为气体比热容；V 为燃烧室体积；k、k_g分别为身管和气体的热导率；μ_g为气体黏度；γ 为比热容比。

(6) 最大身管温度和每发射击热传递：

$$\begin{gathered} T_{max} = \frac{0.4Re^{0.7}T_f + R_T T_i}{0.4Re^{0.7} + R_T + 1300E} \\ H_\infty = \frac{(T_{max} - T_i)k}{1.082} \cdot \sqrt{\frac{nt_0}{k}} \end{gathered} \tag{3-79}$$

(7) 平衡温度。每发的热传递随着点火前身管温度T_i的升高而下降，因而，存在一个热传递为0时的温度，称为平衡温度(T_R)。即当$T_i = T_{max} = T_R$时$H_\infty = 0$。

$$\begin{gathered} T_R = \frac{0.24Re^{0.7}T_f}{0.4Re^{0.7} + 1300E} \\ T_R \approx 0.45T_f \end{gathered} \tag{3-80}$$

(8) 身管热传递：

$$\frac{H_T}{H_0} = \frac{T_R - T_i}{T_R - T_0} \tag{3-81}$$

式中：H_0为在温度T_0(如300K)时的热传递；H_T是点火前瞬间身管温度为T_i时的热传递。

3.4　火药燃气对炮膛的烧蚀

火药燃气对炮膛的烧蚀作用是射击过程中伴随发生的有害现象。烧蚀是指在火炮使用时膛内金属表面逐渐生成裂纹、膛线磨损、药室扩大，从而导致膛压下降、弹丸初速降低、射弹散布增大，最后丧失应有的战斗性能，使武器使用寿命终止的过程。

一般线膛火炮的烧蚀现象表现为膛内金属表面形成硬化薄层，并出现裂纹，随着射击次数的增加，裂纹变多、变长、变深，扩展形成烧蚀网；硬脆的薄层则形成小块局部崩落。

如果身管温度波动由一个热脉冲引起，则在任何离身管表面的距离 x 点的温度波动为

$$\Delta T=\sqrt{\frac{2}{\pi e}}\frac{H_\infty}{\rho_v x} \tag{3-82}$$

式中：ΔT 为温差(K)；H_∞ 为总热传递($J/(m^2 \cdot rnd^{-1})$)；x 为离表面的距离(m)；ρ_v 为身管密度(kg/m^3)。

由温度波动引起的应力为

$$\sigma=\frac{E\alpha\Delta T}{1-\mu} \tag{3-83}$$

式中：E 为弹性模量(Pa)；μ 为泊松比；α 为热膨胀系数(K^{-1})。

对于炮钢，当应力强度 $Q\sigma\ \sqrt{(\pi a_c)}$ 等于临界应力强度K_{ic}时，这时热应力引起一个裂纹长度 $x=a_c$。

从式(3-82)和式(3-83)可知，裂纹长度为

$$a_c=\frac{2}{\pi}\left[\frac{QE\alpha}{K_{ic}(1-\mu)}\frac{H_\infty}{\rho c_V}\right] \tag{3-84}$$

式中：c_V 为比热容(J/kg)。

烧蚀的程度在身管的不同部位是不相同的。药室有药筒保护的部分基本不烧蚀，无药筒的部分易烧蚀。烧蚀最严重的区域是膛线起始部至最大膛压处的一段距离。最大膛压后烧蚀逐渐降低，在离炮口约 1 倍口径处又略有增大。身管寿命终了时烧蚀裂纹的深度可达几毫米，药室增长几十毫米甚至几百毫米。滑膛火炮烧蚀后的膛内金属表面出现斑点。

3.4.1 烧蚀与防烧蚀的原理

关于烧蚀的机理，较一致的看法是：炮膛烧蚀是多种因素综合作用的结果，包括热的、机械的和化学的因素。此外，其还与装药条件、火炮构造、炮钢材料的性质以及火炮加工工艺等因素有关。火药燃气的热作用对炮膛烧蚀具有决定性影响，它是影响烧蚀的诸因素中最重要的因素。

烧蚀的热作用机理可解释为射击时高温高压的火药气体强烈地加热金属表面，同时弹丸运动时弹带对膛壁摩擦产生的热使膛壁表面加热至高温。当弹丸飞出炮口后，因周围的冷空气及身管自身的热传导又使膛壁金属表面迅速冷却，如热处理中的淬火现象，使金属表面形成一层硬薄层。忽冷忽热的结果，使金属表面产生相应的收缩与膨胀，当其应力超过弹性限度时，就产生裂纹。

烧蚀的化学作用机理主要认为在高温高压条件下，火药燃气中的 CO_2、H_2O 和 O_2 与炮膛材料中的 Fe 进行化学反应而生成 Fe_3O_4、FeO 或 Fe_2O_3：

$$Fe+CO_2\longrightarrow FeO+CO \tag{3-85}$$

$$Fe+H_2O\longrightarrow FeO+H_2 \tag{3-86}$$

$$3Fe+4CO_2\longrightarrow Fe_3O_4+4CO \tag{3-87}$$

$$3Fe + 4H_2O \longrightarrow Fe_3O_4 + 4H_2 \tag{3-88}$$

这些铁的氧化物密度小、体积大，使原来紧密的金属组织变得松散，有利于氧化反应继续进行。燃气中的 CO 也能与 Fe 进行化学作用，其反应方式是一种渗碳反应：

$$3Fe + 2CO \longrightarrow Fe_3C + CO_2 \tag{3-89}$$

另一种方式是生成五羰基铁 $Fe(CO)_5$：

$$Fe + 5CO \rightleftharpoons Fe(CO)_5 \tag{3-90}$$

后一种反应是放热的，在高压下反应向右进行，生成的 $Fe(CO)_5$ 具有很大的挥发性，可随燃气从裂缝中流出，使裂纹扩大。

有的专家认为，燃气中的氮也会与炮膛金属材料发生渗氮作用。由于这一作用而使炮钢表面初期形成的蚀变层，能在一定程度上降低炮膛的磨损速率。例如，用 20mm 的枪管试验，开始发射弹丸时，燃气对炮膛的磨损速率是高的，但射击了大约 30 发弹丸后烧蚀达到了低而稳定的数值。

火药气流对烧蚀也起很大作用。例如，因弹丸与膛壁之间密封不严，射击时高温高速流动的火药气体可从缝隙中猛烈冲刷金属表面，加强了对金属表面的热作用。

机械作用主要是指高速弹丸对膛壁的冲击、挤压和磨损。特别是在高温条件下，金属材料的强度变低，其作用更为明显。事实上，上述因素是错综复杂、相互影响的。热促使生成硬皮和裂纹，裂纹又扩大了化学反应的面积；气流的冲刷、弹丸的冲击也使裂纹扩大并促使硬皮崩落。膛线的磨损使弹丸起动和旋转条件变劣，又加重了机械磨损作用。显然，热作用是烧蚀的起因，也为加速其他各种作用提供了条件，因此，热作用是烧蚀现象中最重要的因素。

很多事实说明，火药的热量（爆热）越高，对炮膛的烧蚀越严重。例如，对 76mm 加农炮进行寿命射击，用爆热（水为液态，下同）为 5230kJ/kg 的火药射击了 180 发，而用爆热为 3340kJ/kg 的火药却射击了 3000 发。热量相差 1890kJ/kg，寿命相差约 17 倍。又如，对 100mm 加农炮进行寿命射击，用爆热为 3200kJ/kg 的火药只射击了 1500 发，而用 2890kJ/kg 的火药射击了 3900 发。热量相差 310kJ/kg，寿命相差约 2.5 倍。有资料报道，硝基胍发射药比等热量的非硝基胍发射药的烧蚀要小。

对于热量相同而成分不同的火药，其中含高能量成分越多者所引起的烧蚀越严重。如用 76mm 加农炮进行寿命射击，用爆热为 3568kJ/kg 的硝化甘油火药只射击 500 发，而用同样热量的硝化棉火药射击了 1500 发。

火炮装药量越大，烧蚀也越严重。这是因为高温燃气量增多，热作用增强，且由于装药量提高使膛压上升，弹丸初速增加，化学作用、气流作用和机械作用也随之增强。

迄今还没有建立能定量描述火炮烧蚀的完整理论。由于烧蚀现象极其复杂，要想用一般的方法建立用公式表示的完善的烧蚀理论，可以说是不太可能的。史密斯（Smith）和奥布拉斯基（OBrasky）报告了一种基于经验的估计烧蚀寿命的技术。它建立在炮膛温度峰与起始部金属磨损量的关系上。这里介绍一种应用于低射速新火炮膛线起始部附近烧蚀现象的半经验的热理论。这一理论假设由于炮膛表面粗糙，只在局部表面达到熔点。烧蚀便在这些"高温点"发生。高温点只在极短暂的时间内出现，并在炮膛表面上变换位置。身管表面层磨损的瞬时速度可以在表面进行平均，从而可定义表面瞬时平均耗损速度 v_{ero}。而射击一发所引起的表面平均直径增大量 Ω 可表示为

$$\Omega = \int_{t_1}^{t_2} v_{\mathrm{ero}} \mathrm{d}t \tag{3-91}$$

式中：t_1和t_2分别为烧蚀开始和终止时刻。

如令 H_1为单位面积流向高温点的热流瞬时速度，Q_{m}为单位体积金属温度上升到熔点且达到熔化时所需的热量，则有

$$v_{\mathrm{ero}} = H_1/Q_{\mathrm{m}} \tag{3-92}$$

且显然有

$$Q_{\mathrm{m}} = \rho_{\mathrm{s}}[c_{\mathrm{s}}(T_{\mathrm{m}} - T_0) + L_{\mathrm{s}}] \tag{3-93}$$

式中：ρ_{s}为身管材料的密度；c_{s}为身管材料的比热容；T_{m}为身管材料的熔点；T_0为身管材料的初始温度；L_{s}为身管材料的熔解热。

利用式(3-93)可得

$$H_1 = A_1 c_p \rho v(T_{\mathrm{g}} - T_{\mathrm{m}}) \tag{3-94}$$

式中：A_1为烧蚀函数；T_{g}为燃气温度。

式(3-94)确定了引起烧蚀的那部分热流量。可假设

$$A_1 = kt_1 F_{\max} \tag{3-95}$$

式中：$F_{\max}$为函数 $F(t) = \rho v(T_{\mathrm{g}} - T_{\mathrm{m}})$的最大值；$k$ 为经验常数。

于是式(3-91)变为

$$\Omega = \frac{kc_p t_1 F_{\max}}{Q_{\mathrm{m}} \int_{t_1}^{t_2} Fd} \tag{3-96}$$

式(3-95)、式(3-96)中的烧蚀起始时刻 t_1及终止时刻 t_2是这样确定的：先取一 $F(t)$的标准值，则 $F(t)$由小于标准值而变化到大于标准值的瞬时取为 t_1，类似地把 $F(t)$由大于标准值而变化到小于标准值的时刻取为 t_2。式(3-96)是由热理论导出的烧蚀率的计算公式。用上式计算还是很不方便的，一种经近似简化后的半经验公式是

$$\Omega = \frac{km_{\mathrm{p}}\Delta^2 l_{\mathrm{g}}^3}{\xi^2 d^{4.1}} \frac{(0.145p_{\mathrm{m}})^2 - 16000^2}{(0.415p_{\mathrm{m}})^3} \tag{3-97}$$

式中：Ω 为用 cm 来表示的射击一发弹引起的直径增大量；k 为系数，可取 1.093×10^{-2}，m_{p}为以 kg 表示的装药量；Δ 为以 $\mathrm{kg/dm^3}$ 表示的装填密度；l_{g}为以 dm 表示的弹丸全行程长；d 为以 dm 表示的火炮口径；p_{m}为以 kPa 表示的最大膛压；ξ 为膨胀比，它定义为

$$\xi = 1 + \frac{Sl_{\mathrm{g}}}{V_0} \tag{3-98}$$

式中：S 为炮膛横断面积；V_0为药室容积。

由于此理论没有考虑坡膛及膛线等火炮结构因素，而这些因素都对烧蚀率有明显的影响，因此计算结果与实测值在某些场合下会有较大偏差。针对产生炮膛烧蚀的原因，减少烧蚀显然应从如下几方面入手：

(1) 减低膛壁温度。

(2) 发展低火焰温度和低烧蚀发射药。

(3) 完善弹带和膛线设计，并采用惰性弹带材料以减小挤进应力。这样既提供弹丸必需的旋转而挤进应力较小，又能有效地密闭气体。

（4）采用改进的身管材料或在炮管中采用镀覆或衬层。

3.4.2　防烧蚀的有关措施

1. 降低膛内温度，减小对身管的热传导

降低膛内温度，减小对身管的热传导的主要办法如下：

（1）身管外部冷却；

（2）FISA 防护套；

（3）发射药装药中采用护膛添加剂。

身管外部冷却也许对航炮实用，地面火炮则可以采用水冷却，这就带来增加质量和后勤保障上的问题。所谓 FISA 防护套，是一个薄的略带锥度的软钢套，将它套在整装弹上，一端围住药筒，余下部分套住弹丸定心部以下。射击时，药筒口部胀开并封住防护套，以保护膛线起始部不受烧蚀气体的侵蚀，据美军报道，此方法在 37mm 等小口径武器身管上起一定减蚀作用，但未被广泛采用。

护膛添加剂的基本概念是在发射药气体作用前用惰性油脂等涂覆炮膛表面，以提供一个临时的热障碍层。英国曾在一种 76mm 口径的火炮上做试验，发现将 110g 黏度为 $6\times10^{-2}m^2/s$ 的硅油装入 PVC 胶囊置入弹底，可减少对炮膛的热输入约 30%。以每分钟 120 发的射速作 60 发的长点射，在射击 2200 发后，没有明显烧蚀，而用标准弹药同样射击后炮膛扩大将近 3mm，但当胶囊在弹药勤务处理过程中破损，硅油与发射药混合时，会产生点传火等严重的问题。国外有人在药筒内前半部粘贴聚氨酯泡沫薄片，利用其热分解产生冷气流界面层，使一些火炮身管受烧蚀作用的影响减少到原来的 1/4。瑞典有人建议采用人造丝涂覆 45% 氧化钛、53.5% 蜡、0.5% 涤纶纤维和 1.0% 硬脂醇混合物的衬纸。这些衬纸放在药筒前端并包裹发射药装药。他们还建议采用氧化钛/蜡作添加剂。射击试验证明氧化钛/蜡衬纸对一些口径的火炮具有明显的减低烧蚀的作用，但遗憾的是对另一些口径的火炮效果似乎并不明显。

Dr. Lawton B 测定了在使用和不使用护膛材料情况下，超射程 AS 90155mm 火炮身管表面的温度和热传递，研究发现：在所有的 50 个弹道循环周期中，添加护膛材料可使身管表面温度波动从约 950℃ 减小到 600℃，总的热传递从约 $950kJ/m^2$ 减小到 $600kJ/m^2$。由身管温度的降低可以预计：每发对身管的磨损速度由 18μm 降为 1.6μm，这使身管寿命提高约 10 倍。身管温度波动的降低减小了热应力和初始裂纹长度，因而提高了抗疲劳寿命。

我国目前在中大口径火炮发射药装药中通常采用的护膛剂是由石蜡、地蜡和凡士林等高分子化合物组成的熔合物，并将它浸在纸上制成一定形状的护膛具，置于装药周围。这种护膛剂的作用机理为，在装药点火时期，主要表现为护膛剂的熔化与蒸发，吸收一定热量，使火药燃气温度有所降低，因而也增加了点火困难。在装药定容燃烧至膛压达到最大压力之前的时期，膛内压力不断升高，燃气温度达到最高，护膛剂开始裂解，吸收大量的热，并生成气体物质，在膛表面形成一层温度较低的界面层。另外，由于生成物质中甚至有游离的碳和氢，即

$$C_{25}H_{52}\longrightarrow 26H_2+25C(\Delta H_m=544kJ/mol)\text{（石蜡）}\qquad(3-99)$$

在膛压达到最大压力点之后，裂解产物进一步和火药燃气作用：

$$C + CO_2 \longrightarrow 2CO(\Delta H_n = 173.6kJ/mol) \quad (3-100)$$

$$H_2 + CO_2 \longrightarrow H_2O + CO(\Delta H_m = 42.7kJ/mol) \quad (3-101)$$

$$2H_2 + 2CO \longrightarrow CH_4 + CO_2(\Delta H_m = -334kJ/mol) \quad (3-102)$$

$$3H_2 + CO_2 \longrightarrow CH_4 + H_2O(\Delta H_m = -205kJ/mol) \quad (3-103)$$

有些反应虽然还会放出一些热量，但由于此时期燃气已做了不少膨胀功，对炮膛的烧蚀已大为减弱，虽有少量热的补偿，但对烧蚀已无多大影响。

护膛剂裂解产物往往反应不完全，增大了发射时的烟雾。应当指出，在小口径弹药中采用衬纸是相当困难的。因此，在发射药中直接加入1% ~2% 护膛添加剂，如滑石粉、TiO_2、$CaCO_3$、MoO_3等被证明是有效的。

2. 采用低火焰温度发射药

一般而言，当发射药火焰温度降低时其潜能也降低。在研制和发展低火焰温度而高能量发射药方面，国内外已进行了大量的努力。大多数这类配方含有一定量的固体硝胺成分，如黑索今或奥克托今。遗憾的是已有报告称这些发射药的烧蚀反而要比不含硝胺的发射药大。有试验证据表明，同样火焰温度时，硝胺药比常规药更具烧蚀性。其原因是硝胺颗粒离开发射药表面而继续燃烧，黑索今或奥克托今颗粒自身的燃烧火焰温度远比发射药平均火焰温度要高，而这些热粒子与膛壁的接触使身管烧蚀恶化。因此，在这类发射药中采用细粒硝胺对降低烧蚀十分重要。

低火焰温度发射药尽管能量低，但已被美国陆军和海军采用。例如，美国海军到20世纪60年代后期，一直使用火焰温度为2500 ~2600K 的诸如皮罗棉、柯达药（pyro、CorditeW）、M1 和 M6 等发射药。60年代后期，美国海军又使用一种称为 NACO 的冷发射药用于某些火炮。这种发射药是由低氮量（12.0% N）硝化棉和某些冷却剂制成的单基药。美军对 M199 牵引榴弹炮装药进行过试验，将火焰温度约3000K 的常规药 M30A1 改成火焰温度约2600K 的棒状药 M31AE1 后（均有衬纸），该炮的寿命从1750 发增加到大于2700 发。

3. 减小对膛壁的挤进压力和减少弹带膛壁间的相互作用

研究证明，弹带以挤压作用及其与钢形成低熔、易磨损合金而使身管烧蚀。因此，国外一直在研究优化弹带设计和研究弹带替代材料以减少挤进压力、消除弹带与膛线间相互作用的方法。1940—1945 年的令人注意的成果是发展了预制膛线槽弹丸，即在弹带上制有与膛线相配的槽。对这种弹丸，还可配合使用固体润滑涂覆以减少摩擦力。在12.7mm 枪上的试验证明，经润滑的钢弹带预制膛线槽弹丸可使枪寿命增长2 倍。这个设想的应用对镀铬身管特别有效。已有报告报道，联合采用镀铬枪膛和润滑的钢弹带预制膛线槽弹丸可使12.7mm 枪的烧蚀寿命增加20 倍，精度寿命增加8 ~10 倍。预制膛线槽的一个主要缺点是每发弹射击时须将弹道上的槽齿与膛线对准，但这不应是一个不可克服的缺点。

第二次世界大战后，在寻求与炮膛作用小、摩擦因数小的更好的弹带材料方面进行了许多研究。其中一项成果是采用烧结铁弹带，发现它可以减小膛线起始部的烧蚀，但遗憾的是炮膛前段由于磨损作用而使烧蚀增加。在采用有机聚合物，如热塑性塑料作为弹带方面也开展了大量的研究。1954 年，第一枚20mm 尼龙弹带弹问世，它能有效地密闭气体，并保持初速为1042m/s。Debell&Richardson 公司用尼龙11 和尼龙12 做弹带，在

30mmGAU－9/20火饱身管中进行射击试验，尼龙弹带弹初速达1219m/s，而铜弹带弹的初速为1188m/s。但在系列20mm枪的射击试验中，发现用尼龙12弹带的弹丸起动压力相比铜弹带弹的起动压力低21%之多，造成最大压力、初速、精度全面降低。因此，必须采用小弧厚的发射药或略微增加装药量。美国海军和空军的实验都证明，采用尼龙弹带的GAU－8系统中的M61炮的烧蚀寿命增加3倍，而在此寿命期内，弹丸初速几乎保持常数，然而这些火炮有必要镀铬，说明塑料弹带能使铬层在膛表保留更长时间，由此增加火炮寿命；塑料弹带的另一个优点是比铜弹带对高压气体的密闭性好，而且由于熔点低，它们会涂在膛表而减少向膛表的热传递。为了使塑料弹带在大口径火炮中工作有效，必须对弹带材料与设计进行认真的修改，以使其能承受弹带炮膛界面上的应力和温度。蒙特哥沫列（Montgomery）认为，弹带材料的磨损率与其熔点的倒数成正比。因此低熔点的尼龙比铜或钢磨损快。同时，由于大口径弹丸质量大，其尼龙弹带比小口径弹丸的尼龙弹带更易损坏。

减少烧蚀的其他措施包括改进身管材料、采用抗烧蚀身管衬里以及身管镀覆等技术。例如，用改变化学成分和热加工处理方法对钢进行改进，采用钨、铬、钴等硬质合金作为身管衬里，身管内表面层镀铬或钽、铌等其他耐磨、耐熔金属。

3.5 发射时的有害现象

发射时的有害现象包括炮口冲击波、炮口烟和焰、炮尾焰以及发射时的巨大声响等。炮口冲击波、炮口及炮尾焰和发射时的巨大声响可能会对火炮操作人员及发射阵地附近的设施，包括阵地内放置的弹药构成威胁。强烈的炮口焰会暴露发射阵地，浓厚的炮口烟妨害射手直接瞄准，影响打击精度，在白天也易暴露目标。

炮口冲击波、炮口烟和焰及发射时的巨大声响，都与从炮口喷射到周围空气中的高压、高温反应气体和颗粒混合物所产生的非稳态膛口气流现象有关。因此要正确认识这些有害现象的成因，寻求消除或减轻其危害的方法，必须从研究膛口气流及其发展入手。

3.5.1 膛口气流及其发展

膛口流场是由从膛内高速流出的膨胀不足的非定常射流及其与膛口空气的相互作用而形成的。在这一过程中伴随着涡流及冲击波等现象的发生。与此同时，可燃气体与空气中的氧再次作用而发生爆燃，即形成了炮口焰。很明显，膛口流场的形成和发展过程是一个带有化学反应的流体力学问题。膛口流场的形成可以分成两个阶段，即初始流场的形成和火药气体的主流场的形成。

初始流场是指弹丸未出炮口前，在膛口形成的流场。在弹丸未出炮口以前，弹丸在膛内火药气体的作用下，一方面沿炮膛加速运动；另一方面不断压缩弹前的空气柱，产生一系列压缩波向炮口方向传播。由于后一个压缩波的传播速度总比前一个压缩波大，这些压缩波相互叠加而形成激波。随着弹丸的加速运动，激波不断增强，当激波至膛口时达到最大值。激波出炮口后称为初始冲击波，它先做轴对称的膨胀运动。由于波后的压力比外界的压力高得多，形成了膨胀不足的初始射流，进而形成了弹丸出炮口前的初始流场，见图3－6。

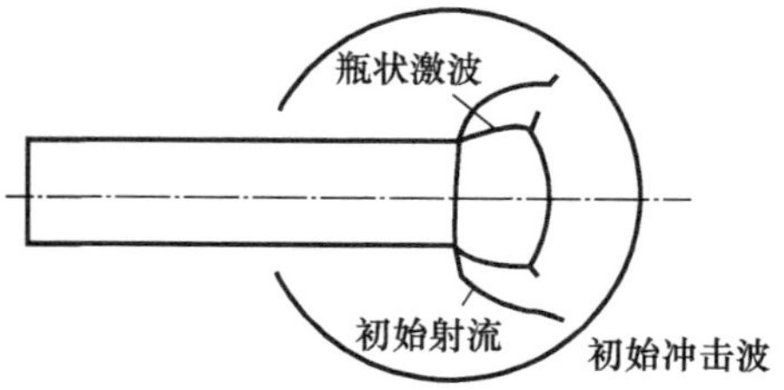

图 3－6　膛口初始流场示意图(无炮口制退器)

当弹丸从膛口射出之后,具有很大压力势能的高温高压火药气体以极高的速度从膛内喷射出来,并迅速推动周围的空气形成冲击波。对于一般火炮而言,炮口压力通常在 50～100MPa 之间变化,远远高于环境压力。因此,膛口射流是高度膨胀不足的射流,并在膛口形成极为复杂的波系,如图 3－7 所示。可以看出,膛口主流场由斜激波(相交激波)、马赫盘组成了瓶状激波系。主流场,即射流边界包围起来的整个区域,可分为以下 4 个区域。

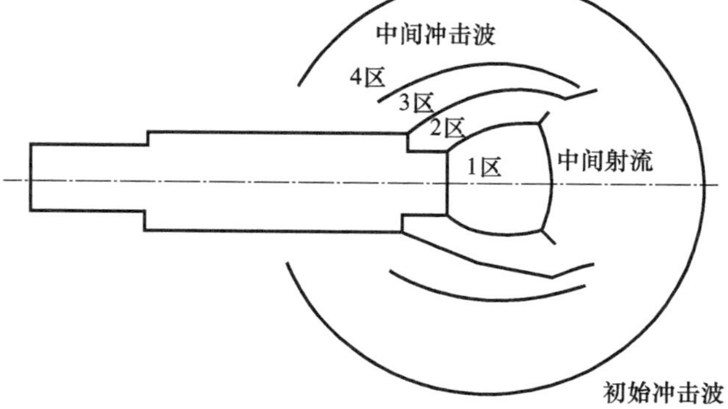

图 3－7　膛口主流场结构示意图

1 区:瓶状激波内的自由膨胀区,气流主要在此瓶状区内膨胀,压力剧降,速度剧增,马赫数 $Ma>1$。

2 区:相交激波与射流边界之间的超声速区,$Ma>1$。

3 区:马赫盘后的亚声速区。气流经正冲击波后,流速下降,温度和压力急增,$Ma<1$。

4 区:经过两次斜冲击波后,流动情况十分复杂。此区压力与 3 区相同,但 $Ma>1$。两区之间形成一个速度间断面。

3.5.2　炮口焰

炮口焰是出现在炮口前的闪光,可分为三个区域:初次焰(或称一次焰)、中间焰及二次焰,见图 3－8。

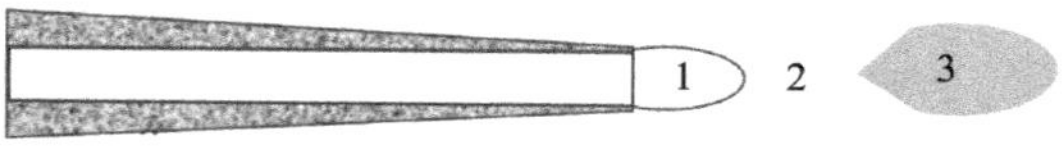

图 3－8　炮口焰的结构

1——一次焰;2—中间焰;3—二次焰。

处于膛口的初次焰其空间范围小且强度低。它是由膛口处喷出的膛内气体粒子流的热激发造成的。由于出炮口后火药燃烧产物迅速膨胀冷却，因而光度迅速降低，其后即出现暗区。初次焰也可能包括流出炮口的火药燃烧产物本身在炮口继续燃烧形成的火焰。

中间焰区辐射强度较大，扩展范围也更广。它位于初次焰前方，在完全形成的内部激波盘之后。这一气流区的辐射是因为气体粒子流通过内部激波盘时，被再次压缩，对流能转换成气流热力学能，使温度上升到大致接近炮口的温度而发光。

二次焰在内层激波盘法向的下游方向形成，火焰有时可在距炮口 20m 处出现。其扩展范围之大、闪光之强都远远超过中间焰。这种二次焰是由未燃尽的火药可燃产物与卷入空气中的氧气重新点火发生爆燃而引起的。与此同时还会产生超压。

通常所说的炮口焰，一般是指二次焰。二次焰形状通常是椭圆形，长度为 0.5 ~ 5m，宽度为 0.2 ~ 20m，持续时间为千分之几秒到百分之几秒，夜间在 10 ~ 50km 外都能观察到。二次焰的燃烧反应被认为由一种链式机构支配：

$$H_2 + O_2 \longrightarrow 2OH \quad (\text{链的引发})$$

$$\left.\begin{aligned} OH + H_2 &\longrightarrow H_2O + H \\ H + O_2 &\longrightarrow OH + O \\ O + H_2 &\longrightarrow OH + H \\ OH + CO &\rightarrow CO_2 + H \\ H + CO + O_2 &\longrightarrow CO_2 + OH \end{aligned}\right\} \quad (\text{链的传递})$$

$$\left.\begin{aligned} H + OH &\longrightarrow H_2O \\ O + O &\longrightarrow O_2 \\ H + H &\longrightarrow H_2 \\ O + CO &\longrightarrow CO_2 \end{aligned}\right\} \quad (\text{链的中断})$$

由此可见，燃烧产物中存在可燃性气体，与空气混合后如具有足够高的温度与压力以及具备链式反应的条件就可促使二次焰产生。

研究表明，火药爆热越高，燃烧产物中可燃性气体成分越多，产生炮口焰的可能性越大。大装药量和小装填密度的火炮也易产生炮口焰。这是因为在大装药量的条件下，火炮膛压、初速提高，燃气流出炮口的压力、温度、速度均增加，有利于炮口焰的产生。在小装填密度的情况下，由于膛压降低，燃烧结束点移向炮口，从而为炮口焰的生成提供了条件。

钾盐对炮口焰有明显的消焰作用，其原因可能是钾盐的存在阻止了链式反应的进行。因此，在许多火炮中将钾盐单独制成消焰剂作为一种装药元件，也有将钾盐直接加入火药组分中使用的。使用黑火药作传火药时，由于其燃烧产物中含有钾盐，故也有消焰作用。

此外，火炮与弹丸的构造情况、射击条件等因素也会影响炮口焰的生成。炮口安装防火帽和制退器，可减少炮口焰。

3.5.3 炮口烟

射击时生成的烟本质上是一种胶体体系，其分散介质为火药气体与空气，分散相是燃烧产物中的固体粒子和凝聚相的水。研究表明，烟雾的性质，如大小、颜色和稳定性，与火药性质、装药结构、装药燃烧条件、武器诸元及空气条件等有关。但其直接起因是火药装药燃烧所生成的凝聚相物质，它们的主要来源如下。

1. 火药成分中的固体无机物

溶塑火药中含有少量无机盐类和金属氧化物，如 K_2CO_3、Na_2CO_3、$CaCO_3$、$MgCO_3$、CaO、Fe_2O_3等，这些物质都是在硝化棉的硝化和安定处理过程中残留在硝化棉内的杂质，当火药燃烧时，大多变为稳定的金属氧化物，成为灰。但由于其在火药中的质量含量一般不超过 0.3%，因此不是烟雾的主要来源。

某些火药为了达到特殊目的而在组分中使用无机附加物，例如，加入 K_2SO_4作为消焰剂，会使燃气中固体物质增多，加重了烟雾的生成。

2. 点火药燃烧生成物中的固体粒子

火炮射击时，击发火帽药剂可产生 0.005ml 凝聚粒子，在发射速度高并与其他因素结合起来也会对烟雾生成产生一定影响。火炮装药中传火药多为黑火药，它燃烧时产生约 50% 质量分数的 K_2SO_4、K_2CO_3、K_2S 等固体微粒。在中大口径火炮中，通常使用几十克至上百克传火药，其生成的固体物质很可观。可以认为，用黑火药作传火药是射击时产生烟的主要原因。

3. 火药成分不完全燃烧产生的固体物质

火药成分中的非能量成分如苯二甲酸二丁酯、石蜡、凡士林、中定剂等，以及热稳定性大的能量成分，如二硝基甲苯、三硝基甲苯等，在火药的燃烧过程中，相对于活性的能量成分来说分解时间稍迟，因此有可能产生中间有机物、碳粒等凝聚相颗粒，形成烟雾。

4. 其他装药元件产生的固体颗粒

有些火炮将 K_2SO_4制成消焰剂作为装药元件单独使用，其产生烟雾的道理与将 K_2SO_4 作为火药组分时是一样的。有些火炮装药还使用除铜剂，通常是采用锡铅合金。在射击时，由于除铜剂与膛面上黏附的铜而形成共熔物微粒故增大了射击时的烟雾。

其他装药元件，如药包布、硬纸紧塞具、钝感衬纸等，在燃烧过程中显然会形成碳粒和其他固体物质，对烟雾生成有很大影响。例如，57mm 加农炮不使用钝感衬纸，射击时无烟，燃气中检测到的碳粒很少。当装药中使用 55g 钝感剂，射击时就产生烟雾，测量到每 1kg 火药气体含 0.5g 分散的碳粒。此外，当火药燃烧不完全而产生 NO 时，由于 NO 与空气中的 O_2 作用生成 NO_2，会出现棕色烟雾。燃烧产物中的水与空气接触后冷凝成凝聚相微滴，也是形成烟的原因之一。但是，烟雾的最终生成，在很大程度上取决于装药的点火条件。当点火不足或燃烧条件不良时，火药燃烧不完全，会生成大量固体碳粒、凝聚相中间产物和 NO 等。另外，烟雾的生成也与武器构造、环境条件等密切相关。装药量越大，附加元件越多，身管越短，产生烟的可能性也越大；气温越低，风越小，对烟雾形成越有利。

目前已有一些预示炮口烟生成的理论模型，但由于问题的复杂性，这些模型显得很不完善，其实用性受到很大限制。

从装药设计的角度来说，要减少烟雾生成的可能性，就是要选用成分简单均一、非能量及热稳定性高的组分含量少、能完全燃烧的火药；对装药元件的使用要慎重，要保证良好的点火和适当的燃烧压力。

3.5.4 炮尾焰

炮尾焰是火炮射击后在开闩和抽筒时在炮尾部形成的火焰。显然，它会危及射手安全。坦克炮、自行火炮和自动开闩与闭锁的火炮是绝对不允许有炮尾焰的。

炮尾焰产生的原因是火药以及其他装药元件不完全燃烧的产物与空气混合后所发生的二次燃烧，其影响因素及防止方法与炮口焰基本相同。

炮口烟、焰的形成是极其复杂的过程，要完全搞清烟、焰形成机理的每个细节似乎还要作极大的努力。但是，目前对于烟、焰形成的主要原因和影响因素已经清楚。此外，射击时的烟、炮口焰与炮尾焰三者具有密切的关系。例如，装药中采用消焰剂，消除了炮口焰和炮尾焰，但增大了烟雾；使用炮口制退器减弱了炮口焰但助长了炮尾焰。因此，装药设计工作者在确定设计方案时，就要结合武器特点和战术技术要求，慎重考虑，统筹兼顾。

3.6　发射药装药弹道设计方案的评价

装药的弹道设计是一个多解问题，因此，它必然包含一个方案的选择和优化过程。方案选择的任务是使所选方案不仅能满足战术上的要求，而且其弹道性能必须是优越的。在方案选择时，可以直接比较各种不同方案的构造诸元及装填条件，但由于这些量之间有着密切的制约关系，其反映往往是不全面和不深刻的。因此，有必要选取一些能综合反映弹道性能的特征量作为对不同方案弹道性能的评价标准。本节介绍几种最主要的评价标准，并简要介绍装药诸元和装药结构的优化问题。

3.6.1　发射药装药弹道设计方案评价的有关标准

1. 弹道效率

火炮是利用火药燃烧后所释放出来的热能使之转变为弹丸动能的一种特殊形式的热机。显然，火药的能量是否能充分利用，应当作为评价火炮性能的一条很重要的标准。这一标准称为热力学效率或弹道效率 γ_g，它定义为火药完成的主要功$\frac{1}{2}mv_0^2$与火药气体的总能量$\frac{fm_p}{\theta}$之比，即

$$\gamma_g = \frac{\frac{1}{2}mv_0^2}{\frac{fm_p}{\theta}} \tag{3-104}$$

式中：m 为弹丸质量；v_0为弹丸初速；f 为火药力；m_p为装药量；$\theta=\gamma-1$，γ 为火药燃气的绝热指数。有时也称 γ_g为有效功率。

在火药性质一定的条件下（f、θ 一定），上述标准可进一步转化为

$$\eta_{m_p} = \frac{\frac{1}{2}mv_0^2}{m_p} \tag{3-105}$$

η_{m_p}称为装药利用系数，显然两者有下式联系

$$\eta_{m_p} = \frac{f}{\theta}\gamma_g \tag{3-106}$$

它们的本质是一样的。在进行弹道设计方案比较时，采用其中一个就可以了。它们

的数值大小，表示火药装药能量利用效率的高低。从能量利用效率的角度看，弹道效率 γ_g 或装药利用系数 η_{m_p} 应该越大越好。在一般火炮中，γ_g 为 0.16 ~ 0.30。

2. 示压效率

示压效率 η_g 定义为整个弹丸行程中产生弹丸初速的平均压力 $\bar{p}$ 与最大膛压 p_m 之比，即

$$\eta_g = \frac{\bar{p}}{p_m} \tag{3-107}$$

显然，由于平均压力 $\bar{p}$ 总是小于最大膛压 p_m，所以 $\eta_g < 1$。根据平均压力的定义，有

$$\bar{p} = \frac{\int_0^{l_g} p\mathrm{d}l}{l_g} \tag{3-108}$$

式中：p 为弹后压力；l_g 为弹丸全行程长。将式(3-108)代入式(3-107)得

$$\eta_g = \frac{\int_0^{l_g} p\mathrm{d}l}{l_g p_m} = \frac{S\int_0^{l_g} p\mathrm{d}l}{Sl_g p_m} \tag{3-109}$$

式中：S 为炮膛断面积；$\int_0^{l_g} p\mathrm{d}l$ 为 $p-l$ 曲线下的面积；$S\int_0^{l_g} p\mathrm{d}l$ 为火药气体所做的压力功；Sl_g 为炮膛工作容积。因此，示压效率又代表了 p_m 一定时单位炮膛工作容积所做的功，其数值的大小意味着炮膛工作容积利用效率的高低。

由式(3-109)还可以看出，示压效率表示了 $p-l$ 曲线下的面积充满 $l_g p_m$ 矩形面积的程度，如图 3-9 所示。

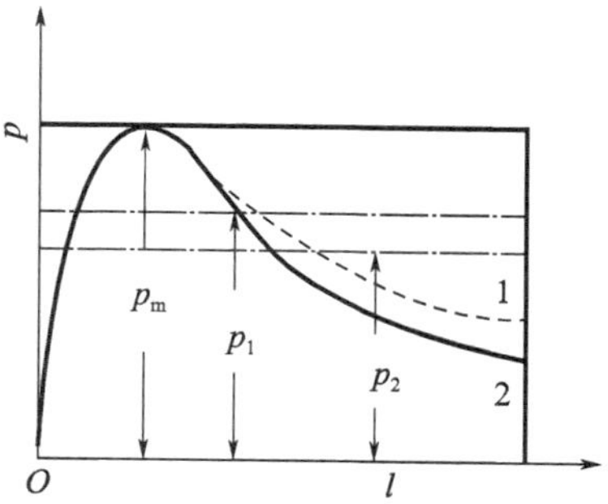

图 3-9 示压效率的示意图

在相同 p_m 下，示压效率的高低反映了压力曲线的平缓或陡直情况。在满足 p_m 及 v_0 的前提下，示压效率越高，则弹丸全行程 l_g 越短，它意味着火炮炮身质量轻、机动性好。所以从炮膛利用效率来看，示压效率应越高越好。

3. 火药燃烧相对结束位置

火药燃烧相对结束位置的定义为

$$\eta_k = \frac{l_k}{l_g} \tag{3-110}$$

式中：l_k 为火药燃烧结束位置。由于火药点火的不均匀性以及药粒厚度的不一致性，不可能所有药粒在同一位置 l_k 燃完。事实上，l_k 仅是一个理论值，各药粒的燃烧结束位置分散

在这个理论值附近的一定区域内。因此，当理论计算出的火药燃烧结束位置 l_k 接近炮口时，必然会有一些火药没有燃完而从炮口飞出。在这种情况下，不仅火药的能量不能得到充分的利用，而且由于每次射击时未燃完火药的情况不可能一致，因而会造成初速的较大分散，同时增加了炮口烟、焰的生成。选择方案时，一般火炮的 $\eta_k<0.70$。加农炮 η_k 为 0.50～0.70。榴弹炮分级装药，考虑到小号装药也能在膛内燃完，其全装药的 η_k 选取 0.25～0.30 比较合适。表 3－1 列出了各种典型火炮的 η_k 值。

表 3－1 各种典型火炮的 η_k 值

火炮名称	方案评价标准			
	η_{m_p}/(kJ/kg)	η_g	η_k	p_g/kPa
1955 年式 57mm 战防炮	1062	0.646	0.612	—
1956 年式 85mm 加农炮	1210	0.640	0.506	13850
1960 年式 122mm 加农炮	1090	0.664	0.548	104440
1959 年式 130mm 加农炮	1121	0.650	0.495	100020
1959 年式 152mm 加农炮	1208	0.604	0.540	64920
1955 年式 37mm 高射炮	1339	0.484	0.546	68650
1959 年式 57mm 高射炮	1177	0.558	0.599	78550
1959 年式 100mm 高射炮	1098	0.606	0.564	94140
1954 年式 122mm 榴弹炮	1393	0.479	0.277	42360
1956 年式 152mm 榴弹炮	1483	0.419	0.290	33340

4. 炮口压力

弹丸离开炮口的瞬间，膛内火药气体仍具有较高压力（$4.9\times10^4\sim9.8\times10^4$ kPa）和较高温度（1200～1500K）。它们高速流出炮口，与炮口附近的空气发生强烈的相互作用而形成膛口主流场，在周围空气中会形成强度很高的冲击波和声响。炮口压力越高，冲击波强度也越大，强度大的冲击波危及炮手安全，也促使炮口焰的生成。因此，对于不同的火炮，炮口压力要有一定的限制。在方案选择时，必须予以考虑。若干典型火炮的炮口压力 p_g，见表 3－1。

5. 武器寿命

由于火药燃气的烧蚀作用，最终会使火炮性能逐渐衰退到火炮不能继续使用的程度。通常以武器在丧失一定的战术与弹道性能以前所能射击的发数来表示武器寿命。一般情况下，武器弹道性能衰退到下述情况之一，便认为是寿命的终止：

（1）弹丸射击的密集度 $Bz\times Bx$ 增大至 8 倍；

（2）弹丸初速降低 10%，对高射炮和舰炮来说，降低 5%～6%；

（3）射击时切断弹带；

（4）以最小号装药射击时，引信不能解除保险的射弹数超过了 30%。

有人对不同口径加农炮的射击试验数据进行了研究，发现身管寿命与膛线起始部阳线最高处首先受到挤压部位的耗损有很大关系。火炮寿命终止时，这一位置的耗损量一般达到原阳线直径的 3.5%～5%。因此，可以将膛线起始部耗损量达到身管原直径的 5% 作为允许极限值。这样，由式（3－96）或式（3－97）计算出射击一发的耗损率后，即可从理论上估算出火炮寿命。

事实上,影响武器寿命的因素有很多,也很复杂。但从弹道设计的角度来看,最大压力、装药量、弹丸行程等因素是最主要的。膛压越高,火药气体密度也就越大,从而促进了向炮膛内表面的传热,加剧了火药气体对炮膛的烧蚀。装药量越大,一般装药量与膛内表面积的比值越大,因而烧蚀也就越严重。弹丸行程长则对武器寿命有着相矛盾的两种影响:一方面,身管越长,火药气体与膛内表面接触的时间越长,会加剧烧蚀作用;另一方面,在初速给定的条件下,弹丸行程延长,装药量可以相对地减少,炮膛内表面积增加,却又可以减缓烧蚀作用。在弹道设计中可使用下述半经验半理论公式估算武器寿命:

$$N = K' \frac{\Lambda_g + 1}{\frac{m_p}{m}} \tag{3-111}$$

式中:N 为条件寿命;Λ_g为弹丸相对行程长;$\frac{m_p}{m}$为相对装药量;K'为系数,对于加农炮 $K' \approx 200$ 发。式(3-111)计算所得的条件寿命,可作为选择装药弹道设计方案的相对标准。

3.6.2 装药优化设计的概念

火炮装药设计主要包括两方面的工作:装药弹道设计和装药结构设计。因此,装药优化设计也应当包括两个方面的含义:装药弹道优化设计,以确定装药诸元;装药结构优化设计以确定装药元件的配置方式和相对位置。

装药弹道优化设计所依据的指标主要是相关的评价标准。一般而言,当利用已有火炮而设计新装药时,优化问题就转化为如何保证在火炮允许的最大膛压下,充分利用已确定的药室容积而使弹丸获得尽可能高的初速。而在新火炮设计时,火药装药工作者面临的任务就可能是在保证弹丸初速不小于战技指标要求的前提下,充分比较各种装药方案,选择满足火药燃烧相对结束位置、炮口压力等指标且最大膛压较低的方案,以提高武器的机动性和经济性。

这些评价标准是相互联系、相互制约的。在实际选择方案时,期望所有的标准达到理论的要求是不合理的;而在诸标准之间出现矛盾的情况,即某些标准较好而另一些标准较差是正常的。进行方案评定的意义就在于根据武器的战术技术要求,从实际出发,全面权衡,综合考虑,以选择相对为优的方案。

国内外的装药设计工作者也研究了一些装药弹道优化设计的数学模型及其相应的计算程序。但由于这些模型本身是高度简化的,离实际相差甚远。因此其实用性是很受限制的。

装药结构的优化设计是在弹道优化设计的基础上进行的。根据弹道设计所提供的装填条件和单体火药的燃烧层厚度确定装药在药筒或药室中的配置方式。设计点火系统,选择并设计其他装药元件。结构优化设计的目的应保证点火、传火可靠,能使膛内压力波有效降低;装药结构要求简单、牢靠,特别是可变装药应便于在夜间射击操作;尽可能地减轻或消除射击过程中的有害现象,减少炮膛烧蚀,延长火炮使用寿命。近年来,随着大口径高膛压火炮的发展,膛内压力波已成为影响火炮弹道稳定性和威胁火炮发射安全性的重要因素之一,因此,尽可能地减轻或消除火炮发射时的膛内压力波,就成为装药结构优化的最为重要的目标。人们在这方面已通过长期的实践获得了一些经验或半经验性的规律或专家知识(如下)。

在火药性质方面,力学强度不好的火药,当在较低初温下受火药气体的冲击时就易碎裂,使燃烧面突增,从而产生膛压反常升高;膛内使用 19 孔或 37 孔粒装药较使用 7 孔粒状药不易产生压力波;管状药也不易产生压力波。

在装填条件方面,装填密度过小,药室自由容积太大易产生压力波,而当装药床长度大于药筒长度 2/3 时,可有效抑制压力波;装药在药筒或药室放置匀称时,不易产生压力波。

在点火、传火条件方面,局部点火较同时全面点火易产生压力波,采用中间点火和装药周围留有适当自由空间不易产生压力波,迅速而分散的点传火有利于降低压力波。

装药方案的最后评定是靶场实弹射击。实弹射击的评定标准是初速、初速或然误差以及最大膛压等弹道指标。但是,这并不等于装药弹道设计优化和装药结构优化毫无用处,恰恰相反,它们为装药的试制定型指明了方向,节省了大量的人力、物力和财力。

3.7 提高发射装药性能的技术途径

火炮的基本要求是弹丸威力、射击精度以及机动性。这些因素是相互矛盾和彼此制约的。但是,在一定弹丸质量或一定身管长度的前提下,它们都要求武器有尽可能高的炮口初速,这又是统一的。在现代战争中,使用高初速火炮能取得战斗的优势。使用高初速火炮可以增大火炮的射程,使火炮能在不转移阵地的情况下进行大纵深的火力支援。对于坦克这类装甲目标来说,提高初速可以增加弹丸侵彻装甲的能力。弹丸初速越高,弹丸飞行到目标的时间越短,同时由于弹道低伸,能改善对目标,特别是运动目标的命中概率。在现代战争的条件下,武器对目标的首发命中概率一方面反映了武器杀伤或毁坏敌方目标的能力;另一方面反映了武器自身在战场上的生存能力。因此,提高火炮初速始终是火炮发射装药技术领域的重大课题,也是火炮发射装药技术今后发展的主要方向。

那么,从发射装药的角度来看,可以采取哪些措施来提高弹丸初速呢? 如采用内弹道常规模型中的弹丸运动方程:

$$Sp\mathrm{d}l = \varphi mv\mathrm{d}v \tag{3-112}$$

式中:p 为弹后空间的平均压力。

事实上,弹丸是在弹底压力p_d作用下运动的,由于

$$\frac{p}{p_\mathrm{d}} = \frac{\varphi}{\varphi_1} \tag{3-113}$$

式中:φ_1 为仅考虑弹丸旋转和摩擦两种次要功的计算系数。于是有

$$Sp_\mathrm{d}\mathrm{d}l = \varphi_1 mv\mathrm{d}v \tag{3-114}$$

对式(3-114)积分:

$$S\int_0^l p_\mathrm{d}\mathrm{d}l = \varphi_1 m\int_0^{v_0} v\mathrm{d}v \tag{3-115}$$

得

$$v_0 = \sqrt{\frac{2S\overline{I}}{\varphi_1 m}} \tag{3-116}$$

其中

$$I = \int_0^{l_g} p_d \mathrm{d}l \tag{3-117}$$

显然，与火药装药有关的影响v_0的因素是积分值I。I值实际上表示了$p-l$曲线下的面积。由式(3-109)可知，在一定的最大压力下，I值越高，火炮的示压效率也就越高。式(3-116)表示提高I值，即增加$p-l$曲线之下的面积，就可增大弹丸初速v_0。显然，就火药装药本身而言，可通过下述途径获得：

(1) 增加火药气体的总能量。通过$p-l$曲线适当上移提高弹丸初速。

(2) 改变燃气生成规律。通过改变$p-l$曲线的形状，在不增加最大压力的前提下，提高弹丸初速。

(3) 改变装药的初速温度系数。使装药在低温下可获得常温甚至高温下的初速。在装药技术上所采取的提高初速的措施，大致采用上述几种方法，而且往往是两种以上方法的结合。迄今虽然已取得了一些进展，并且其中一些已获得了实际应用，然而，在许多方面还存在着不少困难，距离在武器中实际应用还有差距。

3.7.1 提高装药量

由经典内弹道理论可导出初速公式：

$$v_0 = v_j\left[1-\left(\frac{l_1+l_k}{l_1+l_g}\right)^{\theta}\left(1-\frac{v_k^2}{v_j^2}\right)\right]^{\frac{1}{2}} \tag{3-118}$$

其中

$$v_j = \sqrt{\frac{2f\,m_p}{\theta\varphi m}} \tag{3-119}$$

式中：v_j为极限速度。

为讨论问题方便，取$l_g=\infty$，此为火炮身管无限长的理想情况，有

$$v_0 = v_j = \sqrt{\frac{2fm_p}{\theta\varphi m}} \tag{3-120}$$

即

$$v_0 \propto \sqrt{m_p} \tag{3-121}$$

对于真空弹道，可以认为最大射程x_m与初速的平方成正比：

$$x_m \propto v_0^2 \tag{3-122}$$

从而有

$$x_m \propto m_p \tag{3-123}$$

式(3-123)充分反映了提高装药量对增加武器威力的效果。如美国在155mm自行榴弹炮上进行了试验，原用7号装药最大射程为14.6km，后采用增加装药量的办法配了8号装药，使弹丸初速提高，射程增加到18.4m。

但是，对大多数制式武器而言，采用常规方法提高装药量受到许多因素的限制。首先，增加装药量会使最大压力p_m提高、燃气生成量及流速增加，加剧了对火炮身管的烧蚀作用。仍以美军155mm自行榴弹炮为例，使用8号装药时的烧蚀约为使用7号装药时的13.6倍，而射程只增加25.6%。其次，增加装药量要受到装填密度的限制，对于装填密度

本来就已接近饱和的某些火炮而言，增加装药量的潜力是有限的，更何况过大的装填密度会给装药的点传火以及正常稳定燃烧带来一些困难。

因此，国内外正在积极研究提高装填密度，同时提高能量利用率和综合性能良好的新技术。

1. 密实装药

人们对密实装药的兴趣一直未减，研究一直没有停顿。这是因为密实装药具有明显的潜在优越性，即在容积不变时，提高发射药装药量与弹丸的质量比所获得的性能要比单纯提高发射药能量对弹丸做功产生的效果好。现已发现，19孔发射药的允许装填密度可达0.9g/cm^3，经压实的发射药装填密度甚至可超过1.35g/cm^3。国外在密实发射药研究方面大致有如下途径：

1）片状多层密实结构发射药装药

它由多层发射药片叠加而成，各层之间有明显的界线。每层都有自己的燃速，每层的“热值”也不相同，各层的燃烧时间是总燃烧时间的一部分。采用这种装药后，不但可以增加装药量，不去或少去考虑火药的几何外形，而只需通过选择不同热值或选择不同燃速的多层火药组分就能制备所需要的渐增性燃烧的发射药装药。其制造工艺可以采用复式压伸或发射药圆片叠加等方式。

2）小粒药或球形药压实成密实发射药装药

美国陆军弹道研究所等报道对单基压伸M1发射药、双基压伸发射药（HES-8567）和双基球形发射药（OlinWC852）进行压实，得到了密度分别为1.15g/cm^3、1.25g/cm^{3}和1.30g/cm^{3}的密实发射药装药。美国陆军弹道研究所采用的球形药压实工艺是采用溶剂蒸气软化技术先将药粒软化，然后进行压实。美国Olin军工厂报道采用大尺寸、深度钝感的球扁药在药筒内直接压实，可使装填密度达到1.35g/cm^3，并在20～155mm多种不同口径的火炮上进行了大量试验，使弹丸初速在基本保持膛压不变的情况下提高6%～15%。另一种压实工艺是先将单体药粒用溶剂蒸气进行处理，然后在模具中进行压制，再进行干燥固化，并在装药块周边进行阻燃涂覆。

3）纺织式密实发射药装药

美国和日本曾研究将发射药组分溶于挥发性溶剂中制成黏稠溶液，在一定压力下通过抽丝器抽丝并使之固化。细丝用纺织机按预定式样绕成一定形状。

2. 混合装药

混合装药可以是双元的或多元的。例如，19孔粒状药和球形药所构成的双元混合装药。由于采用了大颗粒的多孔火药与小颗粒的球形药混合配置，有效地利用了装药空间，提高了装填密度。并且由于小颗粒的球形药提供了较大的初始燃烧表面，它们与多孔药一起燃烧而使膛压能迅速升至最大值，而当球形药继续减面燃烧时，多孔药都是渐增性燃烧，因而能使装药在最大压力水平上保持燃烧较长时间，压力下降较缓，因此改进了$p-l$曲线，初速得以提高。美军30mm炮采用混合装药提高装填密度达20%。有的混合装药的装填密度可达1.0g/cm^3。采用这一方法，装药量可增加20%～30%。

在大口径火炮中，混合装药似乎要比压实装药易行，当然也要相应解决点火、传火以及恰当设计燃气生成规律等问题。

提高装药量虽然可以提高初速，但在一般情况下也提高了膛压。因此，为提高穿甲威力，国内外身管武器研制和发展的一个重要趋势是通过高膛压实现高初速，出现了所谓高膛压火炮。如坦克炮与第二次世界大战时期相比，火力系统发生了非常明显的变化。膛压由原来的300～400MPa增大到现在的600～700MPa，初速则由原来的800～900m/s增加到1500～1800m/s，穿甲威力由原来的500m距离穿透120mm厚装甲发展到目前的2000m距离穿透600mm厚装甲。

对于制式火炮，装药量增加引起膛压的增加和初速的增加有下列经验式：

$$\frac{\Delta p_m}{p_m}=2\frac{\Delta m_p}{m_p} \tag{3-124}$$

$$\frac{\Delta v_0}{v_0}=\frac{3}{4}\frac{\Delta m_p}{m_p} \tag{3-125}$$

由式(3－124)、式(3－125)可得

$$\frac{\Delta v_0}{v_0}=\frac{3}{8}\frac{\Delta p_m}{p_m} \tag{3-126}$$

由此可见，单纯提高装药量所引起的膛压增加的幅度要比初速增加的幅度大得多。因此，通过提高装药量来提高初速，必须考虑由膛压增加所引起的方案的合理性和经济性。

通常提高装药量可与其他措施（如钝感、包覆阻燃等技术）配套使用，以使膛压维持在可接受的水平上。

3.7.2 提高火药力

由式(3－120)可以看出，提高火药力与增加药量两者对增速的效果是一致的。火药力的定义为

$$f=\tilde{R}T_1=\frac{1000}{\overline{M}}RT_1 \tag{3-127}$$

式中：$\tilde{R}$为1kg火药气体常数；R为摩尔气体常数，$\overline{M}$为火药燃气相对平均摩尔质量。该式表明增加爆温T_1或减少$\overline{M}$后都可以提高f。

现有制式火药，$\overline{M}$约为25，T_1在2600～3600K。因此，火药力的范围在880～1200kJ/kg。但目前大口径武器使用的火药的火药力大致在1100kJ/kg以下，只有迫击炮才用上了较高火药力的火药。这是由于使用高火药力的火药往往受到武器烧蚀的限制。通常火药力每增加200kJ，爆温要增加200～700K，对于承受3000K高温已有困难的炮钢而言，采用高爆温的火药来提高初速显然不是一个可取的方法。因此，长期以来研究低温而又高火药力的火药，即所谓冷燃火药，一直进行得十分活跃。显然，其办法是有效地降低火药燃气的平均相对分子质量。

1. 硝胺火药

现有C－H－O－N系火药的主要燃烧产物相对分子质量见表3－2。为了降低$\overline{M}$，在燃烧产物中要增加H_2、H_2O和降低CO_2的含量，这就要求提高H/C比。根据C－H－O－N系火药的燃烧反应规律，在一定温度下，平衡产物中H_2O的增加必定伴随CO_2的增加，而H_2的含量减少。只有在火药组分中减少氧的含量才会在减少CO_2的同时使H_2的含量增加。已发现，用含有$\gt N-NO_2$基的硝胺类物质代替普通火药中部分含有$—ONO_2$基的硝

酸酯作为火药组分对降低燃气平均相对分子质量、提高火药力有明显的效果。目前，硝基胍火药（三基火药）已得到实际应用（表3－3）。由于黑索今（RDX），奥克托今（HMX）分子中$>N-NO_2$基的含量较硝基胍多，因此，含RDX、HMX或其他硝胺类物质的新型火药也已得到应用。

表3－2　C－H－O－N系火药的主要燃烧产物相对分子质量

产物	相对分子质量
CO_2	44
CO	28
H_2O	18
H_2	2
N_2	28

表3－3　美军部分单、双基火药及硝基胍火药的爆温、火药力与相对平均摩尔质量

火药种类	T_1/K	f/(kJ/kg)	$\overline{M}$
M14单基火药	2710	977	23.05
M8（双迫用双基药）	3695	1411	26.95
T25I（无后坐炮用双基药）	3071	1055	24.2
M30（硝基胍三基药）	3040	1088	23.21
6260（含RDX、硝基胍）	3339	1196	23.21

2. 混合硝酸酯火药

用新型的硝酸酯来部分或全部代替双基火药中的硝化甘油，在不显著提高爆温的前提下，增加火药的做功能力，是目前和今后探索高火药力发射药的一个方向。例如，美军研制的一种混合酯火药，用丁烷三醇三硝酸酯（BTTN）、三羟甲基乙烷三硝酸酯（TMETN）及三乙二醇二硝酸酯（TEGDN）组成的混合酯取代硝化甘油，制成了PPL－A－2923发射药，其火焰温度比M8（双迫用双基药）低309K，而火药力比M8高2.4%。又如用三羟甲基乙烷三硝酸酯、三乙二醇二硝酸酯、二乙二醇二硝酸酯（DEGDN）组成的混合酯制得的XM35火药，其爆温与M30（硝基胍三基药）相当，火药力略高于M30，但力学性能特别是低温力学性能得到了很大改善。从表3－4所列的数据可以看出，发展较低爆温而较高火药力的混合酯火药，也是以获得较低的燃气平均相对分子质量为手段的。

表3－4　混合酯火药与双基、三基火药部分性能比较

火药种类	T_1/K	f/(kJ/kg)	$\overline{M}$
M8（双迫用双基药）	3695	1141	26.95
PPL－A－2923混合酯火药	3386	1169	24.10
M30（硝基胍三基药）	3040	1088	23.21
XM35混合酯火药	3030	1093	23.05

3. 含金属氢化物的高能发射药

美国陆军弹道研究所根据“减少燃烧产物的相对分子质量可增加发射药能量”的原

理，开展了将金属氢化物和硼氢化物加到制式发射药组分中的研究。例如，添加 LiH 或 LiBH 后，发射药能量比具有相同火焰温度的普通制式药高 10% ~15%。这种药在 2200K 的定容火焰温度时，计算火药力大于 1500kJ/kg；而在定容火焰温度 3100K 时，计算火药力大于 1750kJ/kg。目前，这种组分的高能发射药仍处于研究阶段，其过强的反应活性和毒性等问题使其实际应用面临困难。

3.7.3 改变燃气生成规律

要提高火炮初速，必须增大 $p-l$ 曲线下的面积。比较合乎理想的方案是保持最大压力不变，即在燃烧结束点之前使 $p=p_{\mathrm{m}}=$ 常数，即形成所谓压力平台效应。

图 3-10 是具有压力平台的理想 $p-l$ 曲线。用现在的火药及装药技术来实现压力平台似乎是不可能的。但是，适当改进 $p-l$ 曲线的形状，使其在最大压力点附近的曲线变得平缓一些还是能做到的。

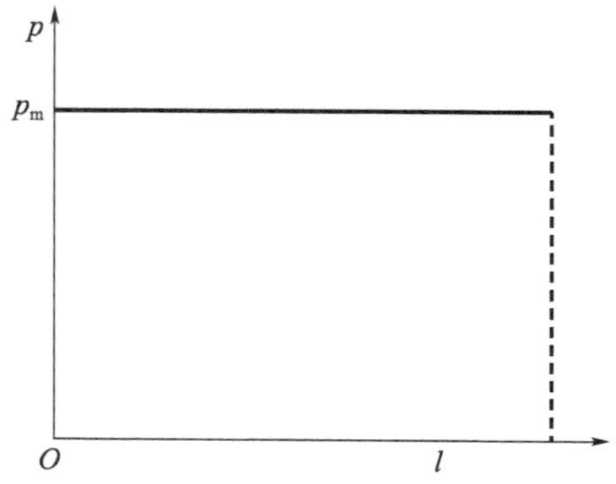

图 3-10 具有压力平台的理想 $p-l$ 曲线

1. 高渐增性燃烧发射药

从常规内弹道模型的基本方程可以导出火药燃烧过程中膛内的压力变化规律为

$$\frac{\mathrm{d}p}{\mathrm{d}t}=\frac{1}{l_{\Psi}+l}\left\{\frac{fm_{\mathrm{p}}}{S}\left[1+\left(\alpha-\frac{1}{\delta}\right)\frac{p}{f}\right]\frac{\mathrm{d}\Psi}{\mathrm{d}t}-v(1+\theta)p\right\} \tag{3-128}$$

令 $p=p_{\mathrm{m}}=$ 常数，则 $\mathrm{d}p/\mathrm{d}t=0$，有

$$\frac{fm_{\mathrm{p}}}{S}\left[1+\left(\alpha-\frac{1}{\delta}\right)\frac{p_{\mathrm{m}}}{f}\right]\frac{\mathrm{d}\Psi}{\mathrm{d}t}-v(1+\theta)p_{\mathrm{m}}=0 \tag{3-129}$$

式中：$\frac{\mathrm{d}\Psi}{\mathrm{d}t}$为气体生成速率。如定义单位压力下的气体生成速率为气体生成猛度，即

$$\Gamma=\frac{1}{p}\frac{\mathrm{d}\Psi}{\mathrm{d}t} \tag{3-130}$$

则由式(3-129)可解得

$$\Gamma=\frac{1+\theta}{1+\left(\alpha-\frac{1}{\delta}\right)\frac{p_{\mathrm{m}}}{f}}\frac{S}{fm_{\mathrm{p}}}v \tag{3-131}$$

因此，如若使气体生成猛度 T 随膛内弹丸的加速而增长，就可以使 $p-l$ 曲线比较平缓。由几何燃烧定律得

$$\frac{\mathrm{d}\Psi}{\mathrm{d}t}=\chi\sigma\frac{\mathrm{d}z}{\mathrm{d}t}=\frac{\chi\sigma}{e_1}\frac{\mathrm{d}e}{\mathrm{d}t} \tag{3-132}$$

式中：χ 为火药形状特征量；σ 为相对表面积（燃烧表面积与初始燃烧表面积之比）；e_1为火药起始肉厚的一半。

根据燃烧速度定律若

$$\mathrm{d}e/\mathrm{d}t=u_1p \tag{3-133}$$

则

$$\Gamma=\frac{1}{p}\frac{\mathrm{d}\Psi}{\mathrm{d}t}=\frac{\chi}{e_1}u_1\sigma \tag{3-134}$$

它表明，要使燃烧过程中 Γ 变化，可以通过改变燃速系数u_1或相对燃烧表面 σ 来实现。因此，具有渐增性燃速系数或渐增性相对燃烧表面的火药（增面火药）装药都可以改善 $p-l$ 曲线，提高初速。

根据几何燃烧定律，多孔火药是增面燃烧火药。多孔火药可以按式（3 – 135）设计（图 3 – 11）：

$$\beta=3n^2+3n+1 \tag{3-135}$$

式中：β 为孔数；n 为孔的层数。

若采用多孔火药燃烧至分裂块形成瞬间的相对表面积 σ，作为渐增性的标志量，并假定孔径 $d_0=e_1$，两孔中心距为 $3e_1$，火药长度 $2c=25e_1$，则 σ_s 随孔数 β 的变化规律见图 3 – 12。它表明随着孔数的增加，σ_s增加，即孔数越多，增面性越强。但是当孔数增加至 127 孔以上时，σ_s 随 β 的增加已很缓慢。国外已研制过 19 孔和 37 孔的多孔火药。表 3 – 5 列出了在 p_m相同及 $l_k=2l_g/3$ 的前提下，使用单孔和多孔火药时，100mm 高火炮的初速计算值。它表明了随火药孔数增多，初速增加。

表 3 – 5　多孔发射药增速效果

参量	孔数							
	单孔	7	19	37	61	91	127	阻燃单孔
$\Delta/(\mathrm{kg/dm^3})$	0.745	0.829	0.90	0.90	0.912	0.926	0.927	1.005
$v_0/(\mathrm{m/s})$	908	939	958	964	964	967	969	990

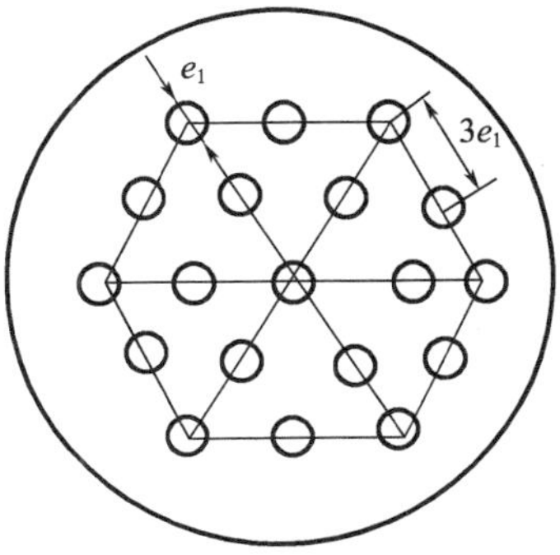

图 3 – 11　19 孔火药示意图

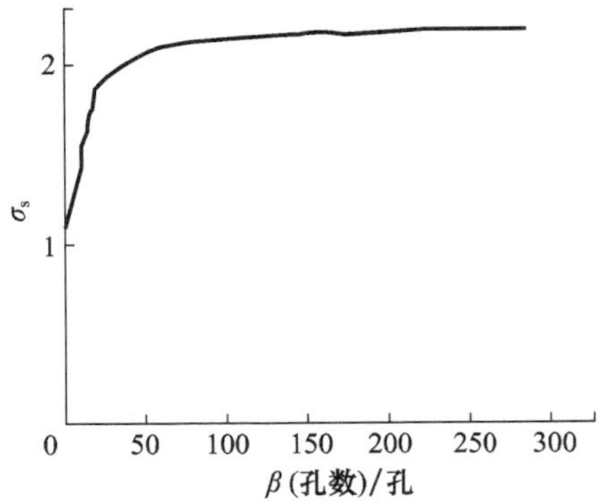

图 3 – 12　$\sigma_s-\beta$ 关系图

2. 程序控制 – 开裂棒状发射药

程序控制 – 开裂棒状发射药（programmed – splitting stick propellant）的结构如图 3 – 13 所示。这是美国陆军弹道研究所进行研究的一种高渐增性高密度新药形。其概念是在发射药燃烧过程中，不是在初始点火时来控制燃烧表面面积的增加，而是在最需要增加燃气生成速率的时刻，发射药燃烧表面积按程序控制突然增加，有效地改善 $p-l$ 曲线，使火炮性能获得大幅提高。其实现的方法是在药柱内部设计一种“埋置式”的槽，药柱开始燃烧时，这种槽不暴露在燃烧的炽热气体中，在标准减面燃烧期间的理想时间，特别是在达到最高压力后，通过预定程序使药柱横槽暴露、开裂，导致燃烧表面积大大增加，相应地增大了气体生成速率。图 3 – 14 所示为程序控制 – 开裂棒状药的相对燃烧表面积（以下简称燃面）与药柱已燃体积分数的关系，同时给出了球形、单孔、7 孔和 19 孔药形的燃面与已燃体积分数的关系。

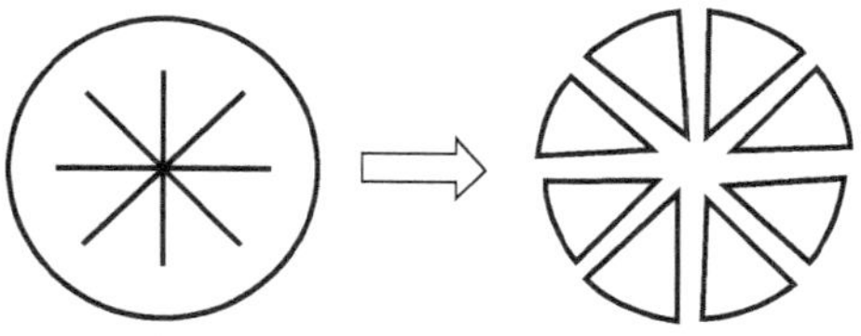

图 3 – 13　程序控制 – 开裂棒状发射药的结构示意图

（a）程序开裂前；（b）程序开裂后。

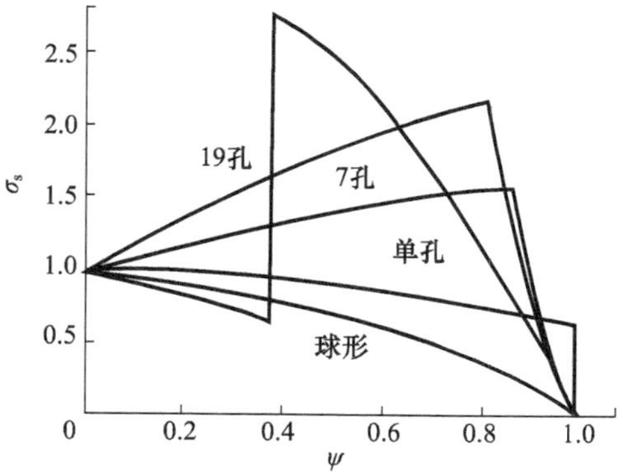

图 3 – 14　程序控制 – 开裂棒状药的相对燃面与药柱已燃体积分数的关系

为保证内设槽按程序开裂，对此种药柱的两端必须进行有效封端，这项技术的弊端是两端封堵工作量较大，很难工程化生产。

射击试验表明，采用 8 裂缝槽的程序控制 – 开裂棒状药形，组分采用 NOSOL363，药柱长度为 760mm，直径为 8.53mm，裂缝宽度为 0.65mm，用于 155mm 榴弹炮发射 M101 弹头，可装填 16.3kg 药，在 328MPa 压力下，可产生 936m/s 的初速，比制式 M203 装药所产生的 826m/s 的初速提高了 13.3%。

3. 阻燃包覆发射药

在发射药药粒外表面包覆一层阻燃覆层，当这种经包覆的药粒点火时，燃烧基本从未包覆孔的内表面开始，这样，在药粒整个燃烧过程中，被阻燃的药粒外表面不燃烧，或直至药粒大部分燃烧后外表面才开始燃烧。显然，采用这一技术，使发射药装药的燃烧具有更强的渐增性，且由于其药粒初始燃烧表面比未阻燃药粒小，因此在同一最大膛压下，装药量允许得到增强，从而提高了弹丸初速。例如，未包覆的单孔药，呈减面性燃烧；若将其外表面用阻燃层阻燃，使药粒外表面在燃烧过程中完全阻燃，则可以实现完全的增面燃烧。图 3－15 为单孔未包覆火药与涂覆阻燃层的单孔药的内弹道 $p-l$ 曲线。表 3－5 同时给出了阻燃火药提高初速的效果。表明经阻燃的单孔火药，其装填密度可达到 $1.0kg/cm^3$ 左右，初速可达到 990m/s，比未包覆的单孔火药分别提高 35% 和 9%。研究表明，多孔火药采用阻燃包覆之后，其增面性和增速效果也有所提高。美国陆军弹道研究所利用 M68 式105mm 坦克炮发射的动能穿甲弹和阻燃的 7 孔 M30 发射药所作的技术论证得到的结论是：在相同的峰值压力下，经阻燃处理发射药获得的弹丸初速比用制式 M30 发射药获得的初速提高 2%。并且认为，这不是一个微不足道的增益，因为它能使武器系统的有效射程提高 500m。如果把阻燃剂的设计与其他已证明行之有效的发射药技术，如高能组分和药粒增面燃烧药形等结合起来，初速提高 10% 是可以达到的。阻燃剂也可采用借助溶剂向发射药粒内部进行渗透的方法进行分布。使阻燃剂浓度自药粒外层向内层逐渐减少，使外层燃速充分下降，且形成一种渐增性燃烧效果。这种方法通常称为钝感。钝感技术过去多用于枪用发射药，近年来已开始用于炮用发射药。

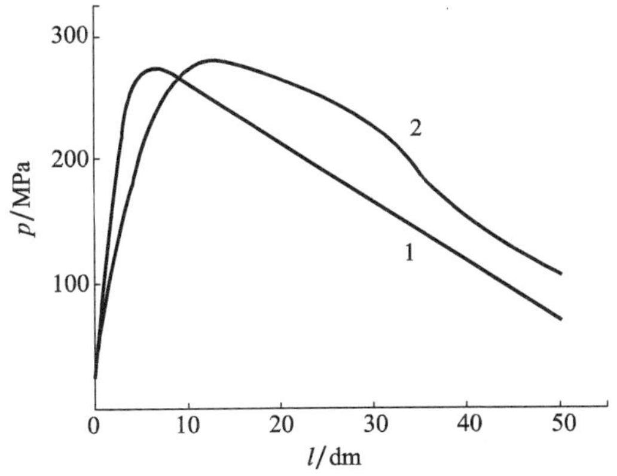

图 3－15　单孔未包覆火药与涂覆阻燃层的单孔药的内弹道 $p-l$ 曲线

1—单孔未包覆；2—单孔阻燃。

如何有效地控制发射药粒的阻燃区厚度，解决阻燃剂与基本发射药的化学相容性以及防止阻燃剂在药粒内浓度分布随储存时间变化而产生弹道性能的下降等，是发射药阻燃包覆、钝感技术要解决的重要课题。

目前，国内在发射药包覆阻燃技术方面已有重大突破。国内的专家采用特种包覆材料，加入 TiO_2 等迁移能力十分低的阻燃剂，解决了与本体发射药的黏结强度、化学相容性以及阻燃剂在药粒内部的迁移等问题。另外，通过多层包覆，可使阻燃剂含量分布自外层向内层逐渐减少，从而实现阻燃或钝感深度任意可调的效果。大量实验证明，这种包覆阻燃技术还具有降低装药温度系数的效果。

3.7.4　降低装药温度系数

发射药装药的初温变化会引起弹道诸元的变化。最大膛压 p_m 和弹丸初速 v_0 随装药初温的变化可分别用下列关系式表示：

$$\Delta p_{m}=C_{t}p_{m}(t-t_{0}) \tag{3-136}$$

$$\Delta v_{0}=K_{t}v_{0}(t-t_{0}) \tag{3-137}$$

式中：t_0为常温温度(15℃)；t 为装药实际初温；Δp_m、Δv_0分别为最大膛压和弹丸初速的改变量；C_t、K_t分别为膛压的温度系数和初速的温度系数。例如，在常温(15℃)与高温(50℃)间，对于一般火炮所用的硝化棉、硝化甘油火药，有

$$C_{t}=0.0033\sim0.0052;K_{t}=0.0002\sim0.0015$$

则在此温度区间，由于装药初温的影响，最大膛压和弹丸初速的变化可分别达到

$$\Delta p_{m}/p_{m}=C_{t}\Delta t=(0.0033\sim0.0052)\times30\approx10\%\sim15.6\%$$

$$\Delta v_{0}/v_{0}=K_{t}\Delta t=(0.0002\sim0.0015)\times30\approx0.6\%\sim4.5\%$$

这种弹道诸元随装药初温的变化，主要来源于发射药燃速对初温的依赖关系，即燃速温度系数。如果能消除装药的温度系数，即在所有环境下使装药产生在高温下同样的最大膛压，那么对于大多数高性能火炮，在低温到接近高温的广大温度区间内，伴随的弹丸初速增加可达到3%～7%的量级。消除或降低装药的温度系数，可充分利用炮管的强度，大幅提高在广大温度区间范围内的弹丸初速，这对于提高武器射程和威力，改善射击精度具有极其重要的意义。特别是对于反装甲火炮而言，可保证在各种初温条件下对装甲的有效穿透或毁坏能力，并提高首发命中率，使武器系统在战场上的生存能力大大增强。降低或消除装药温度系数不需要改变现有火炮的结构，就可使火炮性能得到明显改善。

因此，无论研制新火炮还是对现役火炮进行改造，都是一个具有潜在优势的措施。国外曾对用化学添加剂降低发射药燃速温度系数的有效性开展研究。一些化学添加剂对固体火箭推进剂的燃烧改良作用以及降低燃速温度系数的作用早已被证实并已在实际工作中得到广泛应用。能有效降低发射药燃速温度系数的化学添加剂也已有报道，但是，由于化学反应的规律，不同的发射药配方显示出差别很大的温度敏感性，还没有找到适用于各类发射药的有效降低发射药燃速温度系数的化学添加剂。这一事实表明，化学成分可以影响发射药的燃速温度系数u_1，开发研究出能控制发射药燃速温度系数，进而降低或消除装药温度系数的化学添加剂将是改进火炮系统性能的最为简单但又是非常困难的方法之一。

由粒状药组成的密实装药床的解体会影响整个装药燃烧渐增性。利用这一点可以降低甚至消除装药的温度系数。其原理是利用密实床基体力学性能对温度的依赖关系，在较低温度下，基体强度差，解体完全，从而使装药燃烧表面增大，燃气生成速率提高，装药的弹道性能得到补偿。

国外有人研究对球形药进行碾压并使之在药体内预制微裂纹。当装药在低初温下发射时，由于微裂纹的存在，裂缝极易扩展并发生碎裂进而导致燃烧表面增大。

国外还有人提出，在现场发射前对装药进行微波快速加热至极限高初温状态，或对较冷的装药进行激光辐照以提高燃烧反应速率，或向装填较冷初温的装药的药室中快速充入外加气体，以提高发射药床的燃烧速度，增加气体生成速率，还有利用在不同温度下提供数量不同的等离子体，以补偿温度变化引起的弹道性能的改变。

以上这些办法技术上难度较高，有些还涉及改变现有火炮结构，在短期内实用化似乎

还有相当难度。

国内外都在探索采用发射药粒包覆的办法来降低装药温度系数。瑞士联邦发射药厂在这方面开展了大量研究。他们研究了一种双基包覆火药，并在105mm坦克炮上进行射击试验，其结果表明，包覆火药装药比未包覆的M30三基药低温初速提高3.5%，弹道温度系数得到了明显改善，得到了低温初速与高温初速一致的结果，而最大膛压在所试温度区间全面降低、差别减小。

国外在包覆剂的选择和合成方面，集中于有机酯类、聚氨酯类等物质，而这些物质作包覆材料都存在与基体药的相容性问题，且所选包覆材料只适用于特定火药。我国在这方面开展了深入而富有成效的工作。目前对低温度系数包覆发射药的设计与制造工艺、质量控制和性能检测、装药、弹道和结构设计等已有一套完整的理论和丰富的试验经验。

采用特种包覆材料和迁移能力很差的阻燃剂，从本质上解决了包覆层与基体发射药间的黏结强度、相容性以及组分迁移问题。在作用机理研究方面，通过大量实验证实包覆药粒外表的包覆层，在不同温度下的强度是不一样的，特别是覆盖多孔发射药粒的小孔部分的包覆层对温度反应十分敏感。这些区域在低温下强度较差，在初始燃气压力下就能破孔，内孔较早暴露燃烧，在高温下，这些部位强度较高，需在装药燃烧稍后时期、在较高的燃气压力下才能破孔。这就使得初始燃烧阶段低温时的燃面大于高温时的燃面，补偿了低温下气体生成速率的不足，使不同温度下的气体生成速率趋于一致，从而降低甚至消除了发射药装药的温度系数。在装药结构上采用混合装药的办法，即采用制式发射药与低温度系数包覆发射药以一定比例混合形成混合装药，使低温度系数包覆药在制式药对压力增长的贡献达到最大值之后，迅速进入其压力增长速率最快的阶段，从而使 $p-l$ 曲线饱满，在最大压力点处曲线相对平坦，形成所谓“平台”，提高示压效率η_g。

表3-6是太根低温度系数包覆发射药在不同口径火炮上的射击试验结果。表3-7是若干种硝基胍低温度系数包覆发射药在105mm火炮上的射击试验结果。

表3-6 太根低温度系数包覆发射药在不同口径火炮上的射击试验结果

装药	口径/mm	弹道参数	温度/℃			温度系数×100	
			-40	15	60	高-常温	低-常温
TG-16/19低温度系数发射药	100	p_m/MPa	405.4	436.9	455.4	4.2	7.2
		v_0/(m/s)	1574.3	1601.7	1624.1	1.4	1.7
TG-16/19低温度系数发射药	120	p_m/MPa	465.8	449.8	437.0	5.16	-3.55
		v_0/(m/s)	1736.2	1744	1776.0	1.83	0.45
TG-17/19低温度系数发射药	100	p_m/MPa	440.6	429.9	474.7	-2.48	10.42
		v_0/(m/s)	1620.9	1587.8	1642.9	-2.08	3.47

表3-7 硝基胍低温度系数包覆发射药在105mm火炮上的射击试验结果

装药	口径/mm	弹道参数	温度/℃			温度系数×100	
			-40	15	50	高-常温	低-常温
SD16-15/19低温度系数发射药	105	p_m/MPa	391.7	436.5	471.06	9.61	10.26
		v_0/(m/s)	1535.8	1551.1	1575.7	1.59	0.98

续表

装药	口径/mm	弹道参数	温度/℃			温度系数×100	
			-40	15	50	高-常温	低-常温
SD16-15/19 低温度系数发射药	105	p_m/MPa	425.6	439.0	469.8	7.01	3.06
		v_0/(m/s)	1542.6	1536.1	1559.5	1.52	-0.42
SD16-15/19 低温度系数发射药	105	p_m/MPa	402.3	442.9	503.0	13.59	9.15
		v_0/(m/s)	1519.6	1547.7	1568.8	1.36	1.82

从表3-6、表3-7可以看出采用低温度系数包覆发射药技术，可有效降低装药的膛压温度系数和初速温度系数，甚至可使温度系数完全消除（近似为零）或出现负值。实验证明，通过调整包覆层厚度、包覆层中阻燃剂的比例、装药中包覆药比例等，可按要求控制装药温度系数的大小，从而使这一技术对各类火炮具有优异的适应性。

3.7.5 低易损性发射药

在现代严酷战争环境中，为了提高武器系统的战斗生存力和效能，必须克服因发射药在战场上暴露面积大而容易产生燃烧以致爆炸的问题。为此，国外许多国家吸取近年战争中曾出现的惨痛教训，开展了低易损性发射药的研究。发射药中的硝酸酯化合物是引起燃烧和爆炸的重要根源。为此，国外研制的低易损性发射药基本上不含硝酸酯化合物，而是含75%左右的硝胺化合物（奥克托今、黑索今）、惰性或低能黏结剂和增塑剂，有时也添加少量的硝化纤维素用于增加能量、降低燃速、改进力学性能和工艺性能。因此，选择合适的黏结剂和增塑剂是发展低易损性发射药的关键技术。

美国陆军对下列四类黏结剂进行了试验研究：

（1）纤维素类，如乙基纤维素、醋酸纤维素、醋酸-丙酸纤维素、醋酸-丁酸纤维素；

（2）热塑性弹性体，如一种聚乙基或聚丁基丙烯酸酯弹性体；

（3）聚丁二烯类，如端羟基聚丁二烯（HTPB）或端羧基聚丁二烯-丙烯腈（CTBN）；

（4）聚氨基甲酸酯类。

这类发射药由于照顾到低易损性，其能量受到一定的影响，点火较困难。由于其硝胺含量很高，因此也会遇到燃烧压力不正常等问题。当前，低易损性发射药主要研究的问题有最佳配方选择、低易损性评价标准、点火和燃烧控制技术等。低易损性评价标准是当前研究的重点之一。美国陆军大口径武器系统实验室已研究了低易损性发射药的感度和热安定性试验，包括冲击感度、DTA（差热分析）、TGA（热重分析）、自动点火温度、爆温、VTS（真空热安定性）、HFCI（热破片传导发火试验）和DDT（燃烧转爆轰试验）八种试验，并将试验的低易损性发射药与几种现装备发射药得出的数据进行比较，以制定出判断低易损性配方和性能的标准。

习题

1. 常规内弹道模型的基本方程有哪些？
2. 常见的均质火药燃速—压力关系式有哪几种形式？

3. 计算稳定热传递的简易方法是什么？
4. 火药燃气对炮膛的烧蚀原理及防烧蚀措施是什么？
5. 发射药装药弹道设计方案评价的标准是什么？
6. 提高发射装药性能的技术途径有哪些？
7. 发射装药的经验半经验的专家知识有哪些？

第 4 章　发射装药与弹道性能

本章主要介绍了发射药及装药特性参数变化对内弹道性能的影响，这些特性参数主要包括火药力、装药量、爆温、爆热、潜能、密度及余容等。

4.1　火　药　力

火药力与弹道性能的关系，采用恒温解法的公式：

$$p_m = \frac{f' m_p}{S l_1} \frac{\chi}{\lambda} \left[\left(1 + \frac{l_m}{l_1}\right)^{\frac{n}{B'}} - 1 \right] \left(1 + \frac{l_m}{l_1}\right)^{\frac{n}{B'} - 1} \tag{4-1}$$

$$l_m = l_1 \left[\left(1 - \frac{1}{2 - \frac{B'}{\chi \lambda}} \right)^{\frac{B'}{\chi'}} - 1 \right] \tag{4-2}$$

$$l_k = l_1 \left[\left(\frac{1}{\chi} \right)^{\frac{B'}{\chi}} - 1 \right] \tag{4-3}$$

设发射药在弹丸运动前燃完，则有

$$v_0 = \sqrt{\frac{2 m_p f}{\theta \varphi m}} \cdot \sqrt{1 - \left(\frac{V_1}{V_2} \right)^{\theta}} \tag{4-4}$$

式中：f 为发射药气体温度为常量（恒温条件）的火药力；B' 为恒温条件下的装填参量；V_1 为药室容积；V_2 为全部炮膛容积。

$f = RT$（T 是恒温条件下的温度），f' 是火药力 f 的符合值。由式（4－1）～式（4－4）可以看出，如果调整发射药的弧厚，使装填参量 B 保持不变，则有

$$v_0 \propto f^{1/2}$$

$$p_m \propto f$$

而 l_m、l_k 保持不变。

按照这个关系，当火药力分别提高 10%、20%、30% 时，其弹丸的初速分别提高 4.9%、9.5% 和 14%。如 1944 年式 100mm 加农炮，控制

$$I_{k1}^2 / f_1 = I_{k2}^2 / f_2$$

这时装填参量 B 值保持不变，则得出表 4－1 的数据。

表 4－1　装填参数数值表

f/(kJ/kg)	p_m/MPa	v_0/(m/s)	l_m/dm	l_k/dm	η_k
950	328	886.6	4.529	30.67	0.65
1079	373	945.1	4.529	30.67	0.65

在 f 变动的同时，发射药气体做功的效率也在变化。即使 B 值相同，弹丸动能、最大压力与火药力也不完全遵循正比关系。在火药力 f 和装填参量 B 同时变化的情况下，l_m、l_k、p_m、v_0 都要改变，p_m 与 f 和 v_0 与 $f^{1/2}$ 也不完全为正比关系，而且火药力对最大压力和对燃烧结束点的影响显著大于对初速的影响。

4.1.1　制式火炮装药与火药力

制式火炮是已选定装药并已装备使用的火炮。提高该火炮装药的火药力，可以减少装药量。但装药的能量密度并没有明显的提高，这种技术很少被采用。

人们常希望用提高火药力来增加制式火炮的初速，或用制式火炮验证高能发射药的效果。但在实践中，如果没有其他装药技术的改进，如增面性的改进，所追求提高初速的目的几乎难以实现。

图 4－1 是管状发射药保持 p_m 值不变时 $B-f$、$B-l_g$、$B-l_k$ 的算图。图中 B 值不变点 $(B_1=B_2)$ 是一个分界点。当 B 值减小($B_2<B_1$ 时，f_2/f_1、l_{k2}/l_{k1} 都小于 1，即只能使用低火药力的发射药，初速也不可能提高。而在 B 值增加的情况下 $(B_2>B_1)$ f_2/f_1、l_{k2}/l_{k1} 又都大于 1，即可以使用高火药力 $(f_2>f_1)$ 的发射药，但 l_k 值增加，而且 l_k 较 f 增加得快，即提高火药力，p_m 值保持不变，需要增加 B 值，结果又使 l_k 超出。所以，在药形没有变化的情况下，不能用提高火药力的办法提高制式火炮的初速，也不要用这种办法验证和评定装药的能量效果，但可以研究新装药力学、安全等动态性能。在实验中，提高火药力似乎也提高了有限的初速，这主要是因为 l_k 或 p_m 发生了变化，利用了 l_k 或 p_m 的余量，综合的效果是不明显的。

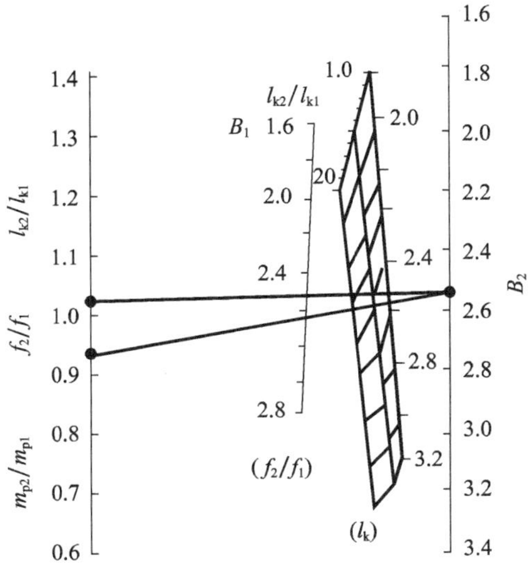

图 4－1　管状发射药保持 p_m 值不变时，$B-f$、$B-l_g$、$B-l_k$ 的算图

要在制式火炮上使用火药力更高的发射药，其条件是原装药的药形设计不合理，可应用渐增性更高的发射药。原药形和新药形这两种装药要保证 $p_{m1}=p_{m2}$ 又使 $f_2/f_1>1$ 的必要条件是 $B_2<B_1$，同时要提高火药的渐增性。

图 4－2 给出了最大压力 p_m 不变时 f_2/f_1-B 和 $I_{k2}/I_{k1}-B$ 的关系。新药形更具渐增性，其药形系数分别由表 4－2 查得，$(\chi\lambda)_1=-0.7$，$(\chi)_1=1.7$；$(\chi\lambda)_2=-0.06$，$(\chi)_2=1.06$。原装药的装填参量 $B=2.18$。

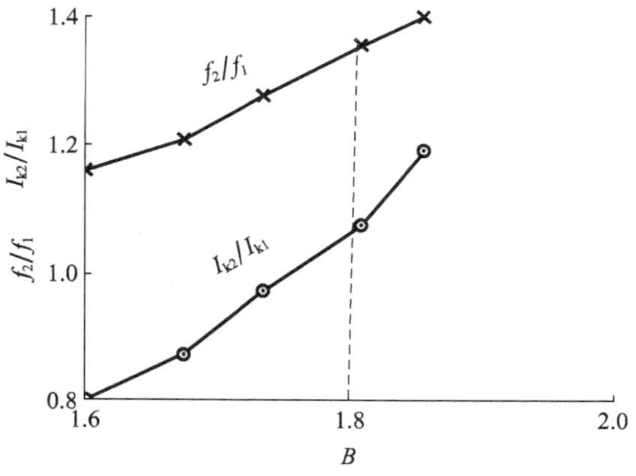

图 4－2　p_m不变时，f_1/f_2-B 和 $I_{k2}/I_{k1}-B$ 的关系

如果使新装药的 l_{k2}、p_{m2} 值与原装药的 l_{k1} 和 p_{m1} 一致，新装药的装填参量 B 值应为 1.79。这时 $f_2/f_1=1.45$。说明：增加发射药的渐增性并同时减少发射药的装填参量，用高能发射药才能在 p_m 和 l_k 不变的情况下提高弹丸的初速。如 1944 年式 100mm 加农炮，采用 $f_2=1.45f_1$ 的发射药，使初速 v_0 值由 889m/s 提高到 994m/s。

表 4－2　1944 年式 100mm 加农炮的装药参数

装药参数	原装药	新装药	装药参数	原装药	新装药
$\chi\lambda$	−0.7	−0.06	f/(kJ/kg)	949	1376
χ	1.7	1.06	I_k	1804	1968
B	2.18	1.79			

计算结果见表 4－3 和表 4－4。

表 4－3　第一期诸元

l/dm		0.025	0.50	3.0	4.527	6.814	7	13	24	30.67	31.4
原装药	p_1/MPa	7.7	118	314	328		313	250	171	134	
	v_1/(m/s)	3	53.3	241	320		416	569	725	787	
新装药	p_2/MPa	5.39	92.3	284.3		327.2	327.0	301.1			214.1
	v_2/(m/s)	2.50	47	222		396	4003	575			964

表 4-4　第二期诸元

l/dm		32	38	44	49.48
原装药	p_1/MPa	136.8	113.8	97.0	89.4
	v_1/(m/s)	798	838	871	887
新装药	p_2/MPa	204	180	158	147
	v_2/(m/s)	880	926	971	994

图 4-3 是本例题的 $p-l$、$v-l$ 曲线。例题进一步证实：在制式火炮上减少 B 值并用渐增性的发射药，才能用高火药力的发射药提高初速。除初速提高外，装药的其他性能也有变化，性能对比关系：

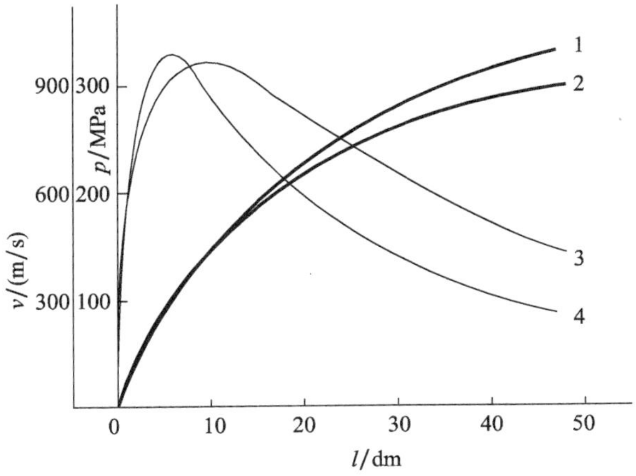

图 4-3　$p-l$、$v-l$ 曲线

1、3—新装药；2、4—原装药。

有效功率：$\gamma_{g2}=\left(\dfrac{v_{0_2}}{v_{0_1}}\right)^2, \quad \dfrac{f_1}{f_2}\gamma_{g1}=0.866\,\gamma_{g1}$

膛容利用率：$\eta_{g2}=\left(\dfrac{v_{0_2}}{v_{0_1}}\right)^2\eta_{g1}=1.26\eta_{g1}$

燃烧结束点：$\eta_{k2}=\eta_{k1}$

炮口压力：$p_{g2}=1.65p_{g1}$

当制式火炮的装药设计不够合理，如烧蚀严重、初速散布过大，炮口压力、炮口温度太高等时，也可以用降低火药力的办法。由图 4-1 看出，只要降低 B 值，并使 $f_2/f_1<1$，$l_{k2}/l_{k1}<1$就有助于上述问题的解决，但初速值受到影响。

减少弹质量，使用高火药力的发射药，也要求变更装药的药型，通过渐增性装药保持 p_m值不变。

4.1.2　新火炮装药与火药力

（1）在弹道设计中火药力的选择。弹道设计要在给定的 m、d 和 v_0的条件下确定火炮装药的诸元。各诸元都是关联的，火药力是影响装药整体性能的关键因素。

在新火炮的弹道设计中，火药力可选取的范围较大。选取高火药力发射药，有利于装药密度Δ、装药量m_p、弹丸质量m的选择和满足初速的要求。火药力高，身管也要有相应的长度。l_g大，有利于使用高火药力的发射药，数值关系可在图4-1中表现出来。l_g增加可提高装药的B值，也增加了f_2/f_1的比值。选择火药力还应注意武器的类型。从武器烧蚀的角度，大口径线膛炮一般要选用火药力较低的发射药。滑膛炮可选择火药力高一些的发射药。从战术的观点，应综合评定代价和效益的关系。如反坦克火炮，用高火药力的装药，有利于提高毁伤效果，效益优于火炮烧蚀的代价，使用高火药力的发射药是合理的。

目前可用的火药力介于950~1200kJ/kg，大口径线膛炮所用的火药力很少超过1100kJ/kg。增加200kJ/kg的火药力，爆温一般要上升200~700K。利用火药力的办法使初速提高5%，至少在目前，这个效果也是很可观的。

新武器常规装药，应以制式发射药（单基药、双基药和三基药）为主要选择对象。设计过程是合理选择装药量、药型、点火系统和装药结构，避免选用研制中的发射药。发射药、火炮同时进行的设计，应有较长期的研究过程。

（2）当武器的弹道设计完成时，弹、炮的诸元和发射药的种类都已确定，而Δ、B值也给出了确定的范围，剩余的问题就是找出更合理的装填密度Δ和装填参量B以及点火等条件。

4.2 装 药 量

4.2.1 装药量与弹道诸元

如果忽略余容α，装药量和火药力对p_m、v_0的影响效果则是相同的，即在装填参量B保持不变的情况下，弹丸动能和最大压力都与火药力和装药量成正比。当装药量分别提高10%、20%、30%时，其弹丸的初速分别增加4.9%、9.5%和14%。

如果m_p增加、火药的I_k值不变，则B值要随之而变，这时m_p和p_m、v_0的关系将符合：

$$\frac{\mathrm{d}p_m}{p_m}=\alpha_1\frac{\partial m_p}{m_p}+\beta_1\frac{\partial m_{p0}}{m_{p0}}+\cdots$$

$$\frac{\mathrm{d}v_0}{v_0}==\alpha'\frac{\partial m_p}{m_p}+\beta'\frac{\partial m_{p0}}{m_{p0}}+\cdots$$

其中，系数α_1、α'可以通过实验求出，也可以从“炮用发射药与装药弹道试验技术条件”中查到。各种火炮$\alpha_1>\alpha'$，即m_p对p_m的影响大于对v_0的影响。不同装药的系数α_1（或α'）都有差别，也可以用式（4-5）对m_p-v_0关系进行估算：

$$v_0\propto m_p^n \tag{4-5}$$

式中：n为一个常数，数值

$$n=\frac{\mathrm{dlog}v_0}{\mathrm{dlog}m_p}$$

对于各类火炮，可取$n=0.7$。用式（4-5）估算的数值见表4-5，显然高于$v_0\propto\sqrt{m_p}$，这时v_0已不再符合$v_0\propto m_p$的关系。

表 4 - 5　用式(4 - 5)估算的数值($n=7$)

$(m_p+\Delta m_p)/m_p$	1.1	1.2	1.3	1.4	1.5
$(v_0+\Delta v_0)/v_0$	1.069	1.136	1.202	1.266	1.328

4.2.2　制式火炮装药量的选择

(1) 弹道设计之后,发射药品种、火药力都已确定。之后发射药厂和装药厂要通过生产进一步精选装填密度 Δ 和装填参量 B。其 Δ 和 B 应满足弹道指标且利于生产。

对于一门火炮,p_m、v_0 和 η_k 都是由 I_k 和 Δ 决定的:

$$p_m=f_1(I_k,\Delta)$$
$$v_0=f_2(I_k,\Delta)$$
$$\eta_k=f_3(I_k,\Delta)$$

用计算和实验的方法可以作出弹道性能和装药的关系图(图 4 - 4)。

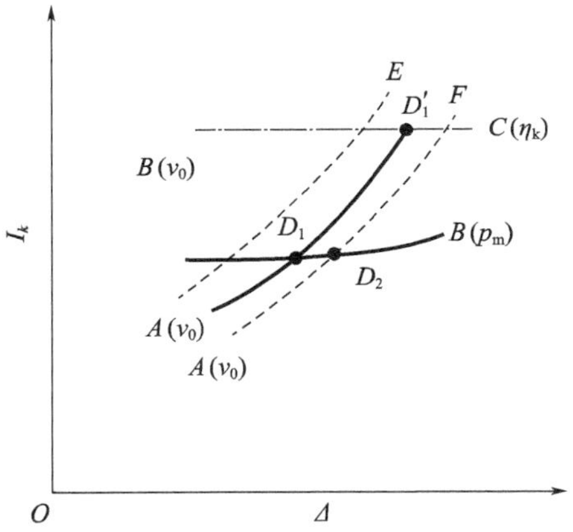

图 4 - 4　弹道性能和装药的关系图

图 4 - 4 中,A 线是弹道要求的等初速线。B 线是弹道要求的平均最大压力线。C 线是弹道要求的燃尽系数线。E、F 分别是$v_0-4\gamma_{v_0}$线和$v_0+4\gamma_{v_0}$线。

在 B 线的上方,$p_m<p_{mcp}$;在 C 线的下方,$\eta_k\leqslant\eta_{kc}$,弹道设计的 v_0、p_{mcp}、η_k 在图上有一个交点,即 D_1 和 D_1' 应该是重合的。实际情况与图 4 - 4 相符。满足要求的方案(Δ、I_k)是落在 D_1-D_1' 线上。

选择方案时,如果方案点接近 D_1,装药的 Δ 值较小,允许的加工偏差 ΔI_k 很小,对火药加工的要求更加严格。方案点接近 D_1',Δ 值变大,允许 ΔI_k 的偏差加大,放宽了对生产的要求,但装药量可能超过 $B(p_{mcp})$ 线与 $F(v_0+4\gamma_{v_0})$ 线的交点 D_2,Δ 过大也会引起 η_k 的增加。

在方案选择中,考虑经济因素,常希望降低装药量。但由此带来加工的困难和增加废品量。

制定火药生产与装药的工艺规程时,应对加工和装药量的综合效果进行全面评定。可用图 4 - 4 的规律选择工艺规程的装药指标。它有助于精选方案,避免选中弹道性能不稳定的方案。

（2）产品火药的 I_k 值通常要偏离工艺规程的 I_k 值。每批产品都通过装药量的选配来满足膛压和初速的要求。就是用公值的变化来抵消 I_k 的偏差，使弹道诸元落在图 4－4 的 D_1-D_1' 线上。如果 ΔI_k 过大，无法用 Δ 值来修正，这种发射药通不过验收。

可用火炮的装药图研究力 p_m、v_0 和 I_k、Δ 的关系，用装药图能在实验中估算装药诸元和弹道诸元。图 4－5 是 37mm 自动高射炮的装药算图。此图的压力单位为 MPa，I_k 单位为 kg/(cm^2/s)。如果是管状药，当 $I_k=575.4$、$\Delta=0.72$ 时，由图线给出 $v_0=860$m/s，铜柱压力 $p'_m=2590$kgf/cm^2（见 MM' 线）。当发射药加工后，$I_k=570$，若使 $v_0=860$m/s，则 Δ 应取 0.713，此时 $p'_m=2580$（见 $M_1M'_1$ 线）。

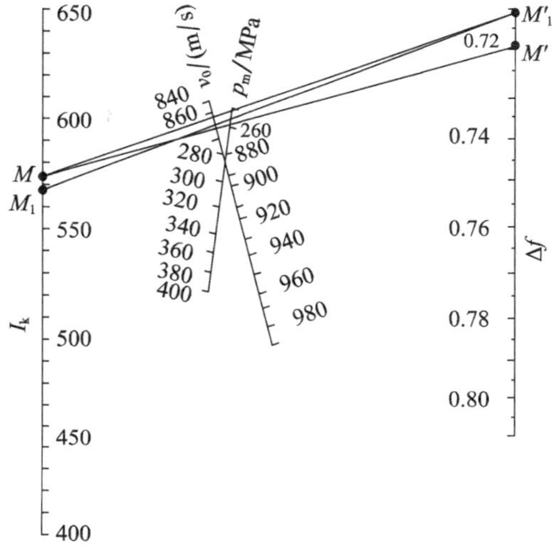

图 4－5　37mm 自动高射炮的装药算图

4.2.3　用增加装药的办法提高制式火炮的初速

（1）保持力 p_m 不变，通过改变 B 值可以改变装药量 m_p。由图 4－1 可以看出，随 B 值的增加，虽然 p_m 可以增加（$m_{p_2}/m_{p_1}>1$），但 l_k 值随之增加了（$l_{k2}/l_{k1}>1$）。所以，用改变 B 值（提高装药量）提高初速的办法难以实现。唯有原装药设计不合理（如 n_k 值偏小）才有少量提高初速的可能。这和火药力的效果一样，装药量对原装药的改进是有限的。

（2）想在制式火炮上用增加 m_p 的办法提高初速，必须同时进行药型和 B 值的改变，即采用加大 B 值和采用更增面燃烧的火药，这在"火药力"一节已有叙述。

4.2.4　弹道设计与装药

弹道设计要决定炮、弹和装药的有关诸元，以满足给定火炮初速和膛压的要求。装药主要选择 f、m_p/m 和 Δ 值。在 f 和 m_p 这两个因素中，m_p/m 的可调范围大，m_p/m 可成倍地增加，而 f 的可调范围小，只有 10% 左右。因为高火药力的火药只能在多年的研究中才能被发现。因此，增加 m_p/m 值就成为提高 v_0 的主要办法。近年来，也一直采用这种措施提高初速。资料统计，20 世纪 30 年代高炮装药量与弹丸质量的比值 m_p/m 大约为 0.28，装药密度 Δ 约为 0.66g/cm^3。到 20 世纪 70 年代，$m_p/m > 0.43$，在舰炮上甚至大于 0.50，Δ 值也达到了 0.83g/cm^3。在这段时间内，加农炮的 m_p/m 值由 0.27 提高到 0.40 以上，Δ 值由 0.63 提高到 0.70g/cm^{3}以上。除少数火药的火药力提高 10% 之外，其他各种火炮所用发射药的能量水平基本未变，而这两类火炮的初速约提高 20%。这是包括炮、弹在内的各因素的综合效果，但起主要作用的仍是增加装药量。

4.2.5　增大装药量的基本途径

在目前的装药技术研究中，改变 B 和提高渐增性的综合技术有了进展。这些技术包括高密度装药、钝化、阻燃和变燃速装药等。这些技术是提高装药量的基本途径，利用它们可以大幅提高火炮的初速。

4.3　火药的爆温与膛内火药气体温度

火药爆温（绝热火焰温度）是绝热条件下火药燃烧所能达到的最高温度。根据爆发反应的条件，又可分为定容爆温（T_V）和定压爆温（T_p）。在身管武器装药的研究中，主要使用定容爆温。

爆温是火药性能的重要指标。从能量的角度，总希望提高火药的 T_V值。对于燃气组分相近的火药，T_V越高，火药的潜能越大，做功的能力也越强，这一点由公式 $f = nRT_V$可以得到证实。通过爆温提高来增加做功能力的途径也有限制，因为爆温高火炮烧蚀严重。烧蚀率远远超过爆温的上升率。研究表明，热是影响烧蚀的主要因素，图 4－6 显示了烧蚀量与热流量的关系。

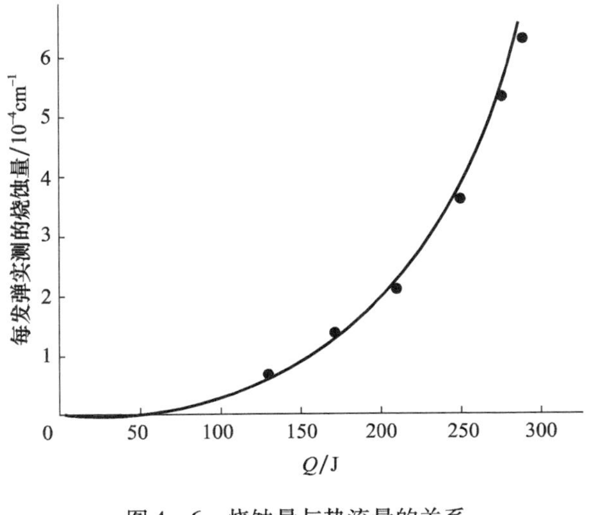

图 4－6　烧蚀量与热流量的关系

图中的纵坐标是每发弹实测的烧蚀量，横坐标是计算的热流量。热流量与烧蚀量反映了火药爆温与武器寿命的规律。Q 值（或 T_V）较大时，Q 值（或 T_V）微小的变化，会引起很严重的烧蚀。因此，T_V就是决定武器烧蚀的关键因素。Q 增加时，爆温也提高。热或 T_V 往往是评定火药对武器烧蚀的主要指标。

在火药发展中，一直在解决增加能量与降低爆温的矛盾。在这个过程中，出现了冷火药“硝基弧火药”。目前，正研究硝胺火药。但总的来说，降低爆温仍然是火药研究的目标。大口径、高初速和高射速的武器对火药爆温有更严格的限制。

如何选择火药爆温的问题还没有一个可遵循的原则。单基药、制式双基药等爆温较低的火药可用于目前的各类武器。但大口径武器，如 155mm 口径的远程炮，则希望用低爆温火药（如 DNT 增塑的单基药）和硝基胍等冷火药。而某些小口径武器、迫击炮和滑膛炮，可以把爆温提高到 $T_V=3200\sim3800\mathrm{K}$ 或更高。随着武器的材料、缓蚀技术的发展，对武器寿命的认识也会发展和更加深入，有

$$\frac{\psi m_{\mathrm{p}}R}{\gamma-1}(T_V-T)=\frac{1+\eta}{2}\left(m_1+\frac{m_{\mathrm{p}}}{3}\right)v^2 \tag{4-6}$$

如果令

$$T'=T/T_V$$

$$\bar{\gamma}-1=(1+\eta)(\gamma-1)$$

$$\psi(1-T')=\frac{\bar{\gamma}-1}{2}\left(\frac{m_1}{m_{\mathrm{p}}}+\frac{1}{3}\right)\frac{v^2}{f} \tag{4-7}$$

式中：m_1为虚拟质量；η 为用于表征热散失的系数，是热散失与弹丸、气体动能的比值。

这样，$(1+\eta)(m_1+m_{\mathrm{p}}/3)v^2/2$ 就相当于热损失动能、弹丸动能和火药气体动能的总和。

$RT_V/(\gamma-1)$称为潜能，是单位质量的能量。如果绝热指数是常数，则 $RT_V/(\gamma-1)$就是火药气体冷至 0K 放出的能量。

如果燃气组分的化学反应是冻结的，可用式(4－7)求燃气的温度 T，这对分析热损失、烧蚀、炮口焰都是可用的。随着温度的变化，实际上 γ 也在变化，这时最好用式(4－6)求温度。用这个办法可以研究火药燃气组分、效率，进而研究燃气组分对热损失、烧蚀、炮口焰等的影响。热损失系数 η 计算式为

$$\eta=\frac{33.8(l+l_0)d^{3/2}(T_V-300)\beta}{v^2\left(m_1+\frac{m_{\mathrm{p}}}{3}\right)\left[1.7+4.02\eta d^{1/2}\left(\frac{d^2}{m_{\mathrm{p}}}\right)^{0.86}\right]} \tag{4-8}$$

式中：β 为炮膛粗糙程度的系数。一般可取 1.25，步兵武器 β 取 1.4。根据热损失系数 η，也可以估算热损失所引起的初速降。Δv_0可用式(4－9)计算：

$$\Delta v_0=\frac{\eta}{2}\left(m_1+\frac{m_{\mathrm{p}}}{3}\right)v^2 \tag{4-9}$$

利用式(4－6)、式(4－7)求温度，还要知道弹丸速度 v 和 ψ 值。因此，求温度的步骤与弹道计算的步骤基本一致。

第一期，设 $Z=Z-Z_0$，分别用

$$v=\frac{SI_k}{\varphi m}Z \tag{4-10}$$

$$\Psi=\chi Z+\chi\lambda Z^2 \tag{4-11}$$

$$l = l_{\overline{\Psi}}\left(Z_X^{-\frac{B}{B_1}} - 1\right) \tag{4-12}$$

求出 v、Ψ、l 值。

第二期，设 l，再求速度 v，最后用式(4－7)求 T 沿 l 的分布值。

如果把 γ 考虑成变量，还要引用燃气组分与温度和压力的平衡方程。

弹丸在炮管内的起动瞬间，温度由 $T1$ 开始，随着弹丸速度的增加，气体温度开始下降。在弹丸出炮口处，温度已降到 $0.6 \sim 0.7T_V$，温度降低的速率很快。图 4－7 是 37mm 高射炮温度与行程曲线。

图 4－7 说明，弹丸开始运动时，对比温度 $T'=1$；随后下降，到最大压力时 $T'=0.87$；到燃烧结束点时，$T'=0.75$；最后到炮口处 $T'=0.55$。

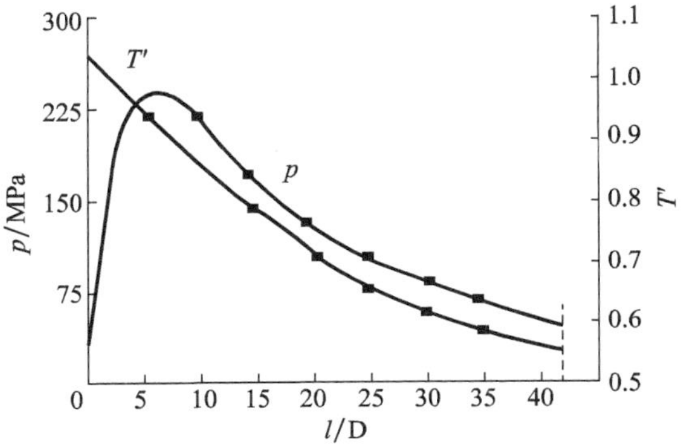

图 4－7　37mm 高射炮温度与行程曲线

4.4　发射药的爆热和潜能

爆热高的火药，做功的能力也大。水为液态的爆热 $Q_{v(s)}$ 一般要比水为气态的爆热 $Q_{v(g)}$ 大 10% 左右。该值在很大程度上取决于燃气中 CO_2 的最后含量。所以 $Q_{v(g)}$ 要比火药的热力学能 $u(T)$ 小 10% 左右。

爆热是在一定条件下计算或测出的数值(定容燃烧，燃气冷至室温)。这和火炮条件有一定的差别。所以，爆热和火炮所获得的有用功无直接关系，在爆热值低于 3000kJ/kg 时，两者更缺少对应关系。这时，爆热值要比火炮试验算出的热值高 20%。在量热计条件下火药的燃烧有析碳现象，而在火炮中不发生。

对火炮，潜能更有实际意义。$nR/(\gamma-1)$ 是温度接近 T_V 的比定容热容。$nRT_V/(\gamma-1)$ 是潜能，是单位质量火药可利用的总能量。它近似等于单位质量的火药气体在爆温点的热力学能。在射击时，潜能主要消耗在加热火炮以及给予弹丸、气体和火炮可运动部分的动能。在火炮条件下的潜能与单位质量火药放出的能量大致成正比。但爆热值仍然是可应用的示性数，是在火药研究、检验中必不可少的。这个量比较直接，容易计算，容易测量，而且测定值比较准确。

潜能和爆热也存在一定的关系。因为 Q_v 要比火药热力学能 $u(T_V)$ 小 10% 左右，而火药热力学能为

$$u_{T_V}=nR(T-300)/(\bar{\gamma}-1) \tag{4-13}$$

式中：$\bar{\gamma}$ 为 $300-T_V$ 温度范围内 γ 的平均值。潜能和爆热比值最后为

$$\frac{潜能}{Q_{l(g)}}\approx\frac{0.9\,T_V}{T_V-300}\,\frac{\bar{\gamma}-1}{\gamma-1} \tag{4-14}$$

燃温高的火药，此值约为 1.05。燃温较低的火药约为 1.15。以此概略值可用爆热来衡量火炮的有用功。

在长期实践中，也积累了爆热与烧蚀、爆热与火药燃速等一些有用的规律。

如根据爆热值选配武器装药的规律、燃速与爆热的规律，以及爆热与火药烧蚀的规律等。

由于上述原因，爆热是火药的重要性能指标，但不是装药的重要特征。

4.5 发射药密度

密度是发射药的重要示性数，它关系到装药的能量密度。

对于一种发射药，密度 δ 应有一个固定值。由于生产的原因，δ 值有一个范围，但 δ 值的波动不会给装填密度 Δ 带来大的影响，但对 I_k 值影响较大。δ 值比规定值小，说明火药的密实性差，塑化不好，或者有气泡等疵病。由此常引起弹道参数的散布。在火药生产中都对火药的密度进行严格的选查。

我国生产的火药，除特殊品种之外，δ 值为 1.52 ~ 1.63g/cm^3，δ 值的大小与火药成分和加工方式有关，理论密度值计算式为

$$\delta = \sum n_i\,\delta_i \tag{4-15}$$

式中：n_i 为第 i 种成分的质量分数；δ_i 为第 i 种成分的密度。

由式(4-15)可以看出，含晶态炸药组分的火药 δ 值高，硝基胍、黑索今、奥克托今等组分明显地提高了火药的密度。

由不同火药的密度差别(1.52 ~ 1.63g/cm^3)，带来的 Δ 值可相差 7% 左右。对某些火炮，此值是至关重要的，在装药选择时不能忽略密度这一重要因素。

4.6 余　　容

4.6.1 余容对弹道性能的影响

由余容定义可知，α 值直接影响到气体的压力值。在火炮条件下，α 值也直接影响到弹道性能。一般的规律是：随着 α 值的增加，相对应的压力也增加，进而使火炮的初速、最大压力点的位置和炮口压力略有增加。但燃烧结束点的位置减小。1944 年式 100mm 加农炮的弹道性能和余容的关系(图 4-8、表 4-6)反映了这个规律。

当余容增加 1% 时，由表 4-6 可以估算这门火炮的最大压力约增加 0.6%，初速增加 0.2%。现有火药的余容为 0.9 ~ 1.1cm^3/g，由此带来弹道性能差异并不十分明显，所以，弹道学常取 $\alpha=1$。

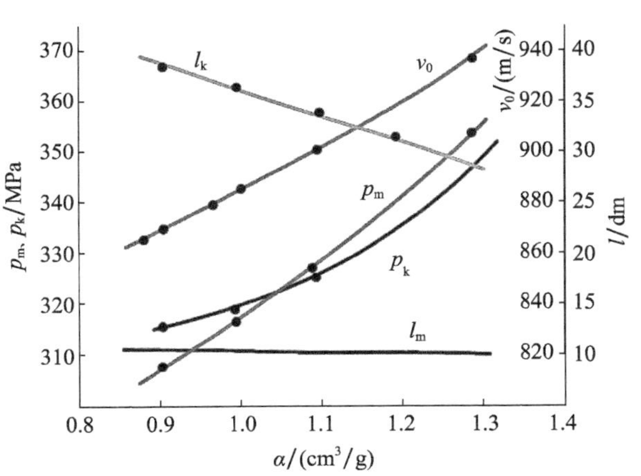

图 4－8　1944 年式 100mm 加农炮的弹道性能和余容的关系

表 4－6　1944 年式 100mm 加农炮弹道性能与余容的关系

$\alpha/(\text{cm}^3/\text{g})$	p_m/MPa	v_0/(m/s)	l_m/dm	l_k/dm	p_g/MPa
0.90	315.8	869.4	5.08	33.69	91.6
0.95	324.6	877.3	5.09	32.43	91.8
1.00	334.0	885.5	5.12	31.16	92.0
1.05	344.0	893.7	5.15	29.90	92.2
1.10	354.9	902.2	5.14	28.63	92.5

4.6.2　影响余容的有关因素

α 值的大小首先取决于火药本身的组成，爆温高的火药的余容值一般都比较小，这类火药都是含氧量高的火药。除了火药的组成之外，α 值也与火药燃气所处的状态有关。不同的温度、不同的压力与装填密度都直接影响火药燃气的组成。α 值的变化主要缘于火药组分和维里系数随温度的变化。取状态方程：

$$p = \frac{nRT_V}{VB}\left(1 + \frac{B}{V} + \frac{nC}{V^2}\right) \tag{4-16}$$

其中，n 值几乎不发生什么变化，甚至在离解的条件下也是如此。而压力的变化虽然能使生成物成分有些变化，但综合的结果对 T_V 并不产生大的影响。余容的大小主要取决于式(4－16)中的 $1 + B/V + nC/V^2$ 项。系数 B 由二次维里系数 B_{H_2}、B_{N_2} 和 B_{CO} 值决定。C 由三次维里系数决定。温度变化 α 值随之变化。当火药燃气在膛内运动时，过程是从高温到低温，一方面气体组分有变化，另一方面所用维里系数有差别，计算余容值的结果也不同。

图 4－9 是 1944 年式 100mm 加农炮膛内燃气余容的变化规律。计算中使用了高温条件下的范德瓦尔 b 值。$\alpha = 63x + 33y + 14x + 17d + 10u$。计算结果在最大压力附近 α 值最小。接着，随弹丸的运动 α 值又升高，但总的变化值不大于 3%。

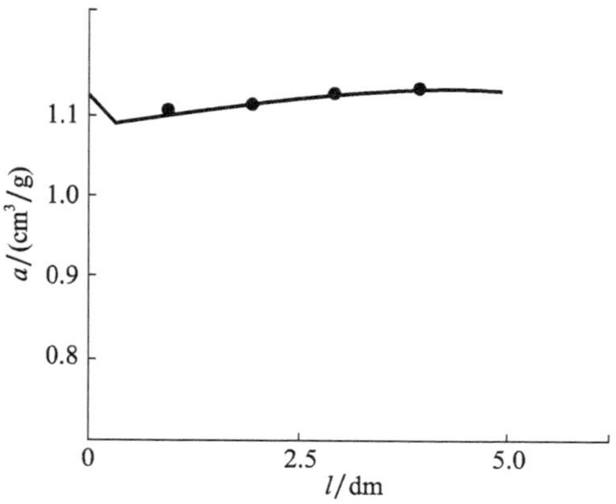

图 4－9　1944 年式 100mm 加农火炮膛内燃气余容的变化规律

由于燃气的离解 α 值也有变化。对于燃温大于 3600K 的火药，当 $\Delta=0.1g/cm^3$，解离物使余容值增加 2%。$\Delta=0.2g/cm^3$ 余容值只增加 1%。在火炮条件下，温度高于 3600K 的情况很少出现。所以，完全可以忽略燃气离解对余容的影响。

习 题

1. 在制式火炮和新火炮中发射药的火药力如何选取？
2. 装药量的选取原则是什么？
3. 发射药的爆热和潜能对发射装药是什么影响？
4. 发射药的余容对弹道性能是什么影响？

第5章　发射装药的弹道设计

本章主要介绍了发射装药的设计步骤、火炮膛内弹道特征曲线，简要介绍了发射装药弹道设计模型，并进行了定装药和变装药的弹道设计计算等。

5.1　装药设计步骤

装药的弹道设计、点火系统设计、装药辅助元件设计以及装药结构设计，都是装药设计的组成部分。装药的弹道设计是为要求的弹道性能进行发射药能量、装药密度和 I_k 值的运算，最后确定发射药的种类、装药量、药型和弧厚。点火系统设计、辅助元件设计与结构设计的目的，是选择点火剂、装药容器、钝感衬纸、消焰剂、除铜剂、固定元件、传火元件以及确定诸元件的相对位置和装药的整体结构。除弹道设计之外的装药设计，在很大程度上是为了满足下述要求：

（1）将装药潜能尽可能高效率地转化为有效功；

（2）辅助控制装药的能—功转换过程，使装药的能量释放按预定的过程进行，抑制反常的燃烧；

（3）减少或避免射击中的烟、焰、烧蚀等有害现象；

（4）赋予装药储存、运输、使用等有利于勤务处理的特性。

由于武器系统对高精度、安全性和可靠性的追求，以及高装药密度、长药室和高膛压技术的应用，使点火系统设计的重要性增强了。但对点火系统、辅助元件以及装药结构的设计，目前还缺少完整的设计方法和优化的判据。这些设计主要依靠经验，往往在弹道设计之后，再经过一些试验就选用一些行之有效的装药元件和装药结构。

从整体上看，装药的弹道设计是审核装药系统的做功能力与装药潜能，并确定它们之间的定量关系。装药的弹道设计是整体装药设计的核心内容。

5.1.1　火药选择

1. 装药设计的基础参数

装药的基础条件由武器提供，其中包括：

（1）火炮条件，如火炮类型（榴弹炮、加榴炮、加农炮、线膛炮、滑膛炮等）、火炮主要参数（火炮使用的压力范围、火炮口径、炮膛断面积、药室结构、炮管长度等）。

（2）弹的条件，如弹的种类（穿甲弹、破甲弹、榴弹或特种弹等）、弹丸质量、弹的结构等。

（3）弹道指标，最高膛压与最小膛压、初速、初速分级和分级初速、或然误差、膛压温度系数、速度温度系数等。

（4）射击环境，如使用环境（坦克携带、机载、舰载、野战环境等）、环境温度、火炮寿命、装药方法以及使用容器等。

2. 初选发射药

根据经验和装药设计的基本参数提出几个可供考虑的发射药配方。初选发射药时要注意以下几点：

（1）一般要选择制式发射药，选择生产的或成熟的发射药品种。目前可供选用的发射药仍然是单基药、双基药、三基药，以及由它们派生出来的发射药，如混合硝酸酯发射药、硝胺发射药等。因为发射药研制的周期较长，除特殊情况外，新发射药设计一般不与武器系统的设计同步进行。

（2）以火炮寿命和炮口动能为依据选取燃温和能量与之相应的发射药。寿命要求长的大口径榴弹炮、加农炮，一般不选用热值高的发射药；相反，迫击炮、滑膛炮、低膛压火炮，一般不用燃速低和能量低的发射药。高膛压、高初速的火炮，尽量选择能量高的发射药。高能发射药包括双基药、混合硝酸酯火药，其火药力为1127～1176kJ/kg。低燃温、能量较低的发射药有单基药和含降温剂的双基药，其燃温为2600～2800K，火药力为941～1029kJ/kg。三基药和高氮单基药是中等能量级的发射药，火药力为1029～1127kJ/kg，燃温为2800～3200K。

（3）发射药的力学性质是初选发射药的重要依据。高膛压武器，应尽量选用强度高的发射药。力学性质中重点考虑发射药的冲击韧性和抗压强度。在现有的发射药中，单基药的强度明显高于三基药。三基药在高温高膛压和低温条件下，外加载荷有可能使其脆化和发生碎裂。双基药、混合酯发射药的高温冲击韧性和抗压强度比单基药高。但双基药和混合硝酸酯发射药在常温、低温度段有一个强度转变点，低于转变点，发射药的冲击韧性急剧下降，并明显低于单基药的冲击韧性。一般的火炮条件都能满足，现有的双基药、单基药、三基药和混合硝酸酯发射药的力学性能要求。但对于高膛压武器、超低温条件下使用的武器，必须将力学性质作为选择发射药的重要依据。

（4）满足膛压和速度的温度系数要求。低能量发射药的温度系数较低，利用这种发射药，在环境温度变化时，火炮的初速和膛压变化不大；而高能发射药的温度系数一般都很高。所以，要求低温初速降小和要求高温膛压不能高的火炮，都要重点考虑火药的温度系数。在装药结构优化的情况下，低能发射药有可能好于高能发射药的弹道效果。

初选发射药的重要依据是发射药的能量，即在装药条件下，发射药的潜能能否满足炮口动能的要求。当寿命等其他因素和发射药能量要求出现矛盾时，可考虑以下处理原则：

（1）利用辅助装药元件，如加钝感衬纸，用钝感发射药等。

（2）在保证炮口动能和火炮寿命条件下研究装药的能量转换效率，如利用强增面、强增燃等特种装药技术，并考虑用低温感的装药技术等。

（3）要从火炮和弹丸的总系统来考虑，发挥炮和弹的潜力。过分地增加装药的负担，将损害武器的整体性能。

经过上述程序，可以弃去多数不能满足要求的发射药品种和发射药配方。初选的1～2个发射药品种中的数个发射药配方，如果满足强度、寿命和发射药能量等性质要求，则“装药设计”可继续进行。

5.1.2　装药能量密度和发射药渐增性的核算

对筛选后留下的发射药配方进行弹道计算。取自变量火药力 f 和装药密度 Δ（或渐增性参数 $\sigma_S = S/S_0$），求出 $p_m < p_{m选定}$ 条件下的 p_m、v_0 和 η_k 值。得到的是多组与自变量对应的弹道参数。上述过程用内弹道计算机程序完成，得到表 5－1 的结果。

表 5－1　对应 f、Δ 的多组 p_m、v_0、η_k 值

Δ_i	f_1	f_2	…	f_n
Δ_1	p_{m11}、v_{011}、η_{k11}	p_{m21}、v_{021}、η_{k21}	…	p_{mn1}、v_{0n1}、η_{kn1}
Δ_2	p_{m12}、v_{012}、η_{k12}	p_{m22}、v_{022}、η_{k22}	…	p_{mn2}、v_{0n2}、η_{kn2}
⋮	…	…	…	…
Δ_k	p_{m1k}、v_{01k}、η_{k1k}	p_{m2k}、v_{02k}、η_{k2k}	…	p_{mnk}、v_{0nk}、η_{knk}

如果还以 σ_S 为自变量，可简单将 σ_S 理解为发射药的药型，如单孔、7 孔、19 孔、钝感等。根据表 5－1 的数据继续优选方案：

（1）尽量用低能、强度高的发射药；

（2）尽量用杆状、7 孔、19 孔发射药，后考虑其他增燃技术；

（3）在 p_m、v_0 满足要求的情况下尽量选择 Δ 小的方案；

（4）尽量选用 η_k 适合的方案，保证在各种温度下发射药都能在膛内燃尽。

此步骤是在弃去强度、寿命、能量不能满足要求的发射药之后，又去掉装药密度过高或装药燃不尽的装药方案，初步选定的 Δ 适合、满足 p_m、v_0 要求的方案。接着，“发射药选择”按 5.1.3 节步骤继续进行。

5.1.3　装药高、低温弹道性能的核算

用现有发射药燃烧性能的数据进行高、低温弹道性能计算。计算时，用式 $u = u_1 p^n$ 中高、低温的 u_1 和 n 数据，求出压力温度系数和速度温度系数。这个步骤可以与步骤 2 同时进行，以获得不同温度下如表 5－1 所示的数据表。

5.1.4　发射药样品试制（或选用现有发射药）

经过 5.1.1 节和 5.1.2 节步骤的选择，取 2 种或 2 种以上配方作为主选发射药，制出或选出发射药试品，用于密闭爆发器试验。

5.1.5　密闭爆发器试验

对发射药试品，在指定的 p_m 下测出并比较各配方在高、低、常温下的 f、a、n、u_1 值和 $p-t$ 曲线，换算出 $\Gamma-\Psi$、$\mathrm{d}p/\mathrm{d}t-t$ 曲线，着重求出不同温度下的发射药燃速公式。比较各发射药在不同温度下的强度和增面因素 σ_S。从中淘汰强度不适合的发射药，还可以借助终止试验监测发射药的强度。

5.1.6　寿命模拟

武器的寿命与炮、弹、射击条件以及装药等多种因素有关。其中，发射药的烧蚀主要

来自它的热作用和化学作用。用于比较发射药烧蚀性能的方法有烧蚀管和模拟烧蚀枪两种试验法。也可用以下公式进行烧蚀性能的估算：

$$\Omega = \frac{kc_p t_1 F_{\max}}{Q_m \int_{t_1}^{t_2} Fd}$$

$$\Omega = \frac{km_{\mathrm{p}} \Delta^2 l_{\mathrm{g}}^3}{\xi^2 d^{4.1}} \frac{(0.145p_{\mathrm{m}})^2 - 16000^2}{(0.145p_{\mathrm{m}})^3}$$

5.1.7 将密闭爆发器所获数据送入内弹道程序

解出 p_{m}、v_0、η_{k}、$p-t$、m_{p}、$2e_1$，得到了各发射药的药型、弧厚、装药密度与 p_{m}、v_0 的关系。因为它是在密闭爆发器试验和发射药试制品的基础上获得的，与表 5 - 1 的数据相比，这些关系更接近实际的结果。经过以上 7 个步骤，可以基本选定 1 ~ 2 种发射药配方，即强度、寿命、高低温性能和弹道性能满足要求的配方。

5.1.8 试制弹道试验用装药

试制发射药时，除计算的弧厚 $2e_1$ 外，再取 $2e_1(1 \pm 5\%)$ 的两种弧厚，合计用三种弧厚试制弹道试验用的装药。

5.1.9 选择点火系统和配置装药元件

一般粒状药尽量采用中心传火管的点火系统，而杆状药可选择药包点火系统。之后配用有关装药元件，如衬纸、固定元件、消焰药包等。选择过程可以包括装药元件和点火系统的研究过程。但通常在选药的前期，就设法固定点火和装药元件等有关参数，以突出研究发射药与弹道性能关系的内容。

5.1.10 靶场试验

经过选择和制出的试验装药，经必要的理化和密闭爆发器分析后进入靶场试验。测定内容有 p_{m}、$v_0 = F(T, 2e_1, m_{\mathrm{p}}, f)$ 以及 $p-t$ 曲线。并尽量测定压力波和药室与膛内不同位置的 $p-t$ 曲线。按试制发射药的试验结果和试验条件修正装药的有关系数及内弹道程序，再计算装药诸元后返回至 5.1.8 节步骤，直到装药能基本满足弹道诸元要求、勤务要求、战术要求和生产要求。在此循环中，不断地修改密闭爆发器试验、靶场试验、弹道程序的有关系数，达到预测与实验结果的统一；不断地修改装药元件和装药结构，使装药成为可用于生产、实战的装药。

5.1.11 靶场验收与鉴定

在技术条件、生产条件、靶场验收完善的情况下会同有关各方通过各类鉴定。

5.1.12 装药设计过程框图

装药设计过程框图如图 5 - 1 所示。

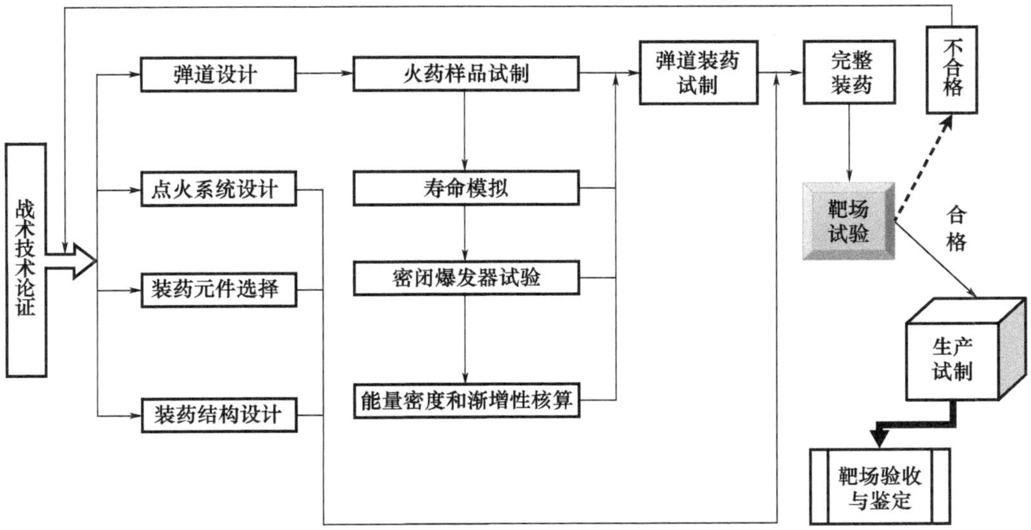

图 5 - 1　装药设计过程框图

5.2　火炮膛内弹道特征曲线

弹道特征曲线能对内弹道过程进行最本质的描述，通过弹道曲线能了解弹丸运动和装药燃烧的过程。理论与试验曲线的符合技术是验证弹道理论的重要方法。下面是几类典型火炮的弹道曲线：压力 - 时间、速度 - 时间、压力 - 行程、速度 - 行程曲线。

5.2.1　小口径武器弹道曲线

曲线是由弹丸内弹道分析程序得到的。表 5 - 2 的内容是有关这些曲线的说明。

表 5 - 2　小口径武器膛内弹道曲线说明

参数		装药武器类型						
		武器	5.56mm 枪用装药		7.62mm 枪用装药		20mm 炮用燃烧榴弹装药	
		曲线	时间曲线	行程曲线	时间曲线	行程曲线	时间曲线	行程曲线
		图号	图 5 - 2	图 5 - 3	图 5 - 4	图 5 - 5	图 5 - 6	图 5 - 7
曲线参数	身管口径/mm	5.56			7.62		20	
	弹药	球形，M193			球形，M80		球形，M56A3	
	膛压p_m/MPa	329.8			342.9		326.4	
	初速v_0/(m/s)	951			833		1005	
	发射药牌号	WC844			WC846		WC870	
	底火	34 号			41 号		34 号	
火炮、弹丸、火药参数	初温/℃	室温			室温		室温	
	V_0/cm^3	1.78			3.09		44.2	

续表

参数		装药武器类型					
		武器	5.56mm 枪用装药		7.62mm 枪用装药		20mm 炮用燃烧榴弹装药
		曲线	时间曲线	行程曲线	时间曲线	行程曲线	时间曲线	行程曲线
		图号	图 5-2	图 5-3	图 5-4	图 5-5	图 5-6	图 5-7
火炮、弹丸、火药参数	S/cm^2		0.24		0.47		3.32	
	身管长度l_g/cm		46.48		51.05		144.0	
	弹丸质量 m/g		3.63		9.65		—	
	药形		球形，WX846		球形，WC846		球形，WC870	
	装药质量/g		1.78		2.2		28.4	
性能指数	药室最大压力/MPa		329.8		340.17		326.37	
	实际速度/(m/s)		951		833		1004	
	计算速度/(m/s)		957		857		1008	

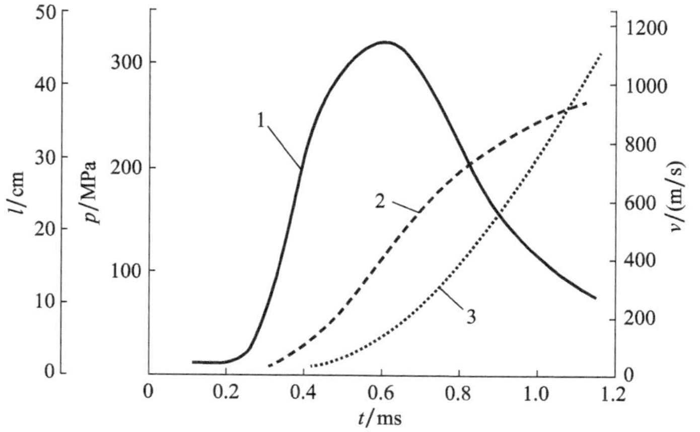

图 5-2　5.56mm 枪弹 M193 球形药压力、行程、速度与时间曲线

1—压力-时间曲线;2—速度-时间曲线;3—行程-时间曲线。

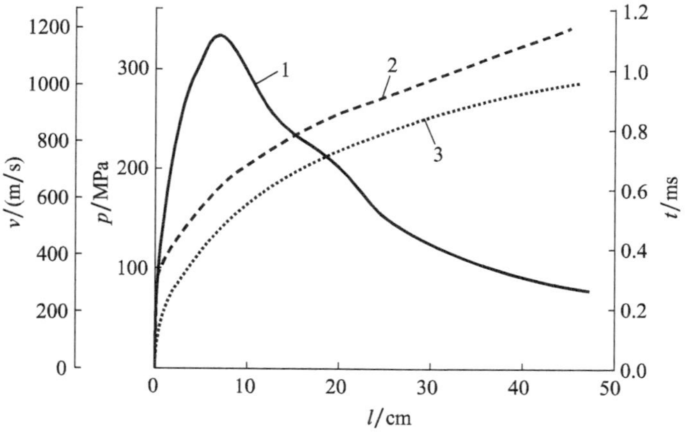

图 5-3　5.56mm 枪弹 M193 球形药压力、速度、时间与行程路线

1—压力-行程曲线;2—速度-行程曲线;3—时间-行程曲线。

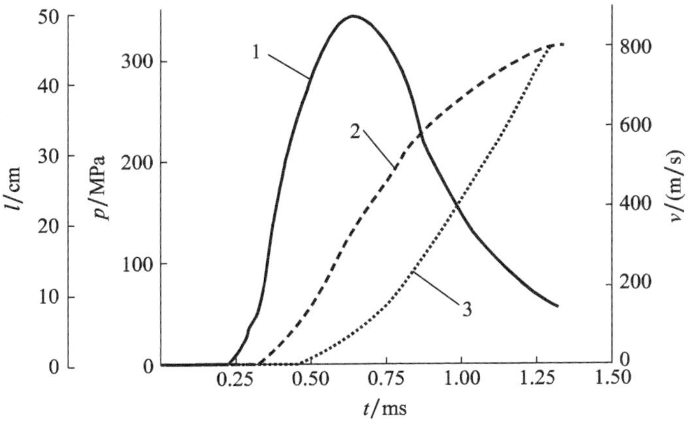

图 5 - 4　7.62mm 弹枪 M80 球形药压力、行程、速度与时间曲线

1—压力 - 时间曲线;2—速度 - 时间曲线;3—行程 - 时间曲线。

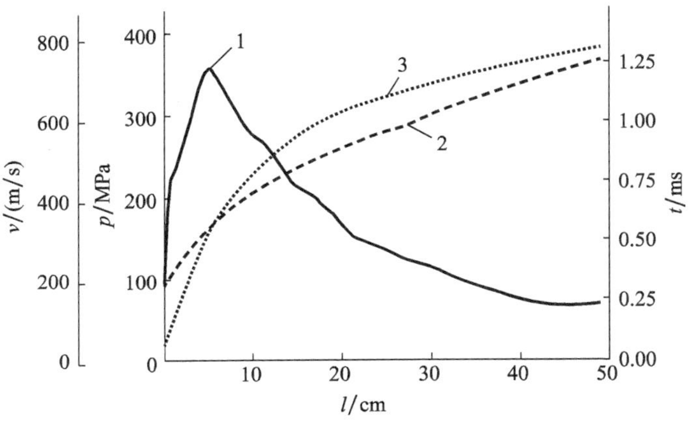

图 5 - 5　7.62mm 弹枪 M80 球形药压力、速度、时间与行程曲线

1—压力 - 行程曲线;2—速度 - 行程曲线;3—时间 - 行程曲线。

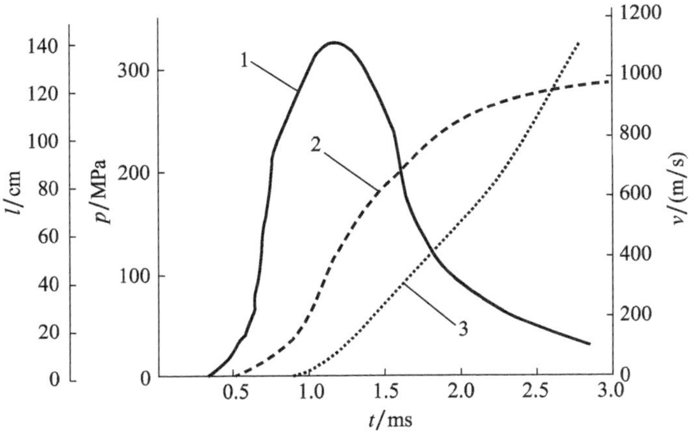

图 5 - 6　20mm M56A3 燃烧榴弹的压力、行程、速度与时间曲线

1—压力 - 时间曲线;2—速度 - 时间曲线;3—行程 - 时间曲线。

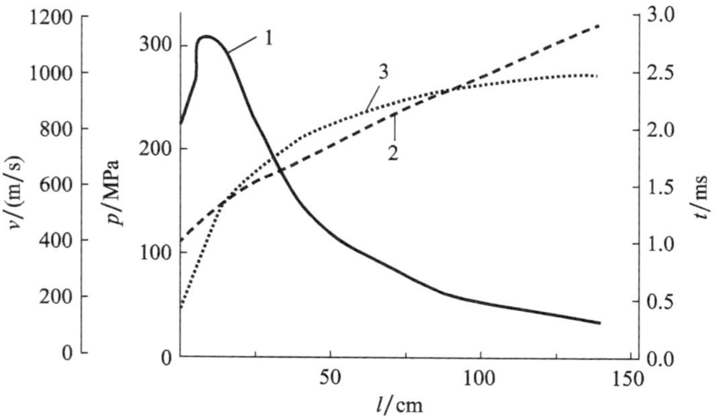

图 5－7　20mm M56A3 燃烧榴弹的压力、速度、时间与行程曲线

1—压力－行程曲线；2—速度－行程曲线；3—时间－行程曲线。

图 5－2～图 5－7 反映了小口径武器弹道曲线的特征：

（1）某些 $p-t$ 曲线有两个峰，这是钝感球形药所发生的燃烧现象；

（2）大约有 25% 的行程是在 65% 的总时间内完成的，剩余的行程发生于较短的时间内；

（3）$p-t$ 曲线的 p_m 出现在内弹道循环近 1/2 的时间。在 $p-l$ 曲线上，p_m 出现在弹丸行程的 10%～20%。

5.2.2　大口径火炮弹药的弹道曲线

用内弹道计算程序，并经试验符合导出各火炮的内弹道曲线。该曲线的有关说明见表 5－3。大口径火炮的弹道曲线见图 5－8～图 5－15。

表 5－3　大口径武器内弹道曲线说明

<table>
<tr><td colspan="2" rowspan="4">说明</td><td colspan="9">火炮类型</td></tr>
<tr><td>武器</td><td colspan="2">81mm 迫击炮</td><td colspan="2">105mm 坦克炮</td><td colspan="2">155mm 榴弹炮</td><td colspan="2">155mm 榴弹炮</td></tr>
<tr><td>曲线</td><td>时间曲线</td><td>行程曲线</td><td>时间曲线</td><td>行程曲线</td><td>时间曲线</td><td>行程曲线</td><td>时间曲线</td><td>行程曲线</td></tr>
<tr><td>图号</td><td>图 5－8</td><td>图 5－9</td><td>图 5－10</td><td>图 5－11</td><td>图 5－12</td><td>图 5－13</td><td>图 5－14</td><td>图 5－15</td></tr>
<tr><td rowspan="4">图曲线说明</td><td>弹丸类型</td><td colspan="3">榴弹</td><td colspan="2">曳光榴弹</td><td colspan="2">榴弹</td><td colspan="2">火箭增程榴弹</td></tr>
<tr><td>装药类型</td><td colspan="3">大号装药</td><td colspan="2">—</td><td colspan="2">大号装药</td><td colspan="2">大号装药</td></tr>
<tr><td>$v_0/(m/s)$</td><td colspan="3">267</td><td colspan="2">1174</td><td colspan="2">684</td><td colspan="2">823.4</td></tr>
<tr><td>p_m/MPa</td><td colspan="3">57.9</td><td colspan="2">409.8</td><td colspan="2">206.8</td><td colspan="2">306.4</td></tr>
<tr><td rowspan="7">装药说明</td><td>V_0/cm^3</td><td colspan="3">1.0324</td><td colspan="2">5.099</td><td colspan="2">19.123</td><td colspan="2">19.123</td></tr>
<tr><td>S/cm^2</td><td colspan="3">0.52</td><td colspan="2">0.891</td><td colspan="2">1.92</td><td colspan="2">1.92</td></tr>
<tr><td>l_g/cm</td><td colspan="3">8.33</td><td colspan="2">47.2</td><td colspan="2">50.7</td><td colspan="2">50.7</td></tr>
<tr><td>m_g/kg</td><td colspan="3">4.08</td><td colspan="2">10.5</td><td colspan="2">43.09</td><td colspan="2">43.5</td></tr>
<tr><td>V_n/kg</td><td colspan="3">0.015</td><td colspan="2">—</td><td colspan="2">—</td><td colspan="2">—</td></tr>
<tr><td>m_p/kg</td><td colspan="3">0.108</td><td colspan="2">5.53</td><td colspan="2">9.2</td><td colspan="2">11.93</td></tr>
<tr><td>发射药类型</td><td colspan="3">—</td><td colspan="2">M30</td><td colspan="2">M6</td><td colspan="2">M30A1</td></tr>
</table>

其中,各曲线代表的弹道参数为:1—压力,2—速度,3—加速度,4—行程。

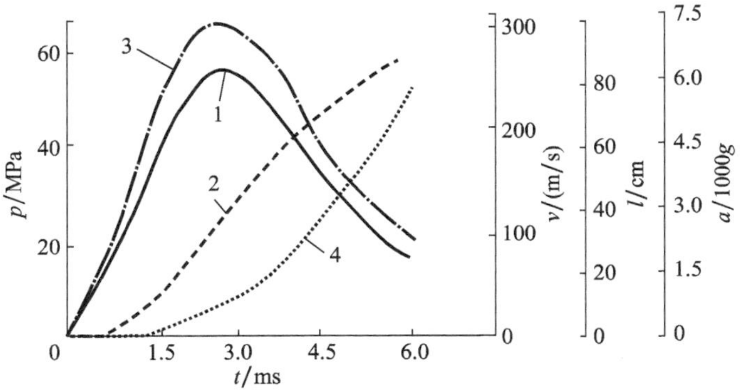

图 5-8　81mm 迫击炮大号装药的压力、行程、速度、加速度与时间曲线

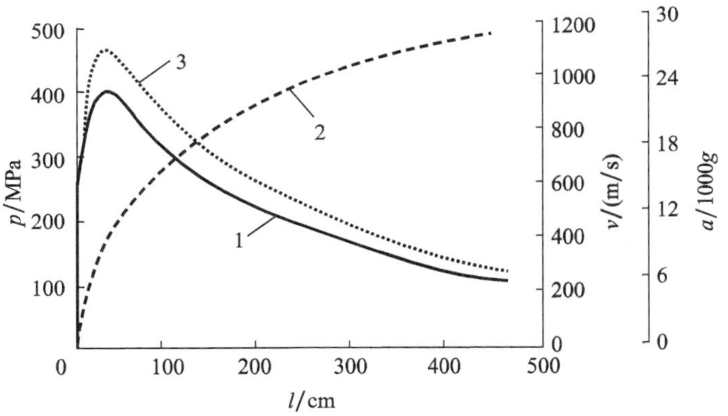

图 5-9　81mm 迫击炮大号装药的压力、速度、加速度与行程曲线

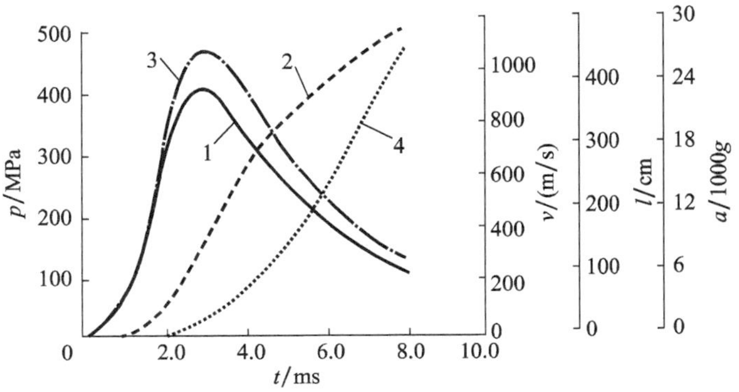

图 5-10　105mm 坦克炮反坦克榴弹的压力、行程、速度、加速度与时间曲线

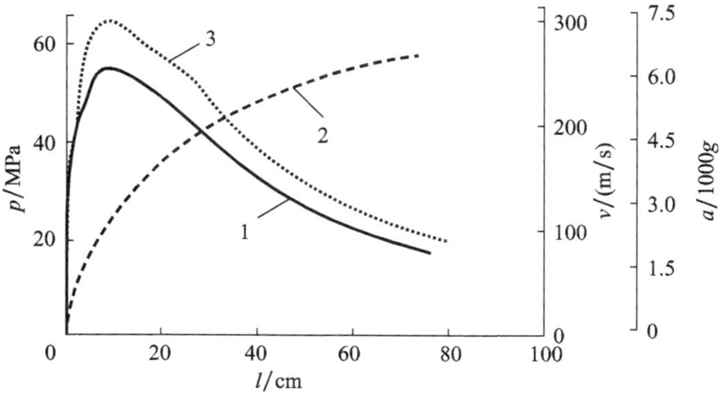

图 5-11　105mm 坦克炮反坦克榴弹的压力、速度、加速度与行程曲线

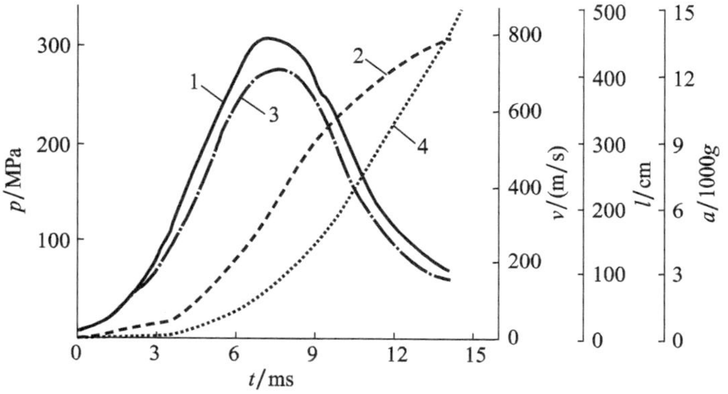

图 5-12　155mm 榴弹炮大号装药的压力、速度、行程、加速度与时间曲线

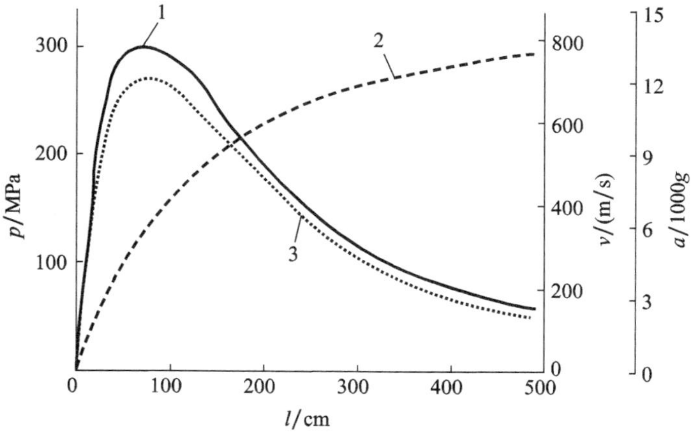

图 5-13　155mm 榴弹炮大号装药的压力、速度、加速度与行程曲线

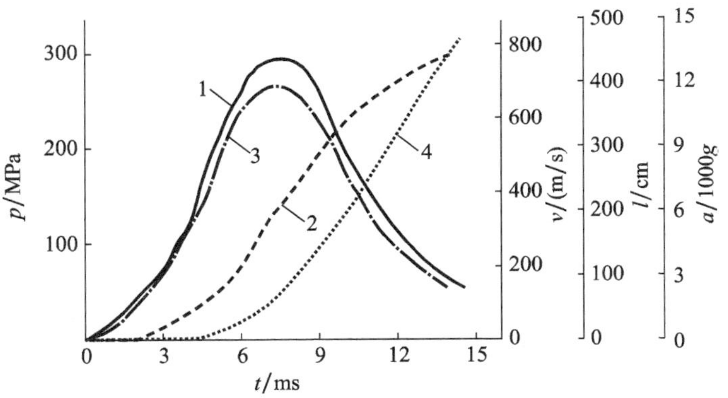

图 5 - 14　155mm 榴弹炮大号装药火箭增程弹的压力、速度、行程、加速度与时间曲线

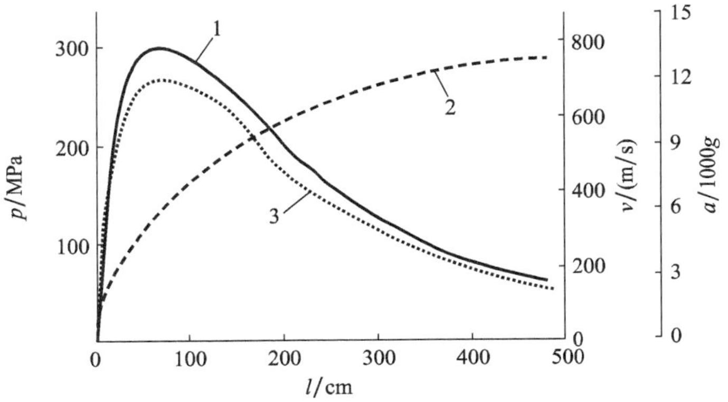

图 5 - 15　155mm 榴弹炮大号装药火箭增程弹的压力、速度、加速度与行程曲线

5.3　发射装药弹道设计模型

5.3.1　经典内弹道方程组

经典内弹道方程组是基于以下的基本假设：

(1) 发射药燃烧遵循几何燃烧定律；

(2) 药粒均在平均压力下燃烧，遵循燃烧速度定律；

(3) 内膛表面热散失用减小发射药力 f 或增加比热比 k 的方法间接修正；

(4) 用系数 ϕ 来考虑其他的次要功；

(5) 弹带挤进膛线是瞬时完成的，以一定的挤进压力 p_0 标志弹丸的启动条件；

(6) 发射药燃气服从诺贝尔 - 阿贝尔状态方程；

(7) 单位质量发射药燃烧所放出的能量及生成的燃气的燃烧温度均为定值，在以后膨胀做功过程中，燃气组分变化不予考虑，因此虽然燃气温度因膨胀而下降，但发射药力 f、余容 α 及比热比 k 等均视为常数；

(8) 弹带挤入膛线后，密闭良好，不存在漏气现象。

5.3.2 单一装药内弹道方程组

根据上述假设,将单一装药内弹道方程组归纳如下:

(1) 形状函数:

$$\psi = \chi Z(1 + \lambda Z + \mu Z^2) \tag{5-1}$$

(2) 燃速方程:

$$\frac{\mathrm{d}Z}{\mathrm{d}t} = \frac{u_1 p^n}{e_1} \tag{5-2}$$

(3) 弹丸运动方程:

用平均压力和次要功系数 ϕ 表示的运动方程:

$$\phi m \frac{\mathrm{d}v}{\mathrm{d}t} = Sp \tag{5-3}$$

(4) 内弹道基本方程:

$$Sp(l_\psi + l) = f\omega\phi - \frac{\theta}{2}\phi m v^2 \tag{5-4}$$

其中

$$l_\psi - l_0\left[1 - \frac{\Delta}{\rho_p}(1-\psi) - \alpha\Delta\psi\right]$$

$$\theta = k - 1$$

(5) 弹丸速度与行程关系式:

$$\frac{\mathrm{d}l}{\mathrm{d}t} = v \tag{5-5}$$

这些方程联立起来,组成了内弹道方程组:

$$\begin{cases} \psi = \chi Z(1 + \lambda Z + \mu Z^2) \\ \dfrac{\mathrm{d}Z}{\mathrm{d}t} = \dfrac{u_1 p^n}{e_1} \\ \phi m \dfrac{\mathrm{d}v}{\mathrm{d}t} = Sp \\ Sp(l_\psi + l) = f\omega\psi - \dfrac{\theta}{2}\phi m v^2 \\ \dfrac{\mathrm{d}l}{\mathrm{d}t} = v \end{cases}$$

方程组中有 p、v、l、t、ψ 和 Z 共 6 个变量,有 5 个独立的方程,如取其中 1 个变量为自变量,则其余 5 个变量作为自变量的函数,可从上述方程组中解出,所以方程组是封闭的。

若研究各种阻力对弹丸运动的具体影响,其弹丸运动方程为

$$m\frac{\mathrm{d}v}{\mathrm{d}t} = Sp_{\mathrm{d}} - S(F_{挤进} + F_{摩擦} + F_{空气}) \tag{5-6}$$

5.3.3 混合装药内弹道方程组

混合装药是两种或两种以上不同类型发射药组成的装药,这些不同类型发射药之间,存在着或是理化性能或是药形及厚度的差别,或者兼而有之。

混合装药主要应用于榴弹炮,因为榴弹炮的战术要求规定,它必须能以不同的初速,将弹丸射击到很大的射程范围,并且命中地面目标的落角要足够大,以增加弹丸的杀伤效果。显然,仅用一种装药,难以达到该要求,必须将装药分成若干号,每号装药的装药量不同,但是当装药量减少到一定量之后,发射药在低压下就不能在膛内烧完,增加初速散布。装药量越少,这种现象就越严重,在这种情况下,必须采用混合装药的方法,即用薄发射药和厚发射药共同组成装药。在小号装药时,装药中主要是薄发射药,从而保持一定的压力以保证膛内烧完和引信能解除保险。在大号装药时,装药中主要是厚发射药,以保证不太高的最大膛压。

目前,在高膛压火炮装药中,也普遍采用混合装药。此外,在火炮、弹药试验时,有时为获得高于正常膛压的强装药,也采用增加或更换部分发射药为较薄的发射药。还有采用可燃药筒的装药,其也是一种混合装药类型。

对于混合装药,理论模型除了以上基本假设外,还有如下补充假设:

(1) 混合装药中各种发射药存在性能、形状或尺寸的不同;

(2) 混合装药中各种发射药生成的燃气瞬时混合,不考虑混合过程,混合燃气的质量、能量等于各单一发射药燃气相应的质量、能量之和;

(3) 只求解混合燃气的平均压力,不考虑单一发射药燃气的分压问题。

根据上面的补充假设,可以直接写出一般的 n 种发射药混合装药的内弹道数学模型:

$$\begin{cases}\psi_i = \chi_i Z_i(1+\lambda_i Z_i+\mu_i Z_i^2)\\ \dfrac{\mathrm{d}Z_i}{\mathrm{d}t}=\dfrac{u_{1i}}{e_{1i}}p^{n_i} \quad (i=1,2,\cdots,n)\\ \phi m\dfrac{\mathrm{d}v}{\mathrm{d}t}=Sp,\ \phi m v\dfrac{\mathrm{d}v}{\mathrm{d}l}=Sp\\ Sp(l_\psi+l)=\sum\limits_{i=1}^{n} f_i\omega_i\psi_i-\dfrac{\theta\phi m}{2}v^2\end{cases} \tag{5-7}$$

其中

$$\phi=\phi_1+\frac{1}{3}\frac{\sum\limits_{i=1}^{n}\omega_i}{m}$$

$$l_\psi=l_0\left[1-\sum_{i=1}^{n}\frac{\Delta_i}{\rho_{pi}}(1-\psi_i)-\sum_{i=1}^{n}\alpha_i\Delta_i\psi_i\right]$$

当应用多孔发射药时,方程应改写为以下涉及分裂点的形状函数,即

$$\psi_i=\begin{cases}\chi_i Z_i(1+\lambda_i Z_i+\mu_i Z_i^2) & (0\leqslant Z_i<1)\\ \chi_{si}Z_i(1+\lambda_{si}Z_i) & (1\leqslant Z_i<Z_{ki})\\ 1 & (Z=Z_{ki})\end{cases}$$

$$Z_{ki}=\frac{e_{1i}+\rho_i}{e_{1i}}$$

5.3.4　零维和一维内弹道模型的对比

零维(0D)模型(经典内弹道模型)广泛应用于预测最大压力和初速等弹道参数,

0D 模型是简单的模拟内弹道性能的数学模型,也称集总参数模型或热力学模型。其主要假定是拉格朗日假定,即弹后空间内的介质密度是均匀的。

一维(1D)模型是用数值方法将压力、速度等参数看成火炮身管轴向坐标和时间坐标的函数,考虑了气体动力依赖当地声速传播的流动。因此,1D 模型可以了解如点火激励导致轴向压力波等燃烧室内的变化过程,用于预测气体动力效应和弹道的整体参数。

验证 0D 和 1D 编码精确性的方法是同时用它们预测高初速火炮的弹道性能,并对它们的精确性进行比较。应用的 0D 模型是由陆军研究实验室开发的 IBHVGETC 模型。所用的 1D 模型是由 DERA 开发的 CTA1 模型。

1. 条件设定

研究中,选择三种不同发射药和两种坦克炮。

发射药是圆柱 19 孔发射药,以及直径等于药室直径的多孔片状和多层叠加片状发射药。多层叠加片状发射药的药片燃速系数比,分别为 1∶1(无快燃层)和 2∶1(内层燃速系数高)。所用的发射药为高能发射药,发射药力为 1.3MJ/kg。

表 5-4 列出了两种火炮的参数。为了比较,使用了相对值。对 0D 和 1D 的模拟,采用了相同的电点火脉冲和相同的身管长度。

表 5-4 两种火炮的相对参数值

参数	火炮 1	火炮 2
直径/mm	120	120
相对药室容积	1	1.13
相对最大压力	1	1.20
相对弹丸行程	1	-0.97
弹丸质量/kg	8	8

统一两种模型的输入参数,对每种发射药,增加药量的间隔均为 0.5kg,然后调节发射药弧厚,使之达到需要的最大膛压。叠层发射药(燃速系数比 2∶1),达到最大压力后内层开始燃烧,因此,同一最大压力有两个压力峰。

2. 数值模拟与比较

1)初速

除大装药量外,相同装药量预测的初速,1D 模型比 0D 模型要大,高出 50~60m/s。对两种火炮,叠层圆片状发射药(燃速系数比 1∶1),0D 和 1D 模型模拟的初速峰值都是在装药量相似的情况下出现的。其他发射药,当装药量增加时,最大初速继续升高或保持不变,但两种火炮在装药量增加时,出现最大初速的初速值是不同的。对于叠层圆片装药(燃速系数比 2∶1)、19 孔和多孔发射药,1D 模型预测的初速与增加 2kg 装药量的 0D 模型预测的初速相等。

2)弹底最大压力

用 0D 模型和 1D 模型预测了弹底最大压力,两种火炮的曲线相似,但火炮 2 要比火炮 1 的弹底压力低 40~70MPa。用 0D 模型预测弹底最大压力,发射药几何形状虽有变化，但是弹底压力变化不大。因为0D模型是在拉格朗日假设的基础上产生的。此假设是整个装药在某个瞬间同时燃完，且在身管方向上所有发射药气体的密度相同，由此导出了膛底压力、平均压力和弹底压力的方程式：

$$p_{cp} = p_{ch} - m_p \times p_{bs} / (6m\varphi_1)$$

$$p_{bs} = p_{cp} / [1 + m_p / (3m\varphi_1)]$$

由上式可以看出，在拉格朗日假设的基础上，平均压力 p_{cp}、弹底压力 p_{bs} 和膛底压力 p_{ch}，在已知弹重 m、装药量 m_p 和阻力系数 φ_1 的数值后，它们可以互相换算。

在0D模型中只有装药量和弹重两参数影响压力梯度，发射药几何形状与压力梯度无直接关系。而1D模型，发射药几何形状对弹底最大压力影响很大。叠层圆片装药（燃速比为1∶1和2∶1）的装药量对弹底最大压力几乎也没有影响。从1D预测结果中发现，一般情况下，多孔发射药比其他形状发射药有低得多的弹底最大压力。

3）阻力与发射药运动

为了确定相间的阻力对1D模型预测结果的影响，对不考虑相间阻力的情况进行了模拟，该模拟提供了零相间阻力的结果，它可以作为比较的标准。有与没有相间阻力的1D模型的模拟结果：不考虑相间阻力所带来的影响是降低了初速值，减少了最佳初速的装药量。正如所预期的，零相间阻力所需发射药弧厚变大，弹底最大压力变小。但对叠层圆片状发射药（燃速系数比1∶1或2∶1）的影响不明显，预测的所需弧厚、初速、弹底最大压力只有很小的变化。

图5－16和图5－17是分别比较的在正常相间阻力和零相间阻力情况下，在内弹道循环不同时刻（燃速系数比1∶1和2∶1）发射药床的多孔性（孔隙率）的空间变化曲线（距离与多孔性曲线），图上有3.0～4.8ms区间内的10个时间点所对应的曲线。对身管内部相似条件下进行两种模拟，最大压力发生在4.9～5.0ms的时间区间内。两图形显示，向弹底移动的发射药数量，正常阻力比零阻力多。由于身管内存在压力梯度，零阻力情况下也有发射药运动。

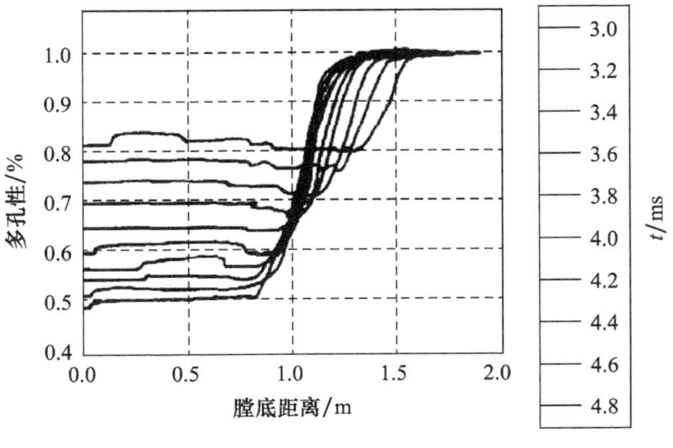

图5－16　正常相间阻力膛底距离与多孔性

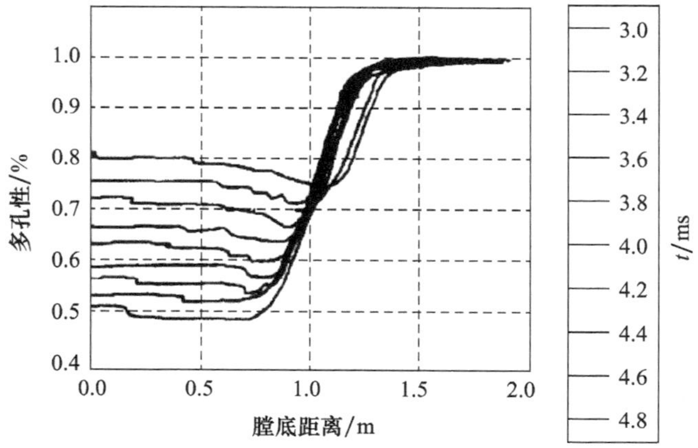

图 5－17　零相间阻力膛底距离与多孔性

图 5－18 是预测的 19 孔圆柱形发射药在正常相间阻力下发射药床的多孔性空间曲线（零相间阻力曲线与图 5－17 相似）。图 5－18 显示，19 孔药粒比叠层片状药运动得多。发生的这种大量运动，正是 1D 模型得到高初速和高弹底压力的原因，是“随行装药”效应的结果。

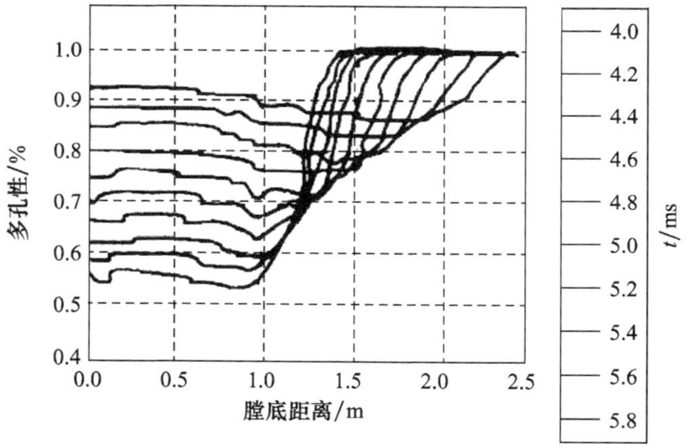

图 5－18　19 孔圆柱发射药正常相间阻力膛底距离与多孔性

图 5－19 和图 5－20 是比较的正常相间阻力和零相间阻力情况下，多孔发射药药床的多孔性的空间变化曲线。条件与图 5－16 和图 5－17 的相似。图 5－20 的发射药多孔性曲线与图 5－16 的曲线相似。图 5－19 显示，多孔药粒的运动多于叠层片状发射药，但少于 19 孔粒状药。

与大多 1D 内弹道编码一样，1D 的 CTA1 编码是将固体发射药看成流动粒子连续性的模型，假设的粒子尺寸远比计算网格小。显然，这不适合全药室直径的片状发射药。但用 1D 的 CTA1 编码预测大直径片状药的弹丸速度和膛压，测试与预算的两结果符合得很好。

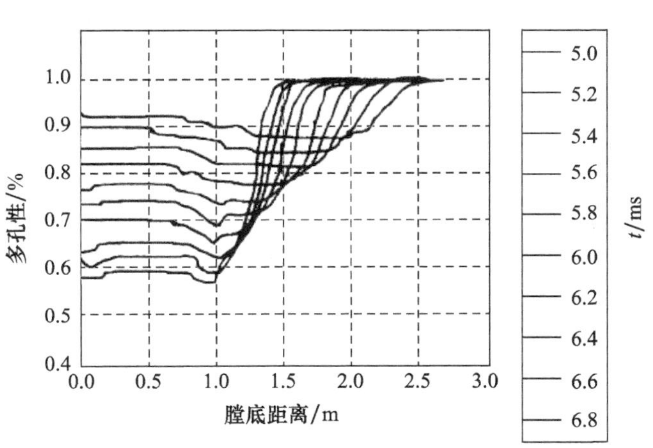

图 5－19　多孔火药正常相间阻力膛底距离与多孔性

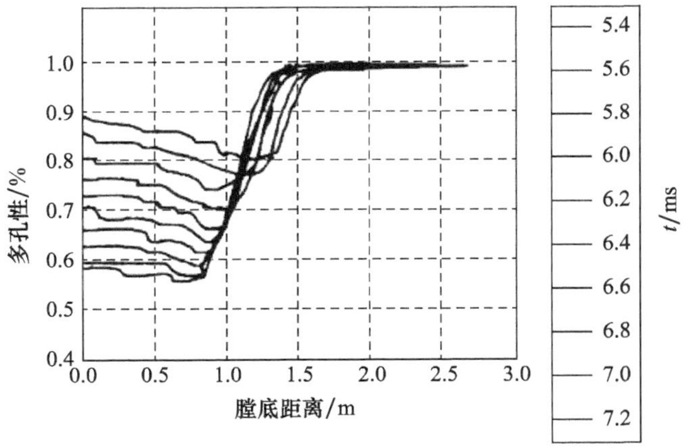

图 5－20　多孔火药零相间阻力膛底距离与多孔性

3. 结果

（1）用 0D 和 1D 内弹道编码预测初速、弹底最大压力的结果有较大的差别。用 1D 的 CTA1 编码预算的初速，要比 0D 的 IBHVGETC 编码预算得高，即对某一初速值，用 0D 编码预测的装药量和装填密度将高于 1D 编码。

（2）1D 模型对气体和固体的相间阻力有较大的依赖性，相间阻力的影响是降低初速和弹底最大压力。但对大直径片状发射药相间阻力方程的准确性还要进行试验验证。

（3）发射药药粒形状应该对弹底最大压力有一些影响，但用 0D 编码计算的弹底最大压力与药粒几何形状无关，这是由有关压力梯度的拉格朗日假设引起的。

（4）多孔发射药有低的弹底最大压力，叠层片状发射药对相间阻力不敏感。

（5）0D 编码和 1D 编码的一个重要区别是有关发射药燃速的计算。0D 编码假设膛内发射药燃速依赖发射药气体平均压力，而 1D 编码的假设：膛内各局部单元区内的发射药燃速，依赖此单元内的发射药气体压力。如果发射药所处的位置是在膛底部位，则发射药将在此部位的压力下燃烧；如果发射药均匀分布于膛内，则不同位置的发射药将承受不同的压力，而有不同的燃速。一般地说，1D 模型要比 0D 模型模拟的精度高。但是，如果

1D 模型用相间阻力方程的精度较低，则预测未燃发射药的运动要比实际射击过程中的运动，或者快或者慢。

5.4 弹道设计计算

有了内弹道模型和相应的程序，就可以顺利地进行弹道设计计算。此过程的中心内容，是根据要求的 p_m、v_0 在初步选定药型、发射药配方的基础上，计算出 m_p 和 $2e_1$。

5.4.1 定装药弹道计算简述

在武器条件和发射药热力学性质已知的情况下，设一组 $m_p(m_{p1}, m_{p2}, \cdots, m_{pn})$，按正面解法求出 $p \leqslant p_m$ 条件下的初速、燃尽系数和 I_k 值；$v_0, v_{0_1}, v_{0_2}, \cdots, v_{0_n}$；$\eta_{k1}, \eta_{k2}, \eta_{k3}, \cdots, \eta_{kn}$；$I_{k1}, I_{k2}, I_{k3}, \cdots, I_{kn}$，选定其中满足要求的方案。此过程与弹道设计过程的步骤相对应。

5.4.2 变装药的弹道设计

1. 初速分级

弹丸的最大射角取 45°，最小射角取 20°，其对应射程为 X_{45}、X_{20}，对于不同号装药，因装药量不同，所对应的射程 X_{45}（或 X_{20}）也不同。初速分级要保证相邻号装药之间的射程有重叠，如图 5－21 所示。

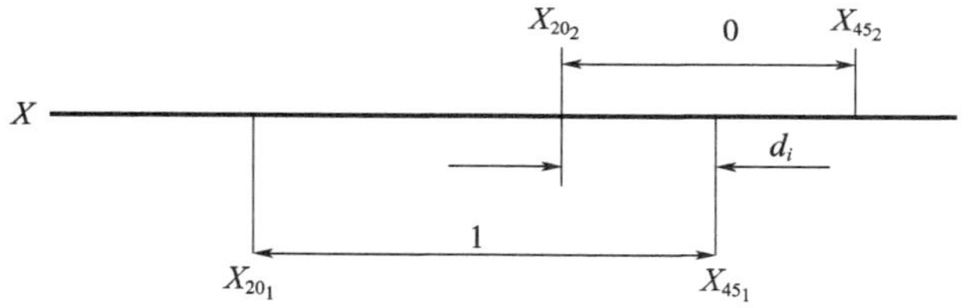

图 5－21　射程重叠示意图

0—全装药射程区间；1—1 号装药射程区间；d_i—射程重叠量。

重叠量 d_i 由相邻的大号装药射程 X_{45}、X_{20} 值决定，即

$$d_i = 0.04\ (X_{45} - X_{20})_{i-1}$$

射程由相邻的大号装药射程 X_{20} 和重叠量 d_i 来决定，即

$$X_{45} = X_{20} + 0.04\ (X_{45} - X_{20})_{i-1}$$

分级过程是首先确定全装药。根据弹形系数 i 和弹丸质量求出射程 X_{45_0} 和 X_{20_0}。接着确定全装药相邻的 1 号装药射程

$$X_{45_i} = X_{20_{i-1}} + 0.04(X_{45_0} - X_{20_0})$$

继续利用 X_{45_i}、m、i 求出 1 号装药的初速 v_{0_1} 及射程 X_{20_1}，有了 1 号装药初速之后，继续求 2 号装药的初速和射程，即

$$X_{45_2} = X_{20_{i-1}} + 0.04(X_{45_1} - X_{20_1})$$

并由 X_{45_2}、m、i 求出 2 号装药初速 v_{0_2} 及射程 X_{20_2}，以此类推，直到最小号装药。

求出分级初速后，再计算各装药的 p_m、η_k。除最小号装药外，其他装药都降低了对中间号装药的限制程度。但要考虑装填密度、热损失、小号装药解除保险压力、运用射程正

比于速度的关系所引起的误差，以及实际使用的药包结构等。要及时修正有关系数。最后保证最小号装药能解脱保险，各号装药能在膛内燃尽，并用简单的分级得到便于使用的变装药结构。

2. 变装药弹道设计

(1) 全装药设计计算。已知量为火炮和弹丸的基本参数、发射药力、p_m 和 v_0，求 I_k 和 m_p 值。选定的 η_k 值不应太大，以保证在低温下发射药的燃尽性。如榴弹炮，通常取 $\eta_k=0.25\sim0.30$，计算所得的 m_p 和 I_k 值是混合发射药的值。

(2) 基本装药计算。基本装药的装药密度低，武器系统的热损失较大，一般要进行装药的能量修正。可取发射药力为 $0.9f$。初选的 Δ 值，榴弹炮可取 0.10 ~ 0.15，加农炮取全装药 Δ 值的 0.3 ~ 0.5 倍。基本装药计算值 m_p 和 I_k 是专指薄发射药的值。

(3) 确定中间装药号的装药量。对于混合装药，初速和装药量基本是直线关系。有了全装药和基本装药的装药量和初速后，由各号装药的分级初速可算出它们的装药量：

$$m_{p_i}=P_{\min}+\frac{v_i-v_{\min}}{v_0-v_{\min}}(m_{p0}-m_{p_{\min}})$$

选取中间装药时，尽量调正附加药包，并使其有同等质量。

(4) 检验中间各号装药的弹道性能。由 m_{p_i}、v_i 计算 p_{m_i} 和 η_{k_i}，检查 p_{m_i} 和 η_{k_i} 是否满足发射药在膛内燃尽和解脱保险的要求。如果满足不了，可采用两组以上的变装药，即采用可变装药。

(5) 确定厚发射药的压力全冲量和装药量 I_k、m_p。根据混合装药和薄发射药的 m_p 和 I_k 值，求厚发射药的装药量和压力全冲量 I_k、m_p 值，可以参照等面燃烧发射药的公式，当 $\alpha'=\frac{m'_p}{m_p}$，$\alpha''=\frac{m''_p}{m_p}$ 时，有

$$\frac{1}{I_k}=\frac{\alpha'}{I'_k}+\frac{\alpha''}{I''_k}$$

$$I''_k=\frac{I'_k I_k m''_p}{I'_k(m'_p+m''_p)-I_k m'_p}$$

因为混合装药的 m_p、I_k，以及薄发射药的 I'_{k_1}、m'_p 是已知的，通过上式可求出厚发射药的 m''_p 和 I''_k，此值又可通过密闭爆发器和靶场试验给予修正和核定，并保证厚发射药在不同温度下能在炮管内燃尽。

上述计算过程处于整个装药设计循环中。所有系数、参数，甚至计算公式都要根据试验结果进行修正，并且要得到靶场最终试验的证实。

5.5　发射药单体形状和尺寸的选择

根据武器的弹道性能及装药的需要，发射药必须有一定的形状和尺寸。这是因为发射药气体的生成速率与其表面有密切关系，而燃烧过程中表面面积的变化又取决于发射药的厚度和形状。通过对发射药形状和尺寸的变化可调整发射药燃气生成速率，从而控制膛内压力变化的规律，以保证弹丸在射击过程中获得所需要的速度。因此，发射药形状和尺寸的选择对于装药设计来说是十分重要的。

常见的发射药形状有管状、带状、片状、球状、圆环状等较简单的形状,也有多孔(如7孔、14孔,19孔)粒状、多孔花边形粒状等较为复杂的形状。发射药的厚度 $2e_1$ 又称弧厚,是发射药单体最重要的尺寸参数。

发射药的形状应该根据火炮的类型、口径和威力来选择。选择时还应在满足弹道性能要求时尽可能使发射药的制造工艺简单。

目前使用最广泛的发射药是7孔粒状药。这是因为粒状药在弹道性能、制造工艺和装药结构等各方面都有许多优点。如燃烧有增面性、易于混同、易于装填,以及装填密度较高等优点。现在使用的粒状药,尺寸都已规格化。粒状药多使用于中小口径以下的小口径和中口径加农炮和压力为250~300MPa而药室又不特别长的火炮。

由于大威力火炮的药室容积大,身管长度长,使用粒状药时应强化点火系统的效能。这是因为粒状药的堆放紧密,在药室过较长时不容易做到同时点火,妨碍装药的正常燃烧。为了改进粒状药的点燃条件,扩大粒状药的应用范围,可以采用杆状点火具,如用中心点火管或用长管状药束(其质量为装药总量的12%~20%),这种装药结构可以保证口径为100mm以上的加农炮也能使用粒状药。

当火炮口径在100mm以上时,为了保证发射药正常燃烧,有时采用长管状发射药。长管状发射药的燃烧接近恒面燃烧,且便于装药传火。但是长管状发射药在实际使用中,发现其实测最大压力要比理论预测值高1/4左右。管状药越长,这一问题越加严重。这是由于管状药燃烧时管内压力高,沿管状药内孔轴向向两端气流速度加快,发生了侵蚀燃烧效应。燃烧过程中管状药越靠近两端的内孔直径越大,成喇叭状,从而使管内燃烧面增大。另外,过高的管内压力易使管状药破裂,更增大了燃气生成速率。为此要限制管状药的长度,不能过长。近年来发展一种新药形,即在管状药上沿轴向开一个贯通全药厚的槽,该发射药称为开槽棒状药。经开槽后的管状药相当于一种卷制的长方形的片状药,有效地改善了管状药内孔的通气状况,又基本保持了管状药恒面燃烧的特性,该药已经获得应用。

在大口径火炮发射装药中常采用粒状药,近年来也采用球扁药,但在这些情况下,都需配合中心点火管以改善装药的点火状况。一般步兵武器都采用方片状、单孔粒状或球形等发射药,目前还试制了如球扁药等异形球形药。这些发射药虽然是减面性较大的发射药,但是经过钝感处理之后还能适应步兵武器的弹道要求。这类发射药的主要优点在于工艺简单,便于大量生产,装药时流散性好,便于实现装药的自动化。

关于迫击炮装药,为了适应尾管装药和辅助装药的形式,除了用双基带状药外,还特别制造了薄片环状药。

由弹道设计得到发射药压力全冲量 I_k,结合发射药的燃速系数 u_1,按下式推算出发射药的厚度 $2e_1$:

$$I_k = 2e_1/2u_1$$

若发射药为多孔药,应该用多孔发射药燃烧至分裂瞬间的压力全冲量 I_s 来替代 I_k。按照武器类型对发射药单体形状的要求,从制式发射药产品中选择合适的发射药品号,或者试制新发射药。只有在制式发射药无法满足武器要求时才试制新品种或新规格的发射药。

习　题

1. 发射装药设计有哪些步骤？
2. 火炮膛内弹道曲线有什么意义？
3. 变装药的设计方法是什么？

第 6 章　发射装药的结构设计

发射装药的结构设计是在弹道方案、发射药形状尺寸已确定的情况下，选择发射药在药室中的位置、点火具的结构和选用其他装药元件（护膛剂、除铜剂、消焰剂等），使装药能满足弹道指标和生产、运输、储存使用寿命等的要求。

装药结构对装药性能有重要的影响，装药结构设计是发射装药设计的重要组成部分。但结构设计理论还不完善，没有形成系统的设计方法，缺少设计所需的基础数据。目前的装药结构设计过程，首先是以现有结构为雏形，再经过试验检验、修改，直到形成满足要求的结构。

装药结构不合理会引起弹道反常。弹道稳定性、勤务操作与弹道指标是进行结构设计时需要考虑的重要内容。

6.1　火炮发射装药结构

火炮发射装药结构有多种类型。本节介绍几类常规的装药结构，然后讨论装药结构与弹道性能、膛内压力波的关系，从这个角度说明装药结构的重要性。

6.1.1　线膛火炮的装药结构

线膛火炮的装药可分为药筒定装式、药筒分装式以及药包分装式、模块装药等结构。

1. 药筒定装式装药

现有中小口径加农炮、高射炮都采用药筒定装式装药。这种装药的装药量是固定的。在保管、运输和发射时，装有一定量发射药装药的药筒与弹丸结合成一个整体。该装药的优点是发射速度快，在战场上能迅速形成密集猛烈的火力，装配后的全弹结合牢固，密封性好，运输、储存和使用方便。

加农炮和高射炮的初速较高，发射药装填密度较大。这类装药大部分使用单孔或多孔粒状药，少数使用管状药。

粒状药一般是散装在药筒内，管状药是成捆地装入药筒内。用底火或与辅助点火药一起作为点火器。大部分装药都使用护膛剂和除铜剂。为了固定装药还用了紧塞具。按一定结构将装药元件放在药筒后，再将药筒和弹丸结合成为一个弹药的整体。

1955 年式 37mm 高射炮榴弹的装药就是一个典型的药筒定装式装药，如图 6 - 1 所示。发射药是 7/14 的粒状硝化棉发射药，散装在药筒内。装药用底 - 2 式底火和 5g 2 号黑火药点火。在药筒内侧和发射药之间有一层钝感衬纸，在发射药上方放有除铜剂，整个装药用厚纸盖和厚纸圈固定。药筒和弹丸配合后,在药筒口部混口结合。

多孔粒状药的优点是装填密度高,同一种发射药可用在不同的装药中,具有实用性。粒状药的缺点是在药筒较长时,上层药粒点火较困难。粒状药的装药长度大于 500mm 时,离点火药较远一端的药粒可能产生延迟点火。这是因为粒状药传火途径的阻力大,点火距离越长,越难全面同时点火。

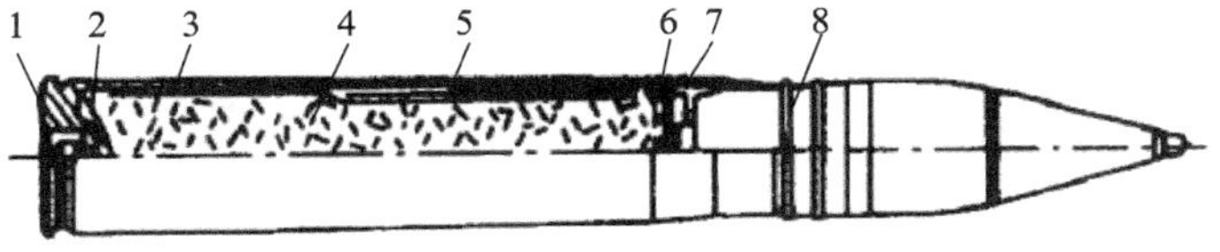

图 6 - 1 1955 年式 37mm 高射炮榴弹火药装药结构图

1—底火;2—点火药;3—药筒;4—火药;5—钝感衬纸;
6—除铜剂;7—紧塞具;8—弹丸。

为了解决这个问题,常采取以下措施:

(1) 利用杆状点火具,如中心点火管使点火药沿药筒纵向均匀分布,如图 6 - 2 所示。

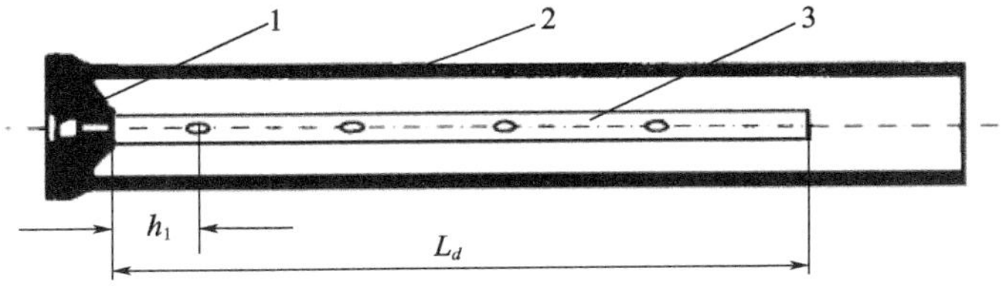

图 6 - 2 中心点火管示意图

1—底火;2—药筒;3—中心传火管。

(2) 将几个点火药包分别放在装药底部、中部或顶部等不同的部位,进行多点同时点火。

(3) 用单孔管状药药束替代传火管改善点火条件。

37mm 高射炮装药长 210mm,57mm 高射炮装药长 298mm,只用底火和点火药点火,没有其他装置。85mm 加农炮药筒长 558mm,就需要有附加的点火元件。

1956 年式 85mm 加农炮装药结构如图 6 - 3 所示。

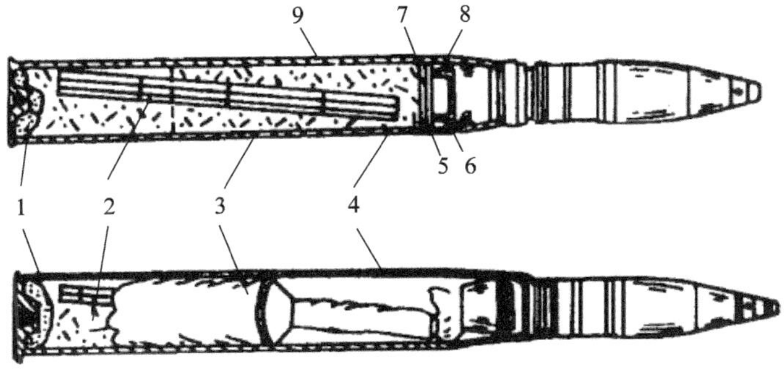

图 6 - 3 1956 年式 85mm 加农炮装药结构图

1—点火药;2—火药;3—药包纸;4—药筒;5—厚纸盖;6—紧塞具;7—厚纸筒;8—弹丸;9—衬纸。

1956 年式 85mm 加农炮的全装药用 14/7 和 18/1 两种发射药,14/7 发射药占全部发射药的 88% ,18/1 管状药占 12%。装药时先将 18/1 药束放入药袋内,然后倒入 14/7 发射药。再放除铜剂,药袋外包钝感衬纸后装入药筒内。装药用底 - 4 式底火和 1 号黑火药制成的点火药包点火,18/1 管状药束起传火管作用。

1956 年式 85mm 加农炮杀伤榴弹还配有减装药。装药量减少后,装药高度达不到药筒长度的 2/3。太短的装药燃烧时易产生压力波,使膛压反常增高。当装药高度大于药筒长的 2/3 时,有助于避免反常压力波的形成。所以 1956 年式 85mm 加农炮的减装药采用一束管状药,其长度接近药筒的长度。

1959 年式 100mm 高射炮弹药使用管状药,是药筒定装式装药(图 6 - 4)。榴弹用双芳 - 3(18/1 型)发射药。火炮的药室长 607mm,用粒状药时比较难实现瞬时同时点火,而管状药可以改善装药的传火条件。因此,大口径加农炮常使用管状发射药。100mm 高射炮的弹药装药时先把管状药扎成两个药束,依次放入药筒中。药筒和药束间有钝感衬纸,装药上方有除铜剂和紧塞具。装药用底 - 13 式底火和黑火药制成的点火药包点火。

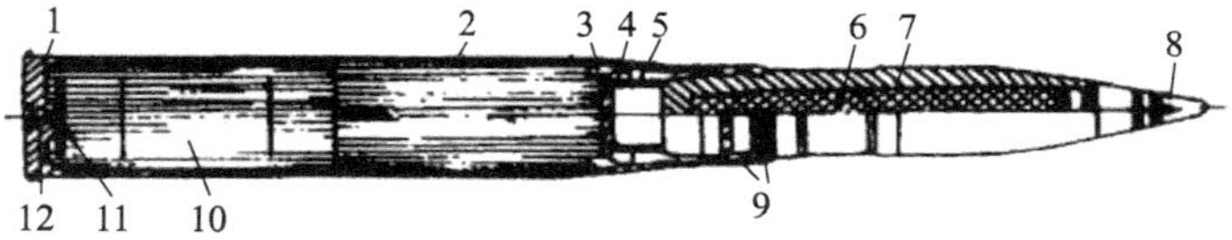

图 6 - 4　1959 年式 100mm 高射炮装药结构图

1—药筒;2—护膛剂;3—除铜剂;4—抑气盖;5—厚纸筒;6—炸药;7—弹头;8—引信;9—弹带;10—火药;11—点火药;12—底火。

大口径弹药质量较重,装填操作困难,这是药筒定装式装药的一个缺点。

2. 药筒分装式装药

药筒分装式装药是将装有发射药的药筒和弹丸分开包装,分别储存。射击时先装弹头,再装发射装药。药筒分装式装药一般是变装药,发射药量是可变的。我国大、中口径榴弹炮、加农榴弹炮和大口径加农炮,如 122mm 和 152mm 榴弹炮,152mm 加农榴弹炮,122mm、130mm 和 152mm 加农炮都配用药筒分装式装药。使用变装药在炮位不变的情况下即可获得不同的初速,射击距离不同的目标。对近距离目标,用小药量进行射击,有助于减小烧蚀,增加火炮寿命。榴弹炮可通过装药量的适当调节改变弹丸的落角。

药筒分装式装药主要是由混合装药组成可变装药,少数是单一装药。混合装药中可能有单孔或多孔、单基或双基等不同的药型与发射药。常用薄发射药制成基本药包,用于近程射击;用厚发射药制成附加药包,与基本药包一起用于远程射击。为了简单和战斗使用方便,附加药包大都是等质量药包。单独使用基本药包,射击时必须达到规定的最低初速和解脱引信保险的最小膛压,全装药必须达到规定的最高初速和不超过允许的最高膛压。

用药筒分装式装药的火炮口径较大,点火都用底火和辅助点火药包。依据不同的装药结构,辅助点火药包可以集中地放在药筒底部,也可以分散地放在药筒的几个地方。变装药中常有护膛剂和除铜剂,中威力装药有时只用除铜剂。

变装药的药包布能阻碍药包之间的传火，因此，对药包布的要求包括有足够的强度、不妨碍火焰传播和射击后不留残渣。常用的药包布有人造丝、天然丝、亚麻、棉花、硝化纤维等药包布和赛璐珞等。

药包结构和位置直接影响到点火和弹道性能的稳定程度，也影响到阵地操作和射击勤务。1910/1930 年式 122mm 榴弹炮装药结构如图 6－5 所示。它的基本药包和附加药包都是扁圆形的，它们的重叠堆放组成整个装药。药包间有两层药包布垫，点火药气体要穿过十几层药包布才能到达装药的顶端，容易使点火和弹道性能不稳定。因此这种结构不可取。

1954 年式 122mm 榴弹炮装药有内装 4/1 发射药的扁圆形基本药包，放在底火上部。药包下是内装 30g 黑火药的点火药包。另有 8 个内装 9/7 发射药的附加药包。4 个质量较小的等重药包并排放置在基本药包之上，再上面是 4 个较大的等重药包，大药包约为小药包质量的 3 倍。附加药包呈圆柱形。药包间有较大的缝隙，便于点火药气体向上传播，改善了点火条件（图 6－6）。装药的上方有除铜剂和紧塞具，为防止发射药受潮，顶部还有密封盖。

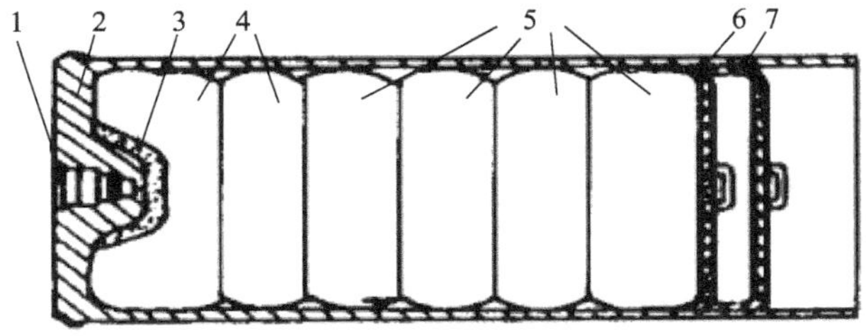

图 6－5　1910/1930 年式 122mm 榴弹炮装药结构图

1—底火；2—药筒；3—点火药；4—基本药包；
5—下药包；6—上药包；7—除铜剂。

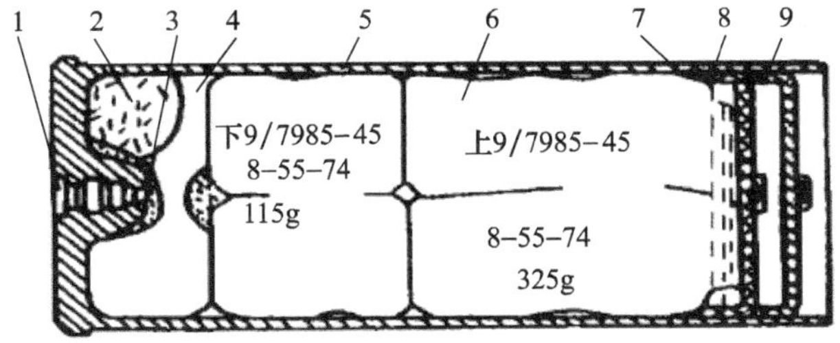

图 6－6　1954 年式 122mm 榴弹炮装药结构图

1—底火；2—药筒；3—点火药；4—基本药包；5—下药包；
6—上药包；7—除铜剂；8—紧塞具；9—密封盖。

1956 年式 152mm 榴弹炮的装药和 1954 年式 122mm 榴弹炮的装药相似。8 个附加药包内装 12/7 发射药，同样分成上下两组。基本药包装 4/1 发射药。另外两个点火药包内装黑火药，分别缝在基本药包的上、下两面。下点火药包药量 30g，位于底－4 式底火之上基本药包之下；上点火药包点火药重 20g，位于基本药包和附加药包之间（图 6－7）。

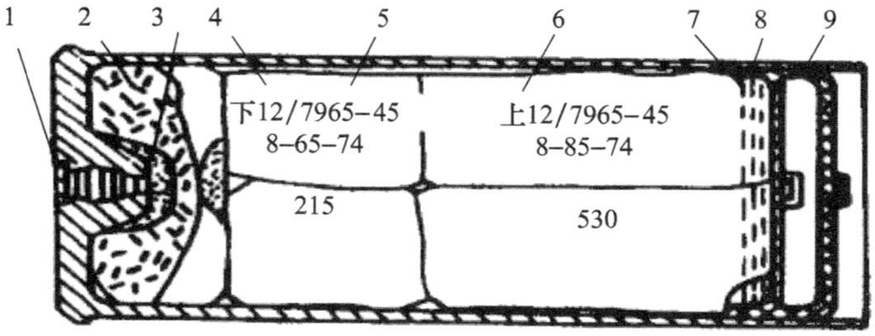

图 6-7 1956 年式 152mm 榴弹炮装药结构图

1—底火;2—基本药包;3—点火药;4—下药包;5—药筒;

6—上药包;7—除铜剂;8—紧塞具;9—密封盖。

苏联 1931/1937 年式 122mm 加农炮的装药是利用管状药组成的药筒分装式装药(图 6-8)。该装药由一个基本药束和三个附加药束组成,都用乙芳-3-17/1 发射药。基本药束和中间附加药束都不用药包布。基本药束底部扎有一个 130g 黑火药点火药包,装药的外侧面有钝感衬纸,基本药束放在药筒内,其下面是底-4 式底火。中心附加药束放置在基本药束的上方。另外两个附加药束为等重药束,用药包布包装成两个药包,每个药包用线缝成三等份儿,分别装入等质量的管状药。两个药包放在中心药束的两边,两个附加药束(6 个等重药束)就以等边六边形的分布围在中心药束的外侧。在整个装药上方有除铜剂和紧塞具。

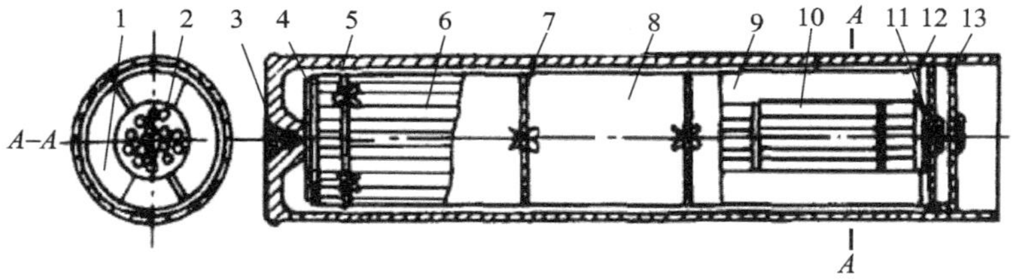

图 6-8 苏联 1931/1937 年式 122mm 加农炮装药结构图

1,9—等重药包;2,10—中间药束;3—底火;4—点火药;5—药筒;6—基本药包;

7—捆紧绳;8—钝感衬纸;11—除剂;12—紧塞盖;13—密封盖。

除全装药外,还有 1 号、2 号、3 号装药。1 号、2 号装药是依次取出一个和两个附加药束装药,3 号装药是再取出中间附加药束的装药。按照战术技术要求,有的火炮最大初速和最小初速的差太大,只用一组变装药不能满足要求,在对近程目标射击时,要取出大量发射药包。为此常采用两组变装药,分别称为全变装药和减变装药。全变装药能满足弹药最大初速和部分中间初速,减变装药满足弹药的最小初速和中间某些初速的要求。全变装药和减变装药中的部分装药初速允许有重叠。

为加强点火的同时性,一些装药采用圆环形药包结构。在圆环的中心装有传火管,美国 M413 式 105mm 杀伤子母弹的装药就是该类型装药(图 6-9)。

1960 年式 122mm 加农炮的减变装药是由粒状药和管状药组成的(图 6-10)。它的基本药包有 12/1 和 13/7 两种发射药,装药有两个瓶颈。附加药包是两个等重 13/7 药包。装药时,先把一个圆环形的消焰药包放在底火凸出部的周围,再放基本药包。由于它有管状药,装药能沿药室全长分布。在第二个细颈部上扎有除铜剂。两个等重附加药包内有护膛剂，每个附加药包分成四等份，呈四边形把基本药包围在中间，装药上方有紧塞具和密封盖。

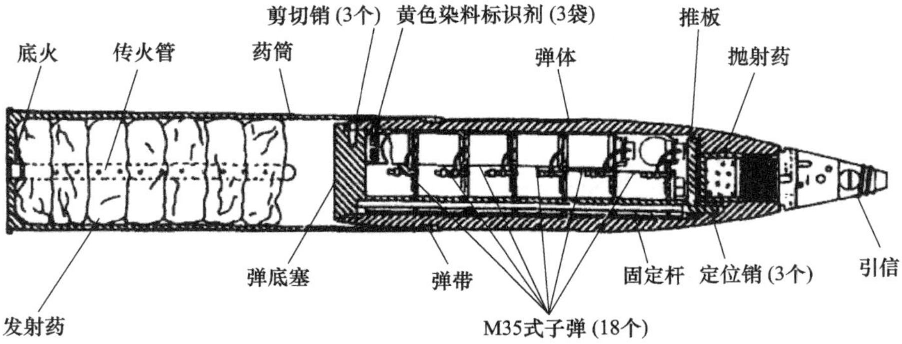

图6-9 美国M413式105mm杀伤子母弹的装药结构图

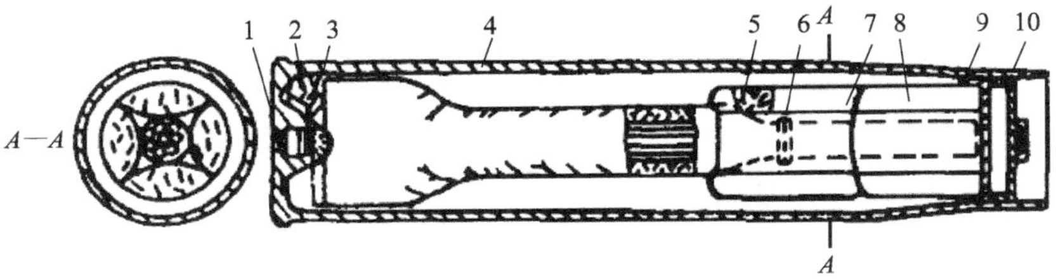

图6-10 1960年式122mm加农炮的减变装药结构图

1—底火；2—消焰剂；3—点火药；4—药筒；5—基本药包；6—除铜剂；7—等重药包；8—钝感衬纸；9—紧塞盖；10—密封盖。

3. 药包分装式装药

药包分装式同药筒分装式装药的结构相似，其差别是一个用药包而另一个用药筒装发射药。

药包分装式用绳子、带子、绳圈把药包绑在一起，平时保存在密封的箱子内，射击时直接放入火炮的药室。用药包分装式装药的火炮的炮闩有特殊的闭气装置。大口径的榴弹炮和加农炮用这类装药。

这类装药可用一种或两种发射药。该装药可能只要一种组合装药就能满足几个等级初速的要求。但有时一种组合装药不能满足要求，要用两种组合装药，一种是能满足初速较高并包括最大初速的组合装药；另一种是能满足较低初速并包括最小初速的装药。

苏联1931年式203mm榴弹炮装药(图6-11)由两部分组成：第一部分为减变装药，有一个基本药包和4个等重附加药包。基本药包和附加药包都采用5/1硝化棉发射药，装在丝制的药包内。在基本药包上缝有85g黑火药点火药包。第二部分为全变装药，由基本药包和装有17/7单基药的6个丝质等重药包组成。基本药包上缝有点火药包，装200g大粒黑火药。两部分装药都有除铜剂，用缝在基本药包上的丝带将基本药包和附加药包扎在一起。

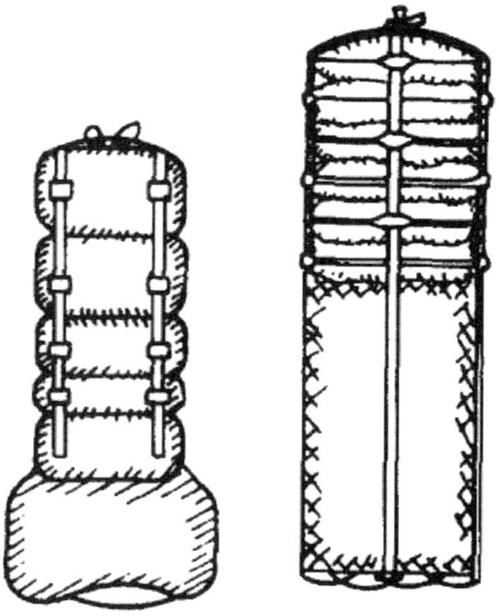

图 6-11　苏联 1931 年式 203mm 榴弹炮装药结构图

美国 155mm 火炮采用药包分装式装药和模块装药，药包分装式装药包括：

（1）M3A1 装药，该发射装药为绿色药包装药，由一个基本药包和 4 个附加药包组成，构成 1～5 号装药。附加药包用 4 条缝在基本药包上的布带捆在一起，手工在药包顶部打结。点火药包为红色，装 100g CBI 点火药，缝在基本药包后面。整个 M3A1 装药包含大约 2.5kg 单孔发射药。基本药包前方加一个消焰剂药包，每包 57g，附加药包 4 号和 5 号前各加一个消焰剂药包，每包 28g。消焰剂为硫酸钾或硝酸钾，其作用是限制炮尾焰、炮口焰和炮口超压冲击波。

（2）M4A2 装药，该发射装药为白色药包装药，由一个基本药包和 4 个附加药包组成，构成 3～7 号装药。其基本构造与 M3A1 装药相同。M4A2 装药包含大约 5.9kg 多孔发射药。基本药包前方加一个消焰剂药包，每包 28g。

（3）M119 装药，该发射装药为单一白色药包 8 号装药，中心传火管穿过整个装药的中心。装药前端缝有消焰剂药包。该装药仅用于长身管 155mm 榴弹炮（M19 系列和 M198）。储存时必须水平放置，以免中心传火管弯曲或折断。由于装药前端缝有消焰剂药包，该装药不能用来射击火箭增程弹。

（4）M119A1 装药，该发射装药除了前端缝有环形消焰剂药包外，与 M119 装药完全相同。这种消焰剂药包设计免除了射击火箭增程弹时对火箭发动机点火的影响。

（5）M119A2 装药，该发射装药为单一红色药包 7 号装药，用于装有 M185 和 M199 身管的 155mm 榴弹炮。装药前端有 85g 铅箔衬里和 4 个圆周均布纵向缝在主药包上的消焰剂药包，每个消焰剂药包含有 113g 硫酸钾。M119A2 装药是为与北约现行射表一致而设计的，可与 M119A/M119A1 互换使用，仅有微小的初速差异。

（6）M203 装药，该发射装药为单一红色药包 8 号装药，是为 M198、M109A5/A6 榴弹炮扩展射程而设计的。中心传火管穿过整个装药的中心，装药前端缝有环形消焰药包。该装药内装 M30A1 发射药，仅用于射击 M549A1（装填 TNT）火箭增程弹、M825 发烟弹和

M864 底排弹。图 6－12 是美国 155mm 榴弹炮 M203 8 号装药结构示意图，该装药有中心传火管。

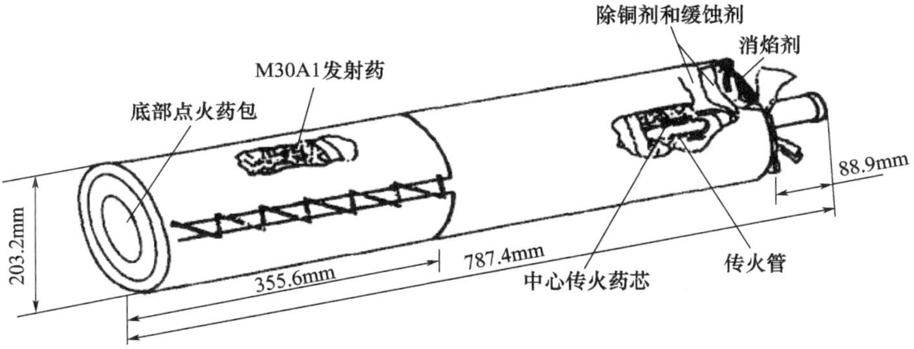

图 6－12　美国 155mm 榴弹炮 M203 8 号装药结构示意图

4. 模块装药

由于布袋药包装药射速低和不适于机械装填等，近年来，对布袋装药进行了改进，将软包装变成硬包装。用可燃容器取代布袋装填不同质量的发射药及装药元件，成为单元模块。这些由单一或者几种模块组成的装药称为模块装药。在射击时，可根据不同的射程要求，采用不同模块的组合来获得不同的初速。

模块装药又分为全等式和不等式两类。全等式所用的模块是相同的，改变模块数即可满足不同的初速、射程要求。但是，研究全等式模块装药还有困难。目前，国际上领先的模块装药是由两种模块组合的双模块装药，它是用两种不同模块的组合来满足几种不同的初速要求。

图 6－13 是美国的 155mm 榴弹炮 XM216 模块装药结构示意图，XM216 装药包括 A、B 两种模块，一个 A 模块可作为 2 号装药；一个 A 模块和一个 B 模块组成 3 号装药；一个 A 模块和两个 B 模块组成 4 号装药；每个模块均由内装的 M31A1E1 三基开槽杆状药和外部的可燃壳筒组成。模块 A 长 267mm，装药量 3. 42kg，药柱弧厚 1. 75mm。模块 A 底部配有点火件，点火药是 85g 速燃药 CIB 和 15g 黑火药，模块 B 内装 M31A1E1 三基开槽杆状药 2. 8kg，可燃壳体内放有铅箔除铜剂，重约 42. 6g。

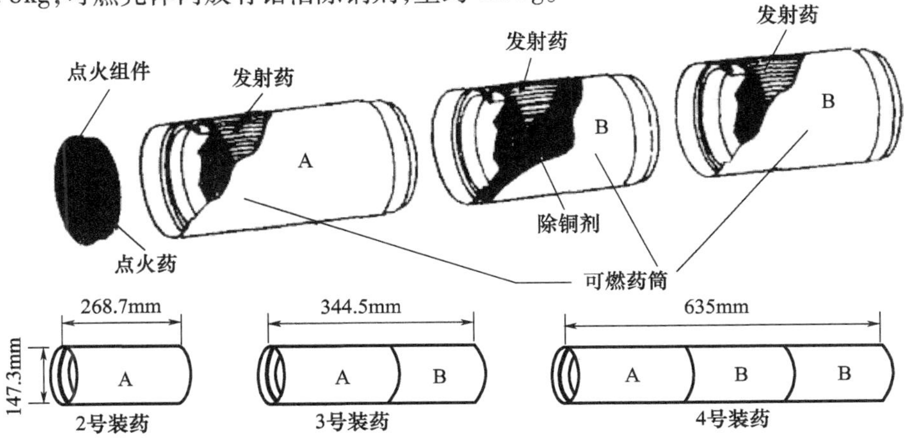

图 6－13　美国的 155mm 榴弹炮 XM216 模块装药结构示意图

155mm 榴弹炮的 5 号装药是一个模块(XM217),模块长 768.3mm,直径为 158.7mm,内装 13.16kg M31A1E1 三基开槽杆状药。

另一种形式的变装药包括 XM215 和 XM216 两种装药:XM216 变装药的 A 模块长 127mm,直径为 147mm,内装 1.58kg M31A1E1 发射药(图 6-14)。由 2 个、3 个、4 个、5 个A 模块分别构成 2 号、3 号、4 号、5 号装药。XM215 模块装药(图 6-15)用于小号装药(1 号),由直径 147.3mm、长 152.4mm 的壳体和内装 1.4kg 的单孔 M1 单基药组成,在装药底部有 85g CBI 和 14g 黑火药的点火件。

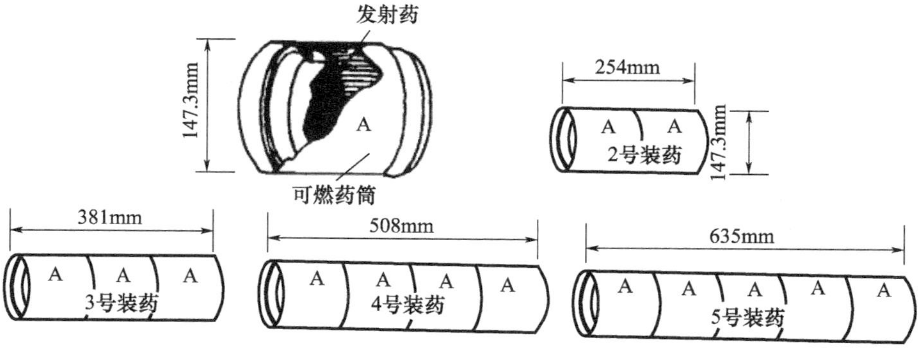

图 6-14 美国的 155mm 榴弹炮 XM216 模块变装药结构示意图

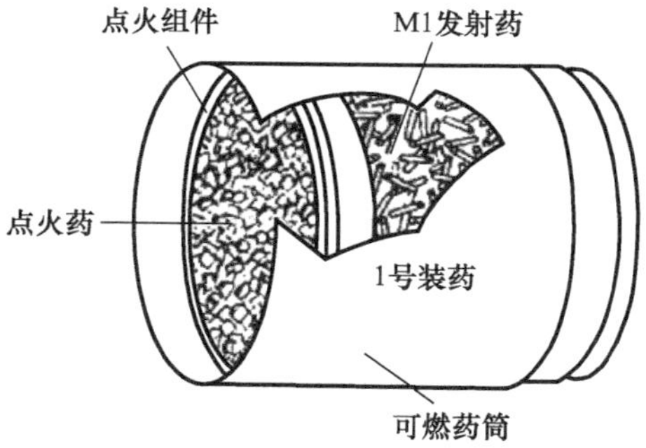

图 6-15 美国的 155mm 榴弹炮 XM215 模块装药结构示意图

由 XM215、XM216、XM217 组成的 1 号、2 号、3 号、4 号、5 号装药构成了 155mm 榴弹炮的初速分级,满足了不同的射程要求。

由美国发展的双模块系统 MACS(模块化火炮装药系统)是 155mm 发射装药的替代装药系统,与传统药包装药相比简化了后勤处理步骤。MACS 由 XM231 装药模块和 XM232 装药模块组成。XM231 模块用于小号装药射击(一次使用 1 个或 2 个模块),XM232 模块则用于大号装药射击(一次使用 3 个、4 个、5 个或 6 个模块)。XM231 和 XM232 都是基于单元的装药设计,即具有双向中心点火系统,粒状发射药装于刚性可燃容器内等。然而 XM231 和 XM232 两者设计上并不相同,XM231 模块使用的发射药是 M1MP 配方单基药,XM232 模块则使用 M30A2 配方三基药。所有的 XM231 模块都完全相同可以互换的(XM232 模块也是这样)。这种设计使得 MACS 模块适于手工或自动操作,能够满足未来火炮的需要。MACS 装药由美国 ATK 公司专为"十字军战士"设计,同时向下兼容现行的 155mm 野战火炮系统(M109A6 帕拉丁、M198 牵引炮等)。美国 MACS 模块与现行药包装药对比见图 6－16。

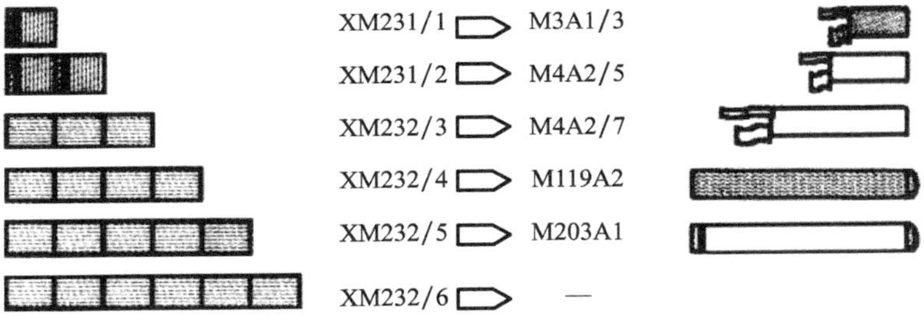

图 6－16　美国 MACS 模块装药与现行药包装药对比

6.1.2　滑膛火炮的装药结构

1. 迫击炮装药

(1) 迫击炮一般是滑膛炮,射击时炮弹是从炮口装入,称为前膛炮。迫击炮装药属于药包分装式装药, 由基本装药和附加药包组成。基本药包即基本药管。平时基本药管、附加药包和弹体、引信分别包装存放,射击时先装上基本药管,再根据射程要求装上适当数量附加药包。基本药管和附加药包的放置位置见图 6－17。

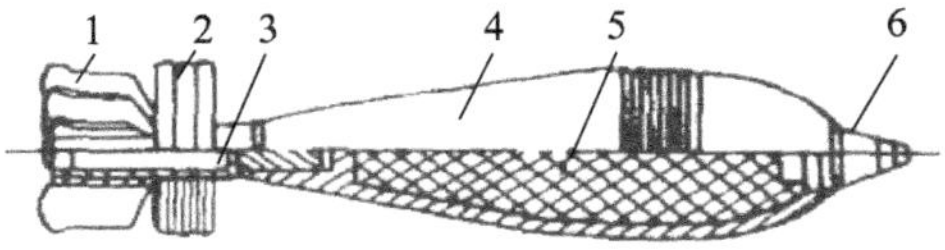

图 6－17　迫击炮装药结构图

1—尾翼;2—附加药包;3—基本药管;4—弹体;5—炸药;6—引信。

迫击炮的基本装药有黑火药和双基药,它们装在金属壳为底座的厚纸筒内构成基本药管,如图 6－18 所示。基本药管置于迫击炮弹的尾管内。迫击炮的辅助装药一般都装在尾管的外面,依弹道要求分成若干个等重药包。药包的形状根据药形和弹尾结构决定。

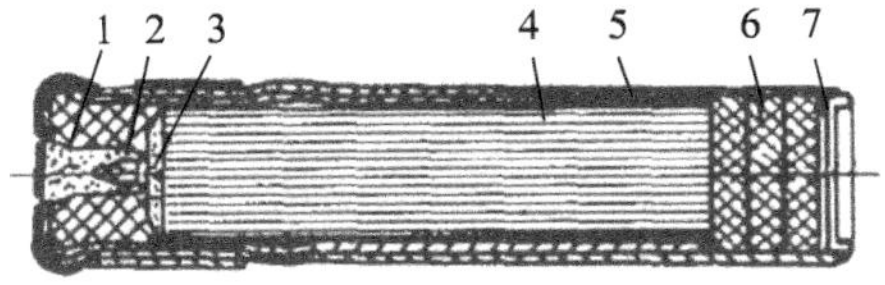

图 6－18　迫击炮基本药管结构图

1—底火;2—发火;3—2 号黑火药;4—双带 B;5—管壳;6—厚纸塞;7—漆。

射击时,底火点燃基本药管中的发射药,达到一定的压力后燃烧气体冲破纸筒经尾管孔流入弹后空间,再引燃辅助装药。基本装药是小号装药,又是辅助装药的点火具。基本药管的性能对弹道稳定性有重要的影响。由于迫击炮膛压低、弹丸行程短、用变装药,发射药一般是高燃速、 薄弧厚的双基药,如片状、带状、环状等双基药,近年开始采用球形药或粒状双基药。

1963 年式 82mm 迫击炮基本装药是用双带 11 发射药、克－3 式火帽。辅助装药是内装双环14双迫药的细麻布药包,共有3个等重药包。

(2)奥地利SMI 81mm迫击炮杀伤榴弹、燃烧弹、发烟弹装药结构和弹道指标分别见图6-19和表6-1。它有0~8号共9种装药,0号装药要求平均初速为(78±2)m/s,由基本药管装药完成。

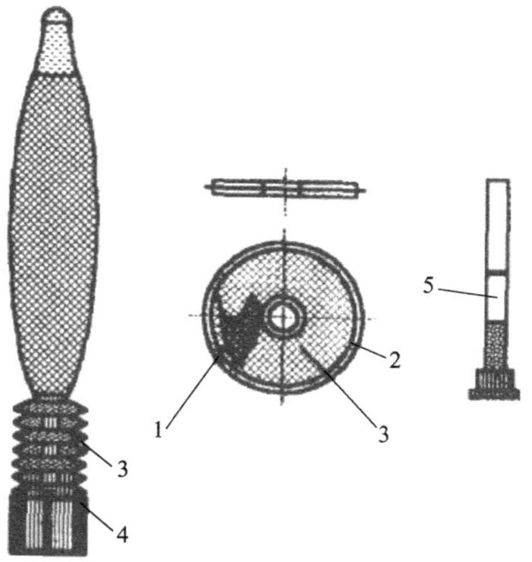

图6-19　奥地利SMI 81mm迫击炮杀伤榴弹、燃烧弹、发烟弹装药结构
1—小粒药;2—药包边缘;3—附加药包;4—基本药包;5—尾管。

表6-1　奥地利SMI 81mm迫击炮杀伤榴弹、燃烧弹、发烟弹装药弹道指标

指标	0号	1号	2号	3号	4号	5号	6号	7号	8号
平均初速/(m/s)	78	126	166	199	223	246	270	292	312
初速中间误差/(m/s)	≤1.0	≤1.2	≤1.2	≤1.2	≤1.2	≤1.2	≤1.2	≤1.2	≤1.3
平均最大膛压/MPa	0号:平均最大膛压≥6.37;最大膛压最小值≥5.88; 8号:平均最大膛压≤66.6;最大膛压最大值≤69.65								

1~8号装药除基本药管外,还分别加1~7个附加药盒。药盒外径71mm,内径27.5mm,厚度12mm。1号、2号加红色A药盒,其发射药的弧厚小,燃烧快;继续加的药盒是白色的B药盒,内装厚发射药。

基本药管包括发射药、发火坐和传火管。基本药管外径约为16.90mm,长度为85mm。装药是双醋-11-粒31-100,用药量约10.6g。

现在的迫击炮常用如双醋-11-粒11-80($2e_1=0.11$mm,$\phi=0.80$mm)、球65($\phi=0.65$mm)等多种小粒药。用可燃的药包盒替代药包布。药包盒壳体的成分是硝化棉、药盒布、增塑剂(如癸二酸二烯酯)和安定剂(如Ⅱ号中定剂)等。

2. 无后坐炮装药

无后坐炮在炮尾有喷管,射击时有发射药气体从炮尾流出,其反作用力能抵消火炮后坐力,有助于降低武器的质量。有气体由炮尾流出是无后坐炮弹道的特征,反映在装药上:第一,无后坐炮大都是低压火炮,为在低压下的发射药能正常燃烧,装药点火器的点火强度要高;第二,发射药气体流出可能携带未燃完的药粒,装药结构应当考虑如何减少未

燃发射药的流失问题;第三,与初速相同的一般火炮相比,装药量大约要多出2倍;第四,装药结构能建立一个稳定的喷口打开压力;第五,为适应低压的弹道特点,应该采用多孔或带状的高热量、高燃速发射药。

两类无后坐炮装药如下:

(1) 多孔药筒线膛无后坐炮装药。其基本结构与线膛火炮的定装式装药相似。图6-20是1957年式75mm无后坐炮装药结构图。

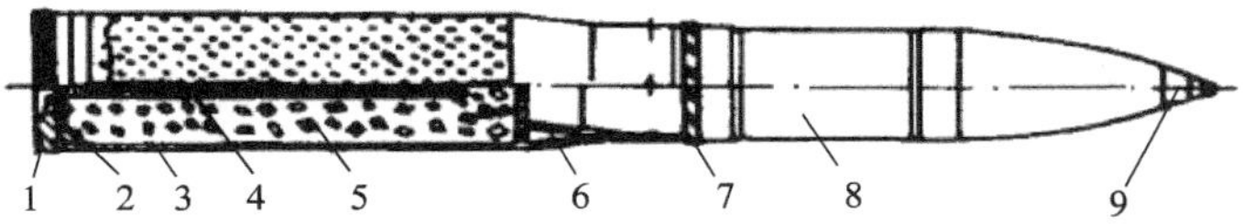

图6-20　1957年式75mm无后坐炮装药结构图

1—底火;2—内衬纸筒;3—药筒;4—传火管;5—火药;
6—纸筒;7—弹带;8—弹体;9—引信。

75mm无后坐炮用9/14高钾硝化棉发射药,多孔的药筒内有一个牛皮纸纸筒。由底-41式底火和装20g黑火药的传火管组成点火件。射击时底火点燃传火管内的黑火药,点火药气体从传火管小孔喷出点燃发射药,达到一定压力后发射药气体冲破纸筒从小孔流入药筒外面的药室和通过喷管流出。杆状点火具能增加点火强度;用纸筒厚度和药筒孔径控制喷口打开压力;多孔药筒能防止未燃发射药流失。无后坐炮装药能获得稳定的弹道性能。

(2) 尾翼稳定滑膛无后坐炮装药。1965年式轻82mm无后坐炮装药结构如图6-21所示。炮弹由尾杆尾翼稳定,与迫击炮弹药相似,装药结构类似迫击炮全装药结构。在尾杆内有点火器,点火药是大粒黑火药,放在纸管内形成点火管(5)。尾管有传火孔,放置双带发射药的药包(6)绑在尾管(8)上。在尾翼上端有塑料挡药板(4),尾翅下端有塑料定位板(2)。射击后发射药气体打碎定位板从喷口流出,此时的压力是打开喷口的压力。这种装药比75mm无后坐炮装药紧凑,火炮更轻,但发射药流失较大,弹道性能不易稳定。

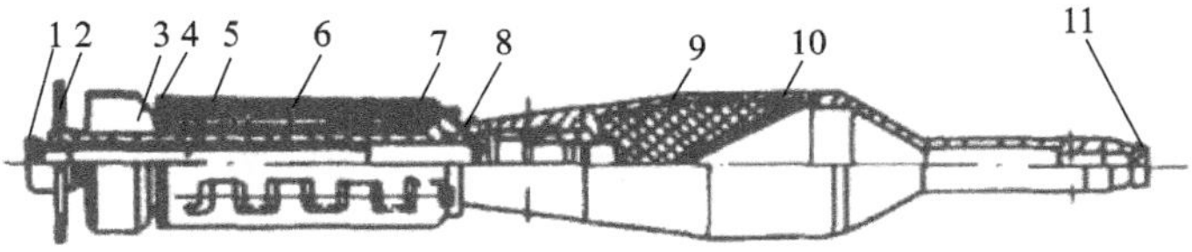

图6-21　1965年式轻82mm无后坐炮装药结构图

1—螺塞;2—定位板;3—尾翼;4—挡药板;5—点火管;6—药包;
7—传火孔;8—尾管;9—炸药;10—药型罩;11—防滑帽。

3. 高压滑膛炮装药

高压滑膛炮能使穿甲弹获得高初速。现有的高压滑膛炮膛压可接近800MPa,弹丸初速能达到1800m/s。常用滑膛炮发射高速穿甲弹,有助于减少炮膛烧蚀,增加火炮使用寿命。该类装药有如下特点:

(1) 较高的装填密度,常采用多孔粒状药和中心点火管点火;

(2) 有尾翼的弹尾伸入装药内占据部分装药空间,点火具长度有限制;

(3) 常用可燃的药筒和元器件,有助于提高装药总能量和示压效率;

（4）简化抽筒操作，提高发射速度，改善坦克内乘员的操作环境。

图 6－22 是 120mm 高压滑膛炮脱壳穿甲弹的结构示意图。

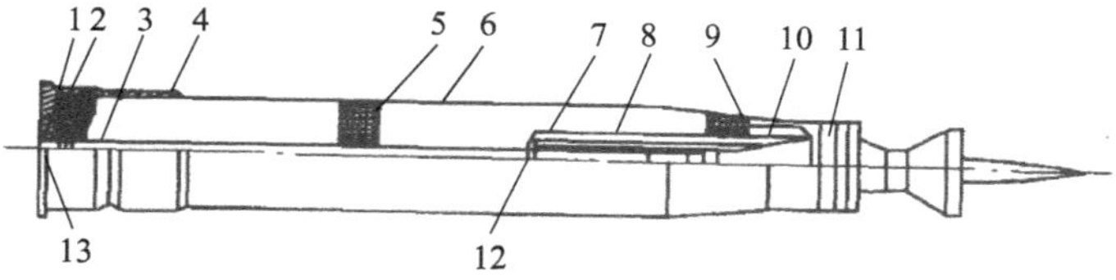

图 6－22　120mm 高压滑膛炮脱壳穿甲弹的结构示意图

1—底火；2—消焰剂药包；3—可燃传火管；4—可燃药筒；5—粒状药；6—护膛衬纸；7—尾翼药筒；8—管装传火管；9—紧塞具；10—火药固定筒；11—穿甲弹丸；12—上点火药包；13—O 形密封圈。

某 125mm 坦克炮穿甲弹装药见图 6－23 和图 6－24。由于坦克内空间有限，为便于输弹机操作，将药筒分为主、副两个药筒，副药筒和弹丸相连。主药筒装粒状药，底部有消焰剂药包，传火用中心传火管，主药筒有防烧蚀衬纸。为增加传火效率，在主副药筒间有传火药包。副药筒距底火较远，影响粒状药的瞬时同时点火，所以在副药筒中有用于传火的管状药。副药筒中有防烧蚀衬纸。

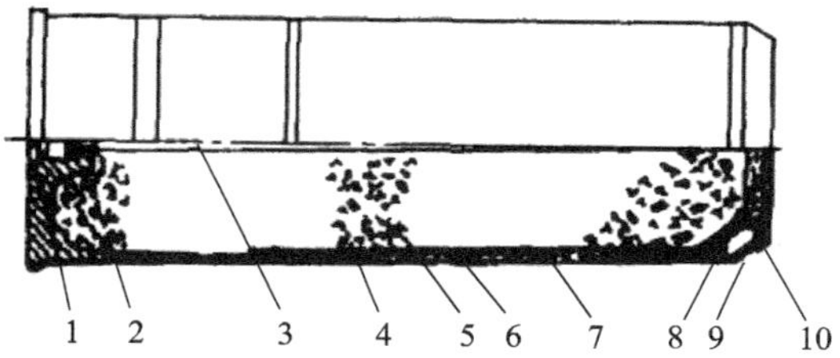

图 6－23　某 125mm 坦克炮主药筒装药示意图

1—底火；2—消焰剂药包；3—可燃传火管；4，5—粒状药；6—可燃药筒；7—防烧蚀衬纸；8—上点火药包；9—密封盖；10—紧塞具。

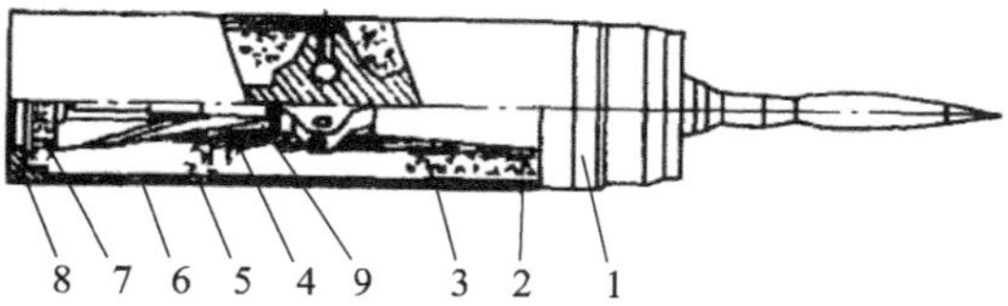

图 6－24　某 125mm 坦克炮副药筒装药示意图

1—弹丸；2，3—粒状药；4—管状药；5—副药筒；6—防烧蚀衬纸；7—点火药包；8—底盖。

6.1.3　特种发射药装药结构

1. 布撒器装药

特种弹药是包括照明弹、宣传弹、发烟弹、诱饵弹、训练弹等用于特殊任务的一类弹药。在其弹药中常设抛撒装药，用于烟幕等子弹的布撒。在引信作用后点燃抛射装药，所产生的气体驱动活塞或直接推进物体运动，完成特定的抛射布撒动作。抛射装药常使用高燃速发射药，如黑火药、迫击炮用发射药等。

美国 MK19 Modo 406mm 杀伤子母弹(图 6－25)的布撒装药是 400g M9 式迫击炮发射药。在布撒装药被点燃后，燃气通过推弹板将子弹推出，完成子弹的布撒过程。利用同样的原理，可以完成烟幕剂、照明剂、传单、毒气等的布撒过程。

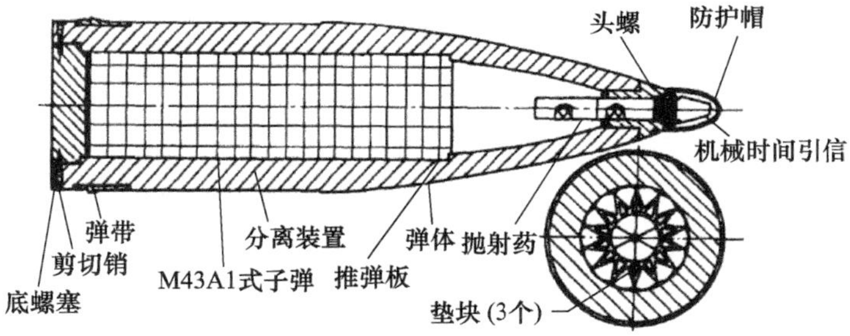

图 6－25　美国 MK19 Modo 406mm 杀伤子母弹装药示意图

2. 炮射导弹发射装药

炮射导弹是利用火炮发射的一类导弹，具有许多优点。由于导弹火箭发动机及其装药占据了大部分药室容积，其尾部几乎延伸到药筒底部，所剩可装发射药的空间是狭长的环状体。炮射导弹的初速和膛压一般都较低(200～400m/s、40～60MPa)，因此，对发射药点火及燃烧有一些新要求。

图 6－26 是典型的炮射导弹装药结构示意图。发射时，点火药点燃发射药推动弹丸运动。为了增加传火效果，常使用管状药，有时在发射药中间加传火药袋。

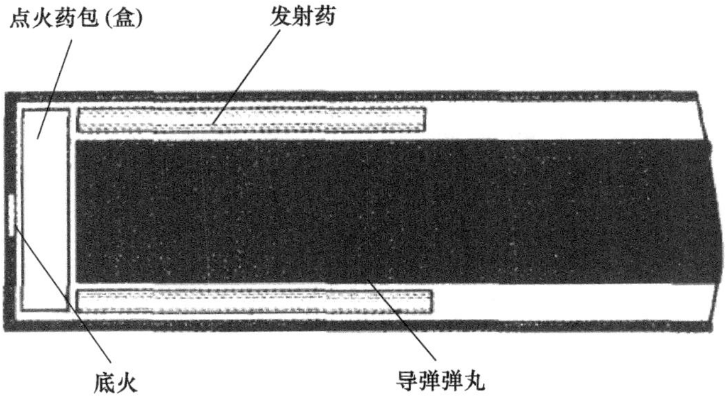

图 6－26　典型的炮射导弹装药结构示意图

3. 双药室装药

串联双药室火炮运用了一种新的发射力法，它在膛压不高的情况下可提高弹丸的初速，可用于现有火炮的改造，其技术具有广泛的应用前景。

它具有以下优点：

(1) 不需要改变炮尾结构，身管可以互换，可以降低坦克火力系统的研制经费；

(2) 主药室、副药室膛压较低，能增加火炮发射的安全性；

(3) 副药室装药再加速弹丸，达到提高弹丸初速的目的。

发射过程分为以下几个阶段(图 6－27)：

第 1 阶段，点火具点燃主装药，达到弹丸启动压力后燃烧气体推动活塞、副药室和弹丸一起运动，此时副药室未点燃，弹丸推动卡瓣运动；

第 2 阶段，当主药室压力达到一定值后点燃副药室发射药，此时活塞、副药室和弹丸仍然一起运动，弹丸仍推动卡瓣运动；

第 3 阶段，当副药室压力大于主、副药室压力差时，弹丸与活塞分离，此时卡瓣带动弹丸运动。

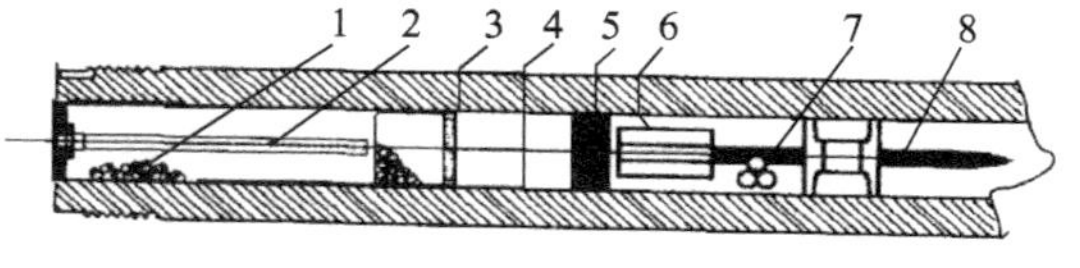

图 6 - 27　串联双药室火炮发射原理图

1—主药室火药；2—主药室点火管；3—固定盖；4—药筒；5—活塞；6—尾翼；7—副药室发射药；8—弹丸。

4. 高低压药室装药

一些小口径榴弹发射器的身管较短，为了保证发射药在膛内燃完，同时降低枪口压力，必须使用速燃发射药，如使用多 - 125 发射药等。但速燃发射药趋向于增加膛压和增大武器的质量。

高低压药室装药结构有助于该问题的解决（图 6 - 28）。

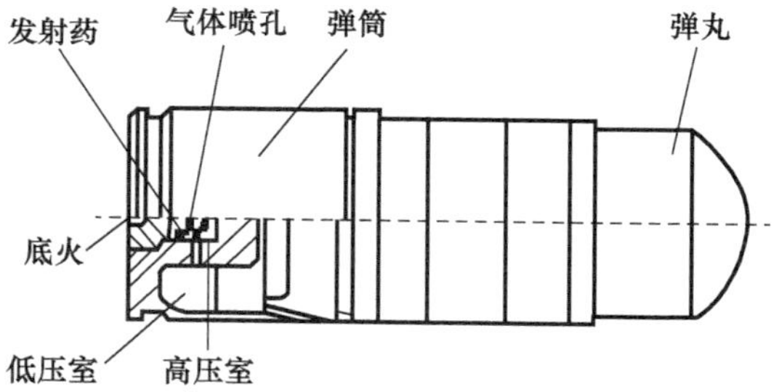

图 6 - 28　高低压药室装药结构示意图

装药在高压室中燃烧产生的气体通过喷口到达低压室，然后推动弹丸运动。该结构可保证发射药在高压室燃完，充分利用了发射药的能量，同时，由于武器承受压力较低，减少了身管厚度和武器的质量。

6.2　装药结构与火炮性能

射击过程中膛内存在的纵向的压力波现象早已为装药工作者所熟知。对于膛压和初速都比较低的火炮，膛内压力波的发生不显著。近年来，由于大口径高膛压火炮的出现，发射药装填密度明显增大，由压力波引起的燃烧不稳定性和发射药的碎裂，造成膛压反常升高，甚至严重的膛炸的事故都有所增加。因此，在装药结构是否合理的评价中，装药对压力波的敏感度显然是一个最重要的方面。在装药设计中采取必要的措施，防止因压力波而发生的弹道反常和膛炸现象，是装药设计工作者的一项重要任务。

6.2.1　膛内压力波的产生

膛内压力波形成的物理实质可以作如下定性描述：在火炮射击条件下装药并非瞬间全面点燃。底火的燃烧产物首先点燃紧挨底火的点火药。点火药的燃烧，在膛底形成一个点火波并同时点燃附近的一部分装药。点火药和发射药燃烧气体渗入装药体，以对流方式加热药粒并使之点燃，随后导致火焰的传播。所形成的压力梯度和相间拽引力使得药粒向前加速撞击弹底，并挤压弹丸的底部。燃烧振荡压力波追及弹丸底部而滞止，并向膛底反射。这种在弹底和膛底间来回传播的压力波动的增长或衰减取决于燃气生成速率、膛内有效的自由空间、发射药床的渗透性和弹丸的运动。

对压力波的测量可以在火炮上进行，将一个压电传感器装在膛底，另一个传感器则安装在药室前端的药筒口部附近。在射击过程中同时测出膛底和药室前端的压力曲线，然后在对应的时间上描绘出膛底与药室前端压力差的变化曲线。在理想的没有压力波的情况下，膛底压力总比药室前端压力大，所以压力差曲线就不存在波动现象，见图 6-29。在一般情况下膛内存在压力波动，图 6-30 所示为典型的膛内压力曲线和压力差曲线。压力差曲线不仅形象地描绘了膛内纵向压力波的演变情况，也可对压力波的大小进行定量的估计，进而对火炮的弹道稳定性作出评价。通常可以用膛底和弹底压力差-时间曲线上的第一反向压力差 Δp（又称起始负压差）的大小作为衡量弹道稳定性的指标。

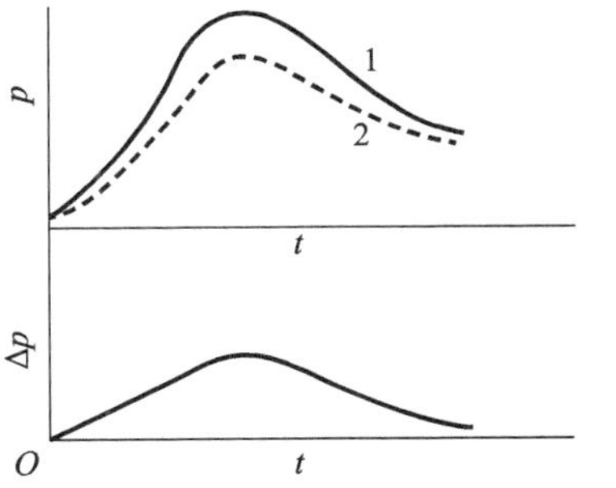

图 6-29　理想的膛内压力和压力差曲线
1—膛底；2—药室前端。

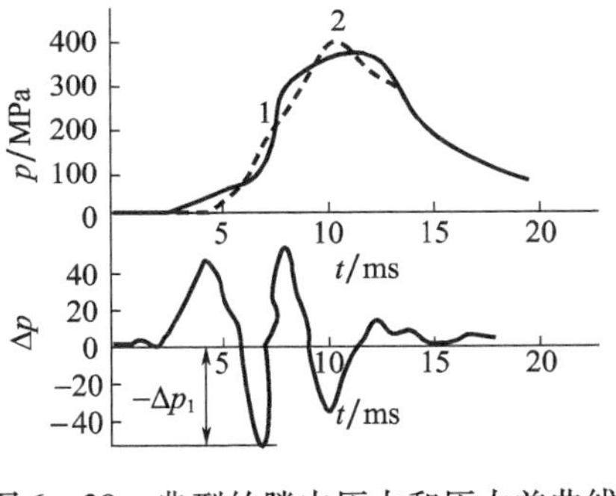

图 6-30　典型的膛内压力和压力差曲线
1—膛底；2—药室前端。

6.2.2　装药设计因素对压力波的影响

1. 点火条件

研究表明，点火引燃条件是产生压力波的主要影响因素。点火激发能量过小，装药最初的点火区域太局限，那么离点火较远的部分装药虽然也能受到加热，但不能进行有效的点火。因而这部分发射药产生不完全燃烧，其产生的大量燃烧中间产物积聚起来可发生爆炸性点火，结果是不时地产生高的压力波。当点火激发能量过大且过分集中时（例如，在大口径火炮装药中采用很强的底部点火），也会引起点火和气体压力增长的不均匀性，进而导致高的压力波。大量实验表明，不均匀的局部点火容易产生大振幅的压力波，严重情况下可能引起膛炸现象。而能量适中、均匀一致迅速而分散的点火可以显著地减小压力波的强度。另外，实验研究还表明，点火系统必须具有良好的重现性，否则弹道偏差就要增加。

2. 初始气体生成速率

初始气体生成速率对压力波的影响已经得到许多实验验证。初始气体生成速率越大，越容易产生压力波。初始气体生成速率 $d\psi/dt$ 取决于发射药燃烧面及发射药燃烧速度两个因素。就燃烧速度来说，在低压下不同发射药的燃速可以相差数倍，通常具有较大燃速指数的发射药在开始点燃情况下燃烧比较慢，这就使得气体生成速率比较小。这样，膛内产生的局部压力波就有较多的时间在药室内消散，从而使压力波衰减下来。霍斯特(Horst)用 NOVA 程序模拟计算了 127mm 火炮装药初始燃气生成速率对压力波增长的影响，其结果表明，发射药的燃速压力指数从 0.75 增加到 0.9 时，起始负压差 Δp_1 降低近一半，见图 6-31。前面已提到，具有较大燃速指数的发射药在开始点燃情况下燃烧比较缓慢，因此，其计算结果也证明了发射药初始燃速越大，越容易产生压力波。考虑到初温对燃速的影响，在低温情况下的压力波应该比高温时的压力波小。

另外，初始气体生成速率也受到燃烧表面的影响。初始燃烧表面越大，相应的初始气体生成速率也越大，压力波越易产生。可以预测具有封面或钝化的发射药具有降低压力波的倾向。在弹道等效的条件下，19 孔和 37 孔发射药比 7 孔发射药的初始燃烧表面要小，因此，它们也有降低压力波的倾向。

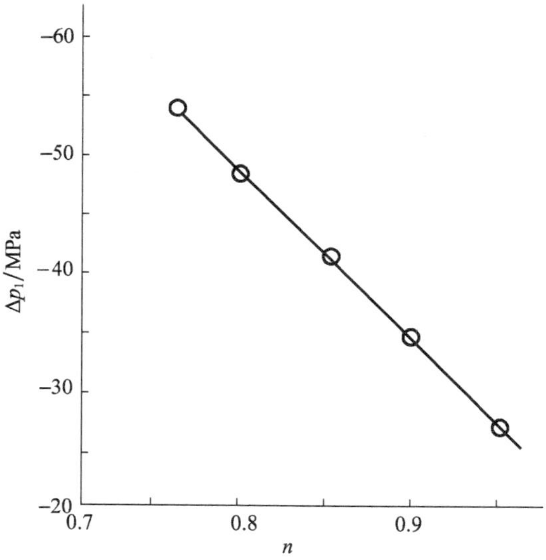

图 6-31 燃速压力指数与起始负压差 Δp_1 的关系(计算值)

实践证明，在同样的装药结构条件下，高膛压下应用的装药比低膛压下应用的装药更易出现压力波的问题。这是为了得到较高的压力进而提高低压下燃速的结果。在一定药室容积下，为了提高压力，除了增大燃速之外，还可以通过增大装填密度来实现。装填密度越高，初始气体生成速率就越大，压力波也随之增强(见表 6-2，理想最大压力是指无压力波时的最大压力)。

表 6－2　装填密度对压力波的影响

弹号	装填密度/(g/cm³)	试验最大压力/MPa	Δp_1/MPa	理想最大压力/MPa
121	0.54	225	27	226
126	0.60	307	51	286
127	0.64	437	84	341

3. 装药床的透气性

装药床的透气性或空隙率对压力波的形成有相当敏感的作用。装药床具有良好的透气性,能使点火阶段的发射药气体顺利地通过装药床,从而有效地减小了压力梯度,使压力波衰减下来。高装填密度的装药床,压力波的增加,包含透气性变差的影响。因为在高装填密度的情况下,点火气体受到强烈的滞止作用,促使压力梯度增大,因而使压力波逐渐加强。

采用管状药的中心药束或者采用中心点火管,都可增加装药床的透气性,对降低压力波具有显著作用。装药床的透气性随药粒尺寸的增大而增加。在总的燃烧表面保持不变的情况下,用 19 孔或 37 孔发射药相比用 7 孔发射药的药粒尺寸有明显的增加。实验表明,膛内压力波随药粒尺寸增大而减小,见表 6－3。

表 6－3　不同尺寸火药对压力波的影响

装药孔数	m_p/kg	v_0/(m/s)	p_m/MPa	Δp_1/MPa
7 孔(77G－069805)	10.89	796	340	87
19 孔(PE－480－43)	11.34	802	320	66
37 孔(PE－480－40)	10.89	789	302	34
37 孔(PE－480－41)	11.34	770	299	40

图 6－32 所示为发射药的平均有效直径($d=6V_p/S_p$)与初始负压差的关系图。V_p表示药粒的体积,S_p表示药粒的燃烧面积。从该图可以看出,随着发射药孔数的增多或平均有效直径的增加,初始负压差逐渐减小。将装药床中的药粒全部或部分地排列起来,可以增加装药床的透气性,从而降低压力波。装药外形直径小于药室内径时,可产生一环形间隙,增加装药床的透气性,也具有降低压力波的作用。

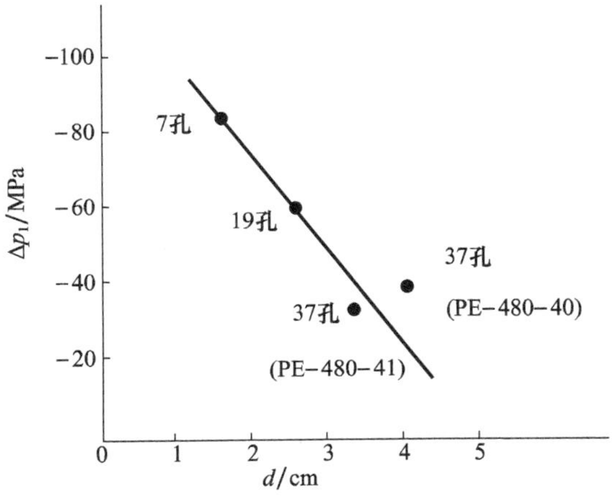

图 6－32　发射药的平均有效直径 d 与初始负压差的关系图

4. **药室内自由空间的影响**

研究表明,在装药前后存在自由空间将促进压力波的生成。例如,在榴弹炮的小号装药条件下,这时装填密度很小(如0.1g/cm^3),若装药集中在一端,就会产生严重的压力波。如果将装药分布在整个药室长度方向上,就可以有效地消除压力波。经验表明,当装药高度大于药筒全高的2/3时,就可避免产生膛压反常现象。药室中自由空间对压力波的影响主要是由两方面造成的:

一是在点火开始瞬间所产生的压力梯度引起了整个装药床的运动,并且产生药粒相继挤压和堆积的效应,发射药床被压缩,孔隙率和透气性降低,燃气流动阻力增加,从而易于产生压力波。

二是由于装药床的运动,药粒将以一定速度撞击弹底,或相互挤压而造成破碎,从而使发射药燃烧面骤增,气体生成速率增大,促使压力波增强。研究表明,药粒破碎的速度临界值是随温度升高而增大的,并且与发射药粒的几何形状和成分有关。在常温下,7孔发射药临界撞击速度(超过此速度时药粒开始破碎)为40m/s,而19孔发射药临界撞击速度为30m/s。用X射线闪光摄影仪测得点火时膛内药粒的速度分布,观察到有些药粒在撞击弹底之前的速度可能超过200m/s,已远远超过发射药的临界撞击速度。

压力波不仅是膛胀、膛炸等反常内弹道现象的主要原因,而且还会引起其他一系列反常弹道现象。例如,由于压力波而使燃烧速度发生变化,燃烧速度的变化进而使气体生成速率变化,再进一步地影响压力波动,其结果是初速散布增大,射击精度下降。过高速度的药粒撞击在弹丸底部,其冲击激发作用有时足以达到引爆弹丸的炸药,造成早爆事故,压力波还会引起武器射频的变化,这为速射自动武器带来了极大的麻烦。因此,在装药设计中,充分考虑诸因素对压力波的影响具有极其重要的意义。

6.3 发射药装药中的点火系统

发射药装药中的点火系统对武器性能具有至关重要的影响。对发射药装药中的点火系统的要求是:第一,能提供点燃装药所必需的能量;第二,能实现对装药的均匀而分散的点火;第三,点火性能有重现性。本节将介绍常用的点火器材、影响点火过程的因素以及装药点火系统设计的一般知识。

6.3.1 点火器材

发射药受到一定的外来能量激发后才能引起燃烧。因此,火炮射击时要利用点火器材。这些点火器材在受到简单的激发冲量(如冲击、电刺激、加热等)后能迅速释放热冲量以点燃发射药装药。目前常用的点火具有药筒火帽、底火、中心点火管、辅助点火药包等。

1. **药筒火帽**

目前常用的药筒火帽大体由三个或四个构件组成。三个构件的药筒火帽结构如图6-33所示。它由火帽壳、击发剂和盖片组成。火帽壳是一个有一定形状和准确尺寸的铜制凹形壳体。击发剂是由雷汞$Hg(ONC)_2$(起爆药)、氯酸钾$KClO_3$(氧化剂)和硫化梯Sb_2S_3(可燃物)混合而成,火帽的点火能力主要取决于击发剂的成分比例、药剂质量、混合的均一性和装入火帽壳的压装压力。盖片是锡或铅或羊皮纸制成的小圆片，平时起防潮作用，射击时它的厚薄对火帽性能也有影响。

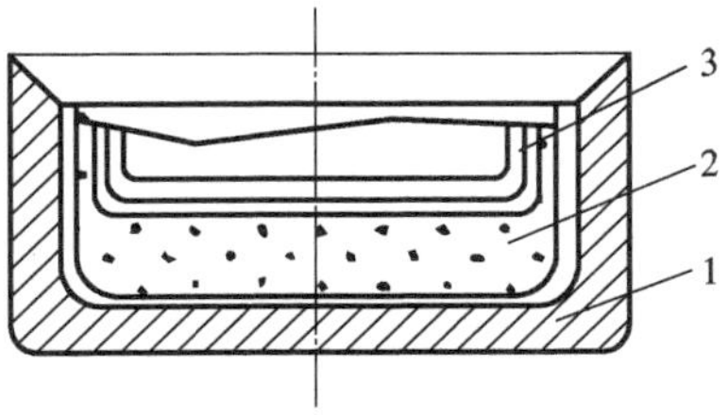

图6-33　三个构件的药筒火帽结构示意图
1—火帽壳；2—击发剂；3—盖片。

四个构件的火帽多一个击砧，击砧是锥形或拱形金属片，它的尖端抵在击发剂上，后部与火帽壳固定，击砧和击针夹击击发剂使得火帽作用更可靠。

射击时，击针撞击药筒火帽的外壳，火帽壳产生了变形，使激发剂所受的压力增大，击针的动能转化为热能。当热能足够大时引起了击发剂的燃烧，从而生成热量和气体物质，使压力增强，冲破盖片，高温气体物质和灼热粒子进入药筒或药室，进而引燃了辅助点火药或装药。

药筒火帽的性能会影响到弹丸的弹道性能，甚至影响火炮的发射情况，所以对它必须提出严格要求：

(1) 药筒火帽应具有一定的外廓尺寸，尺寸应与枪炮的药筒结构紧密配合。

(2) 有适当的感度，在击针冲击之下能产生一定的冲击能量保证火帽确实起作用。

(3) 有良好的点火能力，能可靠地点燃辅助点火药和发射药。实践证明，火帽产生的火焰温度和火焰强度(火焰长度及燃烧生成物气体的压力)是火帽点火能力的主要标志。火帽的火焰温度越高，装药越接近瞬时发火；火焰强度越大和作用于发射药的时间越长，火帽可以点燃的表面越大。如果火帽点火能力不够时，可能发生“迟发火”现象。

(4) 点火作用一致，具有良好的重现性。为了保证弹丸有良好的弹道性能，火帽作用必须一致，点燃发射药的能力应有再现性和可靠性。

(5) 使用安全，火帽应能足以承受制造、运输和勤务处理中不可避免的振动和撞击。

(6) 保存时性能安定。

(7) 构造简单，制造容易，成本低廉。

2. 底火

口径在25mm以下的枪可以单独使用药筒火帽作为点火具；30mm口径以上的火炮发射药量较大，需要更大的激发冲量才能保证正常点火，因此往往需要用少量有烟发射药作为辅助点火剂。

将火帽与有烟火药结合成一体的装置称为底火。

各种底火的构造基本上是类似的，主要组成部分包括底火本体、有烟火药装药、击发火帽和击砧，此外，还有封闭火药气体的专门装置。

在药筒定装式和药筒分装式的弹药中底火安装在药筒底部的驻室中，而在药包分装式的弹药中装在炮闩的门管驻室中，相应的点火元件称为击发门管。

底火的有烟火药量应保证底火有足够的点火能力，使发射装药确实着火并得到正常的弹道性能。底火本体应有足够的强度，要能够承受发射药气体的压力，防止发射药气体由炮闩冲出。底火必须保证在运输、勤务处理和装填时的振动情况下不会着火，以免发生危险。

图 6－34 是底－4 式底火结构图。这种底火由黄铜或钢制成底火体，在底火体底部装有用螺套压紧的火帽。火帽上方是发火砧，射击时它可以使火帽确实起作用。在发火砧中间装有紫铜锥形塞，它起到一个单向活门的作用。射出后，火帽火焰将锥形塞抬起，气体冲入底火体上部，把装在上部的黑火药饼(6.1g)点燃。黑火药燃烧后，火药气体压力反过来把紫铜锥形塞压紧，防止了火药气体从底火底部冲出。在黑火药饼上方有起防潮作用的盖片、垫片。底－4 式底火可承受的最大膛压为 350MPa，它用在 57～122mm 等口径火炮的药筒上。

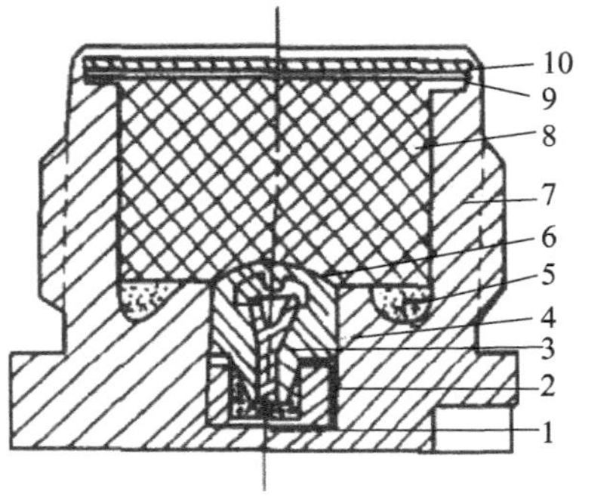

图 6－34　底－4 式底火结构图

1—火帽；2—螺套；3—锥形塞；4—发火砧；5—粒状黑火药；6—纸片；7—底火体；8—黑火药饼；9—垫片；10—盖片。

3. 中心点火管

图 6－35 显示了两种不同的中心点火管。一种中心点火管[图 6－35(a)、图 6－36(a)]管本体内部充以黑火药或其他适用的点火材料，靠管尾安装的底火引燃。点火管安放在装有散装粒状药药筒的中心轴位置，由几个沿管体轴向开列的径向孔传播点火能量。影响装药床点火的因素有发射药初温、点火管内装药的数量和类型、点火管伸入药床的长度以及孔的数量和位置等。

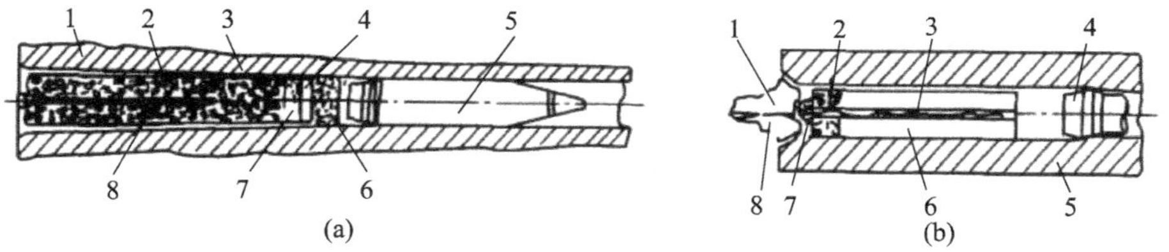

图 6－35　两种不同的中心点火管在装药中的安放位置示意图

(a) 药筒装填用的中心点火管

1—身管；2—中心点火管；3—药筒；4—空隙；5—弹丸；6—软木塞；7—衬垫；8—药床。

(b) 药包装填用的中心点火管

1—导火孔；2—粒状火药；3—中心点火管；4—弹丸；5—炮管；6—火药；7—黑火药底垫；8—闩体。

图 6－35(b)所示的中心点火管用于药包分装式装药。它被直接放入火炮药室腔内。这种点火管有一个点火具[图 6－36(b)]，安放于武器的击发闩体上。发射时，点火具通过喷孔输入能量，点燃一个贴在发射装药包上的黑火药底垫，从而点燃中心点火管内蛇形袋中的黑火药，使火焰沿轴向的传播得以增强。药包分装式发射药床的点火受如下因素的影响：发射药初温、药包脱开的距离、喷孔与黑火药底垫的不同心度等。

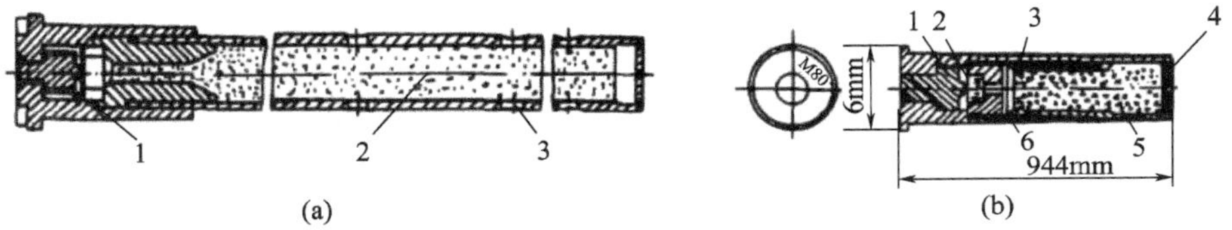

图 6－36　中心点火管结构图
(a) 药筒装填用的中心点火管
1—点火元件；2—黑火药；3—喷孔。
(b) 药包装填用的中心点火管
1—击针；2—底火；3—垫圈；4—壳体；5—组件；6—密封圈。

4. 发射药装药的新型点火装置

目前，随着高装填密度装药等技术的发展，对装药的点火提出了更高的要求。因此，正在研究和发展一系列新型点火装置，如激光点火、等离子体点火、低速爆轰点火等。

6.3.2　影响点火过程的因素

影响点火过程的因素大致可分为来自点火系统和来自装药结构两大方面因素。点火过程中两方面因素不是孤立的，而是相互影响和相互制约的。显然，一个良好的点火过程不仅取决于点火系统气相和固相产物的物化特性和流动特性，也取决于发射药床的结构和它的物理化学因素。

1. 点火药的物理化学性质

目前在发射药装药点火系统中使用的点火药有黑火药、多孔性硝化棉和烟火剂等。作为点火系统核心部分的点火药，其点火能力是影响点火过程的重要因素。黑火药的组分十分简单，至今仍是应用最为广泛的点火药。黑火药由硝酸钾、木炭和硫黄三组分构成(质量分数分别为 75%、15%、10%)，其中硝酸钾为氧化剂，木炭是可燃物；硫黄既是黏结剂又起氧化剂和燃烧催化剂的作用。黑火药的燃烧反应机理十分复杂，至今尚未搞清。但是实验研究已揭示了影响黑火药燃烧性能的一些规律。

黑火药的燃烧速度与它的组成和密度有很大关系，密度增加时燃速降低。黑火药中含水量达到 2% 时点火就会发生困难。

黑火药自身的火焰传播速度对点火药用量较多的装药床的点火十分重要。研究表明，黑火药床中火焰传播速度与黑火药粒能否运动相关，自由药粒比固定药粒的火焰传播速度快，就药粒尺寸而言，小粒黑火药的火焰传播速度比大粒黑火药快。黑火药自身火焰传播性能的差异可归结为药粒结构的影响。不同的原材料、不同的加工工艺直接影响黑火药的结构，从而影响火焰传播速度。黑火药粒密度小、空隙多、比表面积大，火焰传播速度就快。不同厂家生产的，甚至同一厂家生产的不同批号的黑火药的燃烧性能都可能不一致。这种不一致性显然会影响发射药床的点火，进而影响火炮的弹道一致性。这也是黑火药的一个缺点。

为改善点火药的点火能力，国外已使用一些高燃速的新型点火药。奔奈药条就是其中的一种。它是黑火药与硝化纤维素以溶剂法压制的药条状火药。用它取代大口径火炮装药中部分黑火药，可以明显增强火焰传播速度。采用高燃速点火剂点火可使装药床更接近瞬时全面着火，一方面可消除压力波；另一方面可减轻药粒间的相互挤压作用，使发射药粒不易破碎，从而改善射击时的弹道一致性。点火药量显然会影响点火系统的点火能力。点火药量过小，容易造成装药局部点火，从而促使装药床产生较强的压力波。当点火药量过大特别是过于集中时，不但膛压将显著增高，压力波也易于生成。

2. 点火药位置及点火具结构

霍斯特(Horst)等曾用相同质量的黑火药在九种不同点火位置的装药中进行点火试验。其结果见图6－37。试验结果表明，点火药位置对装药的燃烧有极为重要的影响。迅速而分散的点火有利于降低压力波并获得较好的点火重现性，从而获得较为稳定的弹道性能。

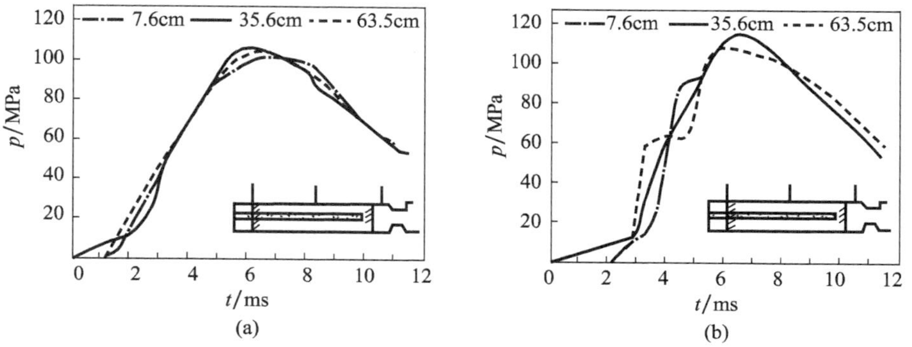

图6－37　不同点火药位置对膛内压力的影响

(a) 迅速分散的点火；(b) 局部点火。

一般当装药长度超过0.7m时，仅用一个底部点火药包不能保证装药的良好点火，应考虑在装药纵向其他部位配置附加的点火药包或使用中心点火管。点火管的几何结构，如点火管内径、长度、传火孔的孔径及其分布情况等都对点火性能有影响。特别是点火管的细长比(传火孔径与点火管长度之比)，对点火性能的影响尤为明显。细长比过小，对气体流动阻力就较大，因而会阻碍火焰在管内的传播，其结果是影响装药的瞬时全面着火，同时由于点火管底部压力较高，也容易促进膛内压力波的增长。点火管传火孔的排列方式、传火孔径以及传火孔总面积都需在设计时予以考虑。点火管第一排传火孔的高度 h_1 对装药的点火也有显著的影响。如果 h_1 比较小，则第一排孔在点火过程中破孔较早，使管压上升缓慢；反之，当 h_1 增大时，破孔时间随之延迟，管压相应增高。

3. 发射药的理化性能及发射药床结构

从被点燃的发射药床方面考虑，发射药的理化性能和发射药床的结构对点火也具有显著的影响。发射药的理化性能包括发射药组分、爆热、燃烧温度、分解温度、燃速、发射药表面性质、粒度及热传导性质等。各种发射药依据其是否容易点燃，大体可排成下列顺序：

有烟药 > 热量较高的硝化甘油发射药 > 硝化纤维素发射药 > 经石墨光泽和钝化处理过的硝化纤维素发射药

一般来说，发射药的以下因素和点燃性能有关：

（1）发射药的气化点和分解温度。当外界条件一定时，这两个量越高，说明发射药开始燃烧所需的点火热量就越高，发射药也就越不容易点燃。

（2）燃速越大的发射药越容易点燃。

（3）发射药的热传导系数 λ 对点火的影响是复杂的。λ 如果过大，点火热量刚刚传给发射药表面，发射药局部加热尚未达到发火程度，热量又很快向发射药深处传递散失，因此 λ 过大时点火是困难的。λ 如果过小，点火药气体不容易把热量传给发射药表面，因此点火也会发生困难。

（4）发射药的密度 δ 与 λ 值有密切关系。在一般情况下，δ 大时 λ 也大。因此发射药密度对点火的影响是复杂的。但是发射药密度是发射药紧密程度的标志，发射药结构越疏松的越容易点火。

（5）发射药的形状和表面状况与点火也有关，发射药表面越粗糙的越容易点火，而经过石墨滚光和钝化处理过的发射药难点火。

这一系列影响点火的因素不是孤立地起作用，而是相互关联的。点火难易受多因素的综合影响。

除了发射药本身的物理化学性质对点火有着明显影响外，发射药的初始温度对点火也有显著影响，表 6－4 给出了辅助点火药量为 5.2g、发射药装药量为 180g 时发射药的初温和时间的关系。

表 6－4　某火炮火药初温等对点火的影响

火药牌号	装药初温/℃	挤进压力/MPa	弹道前期的时间/s	点火时间/s
18/1	－45	22.6	0.0130	0.0064
18/1	0	26	0.0150	0.0044
18/1	18	24	0.0078	0.0020
18/1	45	26.2	0.0066	0.0010
双芳－3 18/1	－45	11.4	0.0212	0.0158
双芳－3 18/1	0	20.4	0.0147	0.0075
双芳－3 18/1	18	19.6	0.0128	0.0062
130/50	－45	18.6	0.0166	0.0086
130/50	0	20.4	0.0137	0.0062
130/50	18	19.0	0.0106	0.0037
130/50	40	22.4	0.0095	0.0025

由表 6－4 中可以看出，发射药初温由 －45℃ 增至 40℃ 时，弹道前期的时间约减少 1/2，而装药的点火时间约减少了 2/3 ~ 5/6。因为在低温条件下要把发射药点燃，须将发射药表面层加热到一定温度，并维持发射药内部具有一定的温度梯度，这比初始温度高时所需的点火药热量要多。在点火药量和其他条件不变时，必然要延长点火时间。因此在

设计辅助点火药用量时，不仅要保证常温下的点火一致性，而且要保证低温条件下有确实的和一致的点火条件。

在装药床结构方面，除装药床的孔隙率（或装填密度）药室的长径比和药室的自由空间等对点火过程的影响外，发射药装药的起始总燃烧面积对点火过程也有明显的影响。起始总燃烧面积大的装药结构在点火阶段易于产生压力波。在弹道等效条件下，19 孔和 37 孔发射药的起始燃烧面积要比 7 孔发射药小，因此，国外广泛采用 19 孔大颗粒发射药，它不仅可以减少起始燃烧面积，而且改善了装药床的透气性，有利于火焰的传播和实现点火的一致性。

在使用药包的情况下，药包布能减弱点火传火气体的气流速度，当气体穿透或破坏厚而致密的药包布时，要消耗很大的能量，因此装药中的药包布必须选用不严重阻碍点火的丝织物或薄的棉织物作为材料。

6.3.3 装药点火系统设计的一般知识

实际装药的点燃与理想的“瞬时全面点火”总是有差别的，并非所有发射药表面温度都达到发火点时才开始点燃，而是点火药燃气和灼热的固体粒子先点燃靠近点火药附近的一部分发射药，而这部分发射药点燃后所产生的燃气又参与其余部分发射药的点燃。究竟装药中应有多大发射药表面被点燃才能维持发射药装药的稳定燃烧，从理论上和实验上都很难确定。通常的办法是用点火压力达到一定值或点火延迟期最小时的点火药量作为选择点火药的标准。

1. 强迫点火理论与点火强度指标

为建立点火压力与发射药装药点燃所需热量间的关系，假定有一种非常简单的点火过程模型。这一模型假设：

（1）发射药的点火只取决于点火药气体对发射药表面的传热，当发射药表面从点火药气体中吸收的热量达到足够大时发射药即可着火，这个热量的最小值一般表示为 $Q_{\min}$。

（2）点火热源的温度 T_i 是一个恒定数值，均匀地对发射药加热。

（3）点火药气体服从理想气体状态方程，则有

$$T_i = p_i/(R_{ign}\rho_i) \tag{6-1}$$

式中：T_i 为点火药气体温度；R_{ign} 为点火药气体常数；p_i 为点火药气体压力；ρ_i 为点火药气体密度。

单位时间内点火药气体传给发射药表面的热量，用传热公式表示为

$$dQ/dt = cu\rho_i(T_i - T_0)S_0 \tag{6-2}$$

式中：T_0 为发射药的初温；c 为点火气体的比热容；u 为发射药气体流向发射药表面的法向平均速度；S_0 为发射药的受热表面积；t 为传热时间。

如令

$$\xi = 1 - T_0/T_i$$

从状态方程得知

$$T_i\rho_i = p_i/R_{ign} \tag{6-3}$$

则式(6-2)可改写成

$$dQ/dt = cu\xi\, S_0 p_i / R_{ign} \tag{6-4}$$

令 $\alpha_1 = cu\xi/R$,称为理论传热系数,则

$$dQ/dt = \alpha_1 \xi S_0 p_i \tag{6-5}$$

由于在上式中没有考虑点火药气体沿发射药表面的漏流流动和点火药气体中含有炽热的固体粒子等因素,因此在传热系数中应引入大于 1 的系数 α_2,又由于点火药气体传播是有一个过程,因而装药各部分加热情况并不一致。为了简化,假设发射药表面的点火药气体温度是一致的,并对点火药气体压力取平均值。由于这一假设引起的误差由系数 α_3 修正,因此

$$dQ/dt = \alpha_1 \alpha_2 \alpha_3 S_0 p_i \tag{6-6}$$

令 $\alpha = \alpha_1 \alpha_2 \alpha_3 = cu\xi\, \alpha_2 \alpha_3 / R$,有

$$dQ/dt = \alpha S_0 p_i \tag{6-7}$$

式中:α 为总传热系数,是与点火药气体性质、发射药初温、点火过程、点火温度、点火结构和装药结构有关的一个量。

从式(6-7)可以看出,为了保证正常的点火条件,必须根据装药中发射药的形状、尺寸和装药量来选择点火药的种类、用量和合理的点火结构。而点火药气体的压力是点火强度的重要标志之一。但点火压力只代表了点火强度条件的一个方面,要使发射药点燃,发射药吸收的热量应大于某个最低热量 Q_{min}。若 t_{min} 为点火药气体把这么多热量传给发射药表面所需时间,从式(6-7)积分得

$$Q_{min} = \alpha S_0 \int_0^{t_{min}} p_i dt \tag{6-8}$$

令

$$q_{min} = Q_{min} / S_0$$

则

$$q_{min} = \alpha \int_0^{t_{min}} p_i dt \tag{6-9}$$

式中:q_{min} 为要使发射药点燃,发射药的单位表面应当吸收的最低热量。因此要得到有效的点火,发射药单位表面实际分配的热量 q_i 应大于 q_{min}。q_i 就成为点火设计中的重要依据,这是点火强度的又一重要指标。用微量量热计可以直接测得一般发射药表面加热层的热量,证明有效点火时,q_i 为 7.6 ~ 9.6J/cm^2。

从式(6-9)还可以看出若要保证 q_{min} 大于某一个数值,在总传热系数 α 一定时,对点火 $p_i - t$ 曲线下的面积也必须有一定的要求。但是为了方便,经常用点火的最大压力 p_B(的最大值)、点火压力 p_i 达到最大值 p_B 的点火时间 t_B 以及点火药气体压力上升后的变化趋势来判别。点火压力 p_i 不仅影响到点火药热量向发射药传递的情况,而且标志着点火药气体在装药中的传播能力,所以点火药气体压力的最大值 p_B 往往作为点火强度的指标,它必须大于一定的数值。在一定的点火气体压力 p_B 下,为了使热量及时传给发射药,还必须保证一定的点火时间。因为形成点火最大压力 p_B 也是有一个过程的,点火过程的压力曲线必须是近似一致的,即各发点火压力和点火时间跳动不大,点火压力曲线上升的趋势应该接近一致。

因此在点火系统设计中经常提出以下点火强度的指标:

(1) 点火药气体压力平均最大值 p_B;

(2) 点火时间 t_B;

（3）点火药气体压力曲线上升的趋势；

（4）装药单位表面积所吸收的热量q_i；

（5）点火压力曲线的重现性。

这些指标都是从点火药方面提出的，由于装药的具体条件不同，对这些指标的要求也会有所不同。对于一般线膛武器，主要是控制点火压力、点火时间和点火热量，因为在控制这些量后其他两项指标就比较容易满足了。而对于有气体流出的低压火炮，这 5 项指标都必须考虑。为了达到点火指标的要求，应当控制好点火的条件。对于一般武器，选择好点火药的种类、控制点火药量和合理安排点火结构是控制各项点火指标最有效的方法。

2. 点火系统设计的一般知识

1）点火药种类的选择

最常用的点火药是黑火药。黑火药燃烧后产生占其产物质量 55.7% 的固体粒子，这些微粒上聚集了一部分热量成为灼热粒子。当这些粒子接触到发射药表面时，把热量集中地传给火药的某一点，能较好地使装药局部加热，使这部分装药迅速引燃，再扩大到其他部分。因此黑火药的点火能力较强。黑火药生成物中有大量的钾离子 K^+，它是一种消焰剂。所以利用黑火药点火本身就可以起到消焰作用。但黑火药的热量较低，射击时会产生烟，射击后膛内残留物质较多，容易污染炮膛，在运输保管中容易破碎和吸潮，所以还有不少缺点。

多孔性硝化棉火药的热量较高，燃烧时不产生固体粒子，点火能力虽然不如黑火药强，但有利于满足无烟射击的要求。在半自动炮闩和有炮口制退器的火炮上采用这种点火药容易产生炮尾焰，为了消除炮尾焰，如在装药中另加入消焰剂，又增加了发射时的烟，将抵消使用多孔性硝化棉火药的优点，更重要的是多孔性硝化棉火药的性能不易稳定。因此这种点火药主要在低压火炮中配合黑火药使用，以弥补黑火药热量不足的缺点。

奔奈药条是由黑火药与硝化纤维素以溶剂法压制的药条状火药，兼具黑火药与硝化棉火药的优点，国外在大口径火炮中已广泛地用来部分取代黑火药。

2）点火药量的选择

在密闭爆发器进行试验时按照下列公式，在指定最大点火压力p_B的条件下来估算点火药用量

$$p_B = \frac{f_B m_B}{V_0 - \dfrac{m_p}{\delta} - \alpha_B m_B} \tag{6-10}$$

式中：m_B、f_B、α_B分别为点火药用量、火药力及余容；m_p、δ 分别为被点燃火药的装药量及密度；V_0为密闭爆发器容积。

由式（5－10）可知，指定一个点火压力，即可求得一个点火药用量，它对应一个点火时间。实验证明，点火药气体压力越低，点火时间就越长。当$p_B = 12.5\text{MPa}$ 时，可以认为发射药在密闭爆发器中是瞬时点燃的，见表 6－5。

表 6－5　密闭爆发器中点火压力与点火时间的关系

点火压力 p_B/MPa	2	4	6	12.5
点火时间 t_B/s	0.02	0.008	0.004	瞬时（近似）

但是，在密闭爆发器中由计算所得的点火药气体压力并没有考虑爆发器和发射药表面对点火药气体压力的影响。所以实测的点火药气体压力数值比理论计算值要低。装药中发射药的总表面积越大，实测的点火药气体压力就越低。所以，不应当仅仅依靠理论的估算来确定点火药量，还必须考虑具体的结构情况，才能正确选择点火药用量。把密闭爆发器实验中得出的规律推广到火炮中同样是适用的。在为发射药装药选择点火药量时，简单地用状态方程估算当然也不能得到满意的结果。目前火炮装药选择点火药量主要是依靠经验公式或实验方法。

经验公式(1)：

$$m_B = \frac{S_0 q_i}{\phi Q_v}(1+K) \tag{6-11}$$

式中：m_B为点火药量(g)；S_0为装药的总表面积(cm^2)；q_i为点燃每平方厘米装药表面所需的热量(J/cm^2)；ϕ 为热损失系数；Q_v为水为液态时的发射药爆热(J/g)；K 为取决于装药结构和装药尺寸的系数。

系数 ϕ、K 和q_i的大小应根据实验来定，在一般情况下可取 $\phi=1$，$K=0$，$q_i=1.5J/cm^2$ 作为估算火炮点火药量的一次近似值。

这一经验公式完全是以装药单位表面积所需的热量q_i作为估算的基础。表 6-6 列举的几种火炮的点火药诸元可作为设计的参考。

表 6-6　几种火炮的点火药诸元

火炮名称	装药量 m/g	装药的总表面积 S_0/cm^2	点火药质量 m_B/g	点火药总热量 Q_B/J	单位面积装药表面吸收的热量 $q_i/(J/cm^2)$
20mm 空军炮	19	291	0.52	1424	4.90
37mm 高射炮	220	2478	5.01	13837	5.57
57mm 反坦克炮	1500	12125	7.53	20792	1.72
85mm 高射炮	2480	16452	32.53	89870	5.44
85mm 加农炮	2520	23672	23.73	94027	3.98
152mm 榴弹炮	3480	56036	51.53	158956	2.85

经验公式(2)：

$$\frac{m_B}{m_p} = \frac{17.6 \times 2e_1\left(\frac{\delta}{\Delta}-1\right)}{Q_{V(l)}} \tag{6-12}$$

式中：m_B为点火药量(g)；m_p为发射药装药量(g)；$2e_1$为发射药燃烧层厚度(mm)；δ 为发射药密度(g/cm^3)；Δ 为发射药装填密度(g/cm^3)。

采用弹道实验法确定点火药用量的方法，是在实验时在其他装填条件不变的情况下只改变点火药用量，同时测定火炮的最大膛压、初速和装药的引燃时间，即自击发底火开始到弹丸出炮口为止。尽管这个时间不是点火时间，点火过程仅是装药引燃时间中的一小段，但是这个时间比较容易测得，可以作为参考。以德国 155mm 加农炮为例，试验结果见表 6-7。其点火药量与弹道诸元的关系如图 6-38 所示。

表 6-7　德国 155mm 加农炮点火药量对主要弹道诸元的影响

点火药量	m_B/g	25	50	75	100	125	15
最大膛压	p_m/MPa	238	263	268	272	279	283
初速	v_0/(m/s)	751	749	753	755	767	759
装药引燃时间	t/ms	882	312	83	92	75	78

由图 6-38 可以看出，最大膛压是随点火药量的增长呈直线增加的；初速的变化范围不大，随着点火药量增加而略有增加，均在初速允许的误差范围以内；装药的引燃时间在点火药量少时变化非常剧烈，当点火药量为 75g 时，引燃时间达到某一数值，此后再增加点火药量，装药引燃时间不再变化。因此，可以选取 75g 为该炮的点火药量。小于这个量装药引燃时间随点火药量减少而显著增加，在这种情况下装药燃烧就很不稳定，会使膛压和初速产生显著的跳动。如果大于这个量，在弹道上会引起膛压增高而初速并不相应地增加，点火药用量过多还会引起射击时烟多、膛内残渣多等缺点。显然这种情况对火炮性能是不利的。

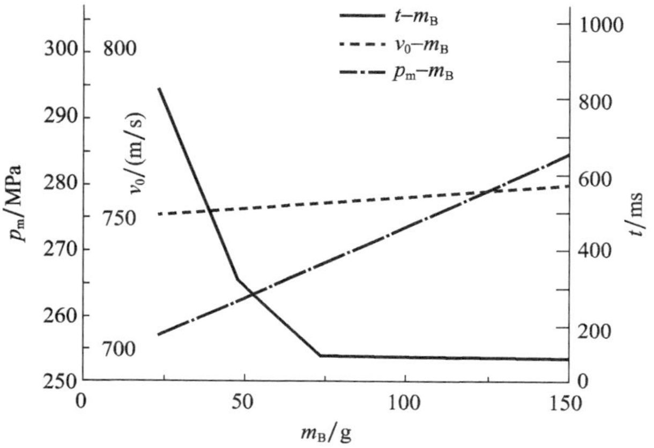

图 6-38　德国 155mm 加农炮点火药量与弹道诸元的关系

3）点火药位置的选择

点火药的点燃效果不仅和点火药量有关，而且与放在装药中的位置有密切关系。当装药的药筒或药包不很长时，辅助点火药一般都是放置在底火和发射药之间。如果由粒状药组成而用较长的药筒或药包时，可以把辅助点火药装在一定长度的中心点火管中。

不论什么形状的发射药，当装药长度超过了 0.7m 时，如果仅在底火上放置一个点火药包，往往不能保证装药瞬时全面点燃，会造成膛压初速的反常跳动。为了避免这种现象可把辅助点火药分成两个药包，一个放在底火上部，另一个放在装药将近一半的地方。实践表明，第二个药包不宜放置在装药的最上端，因为这样的话，点火药就起不到“接力”点火作用，又容易使装药两头受压而使药粒破碎。分成两个点火药包时，点火药量要调节适当，可以均分，中间点火药包药量也可以多一些。但下点火药包药量不能太少，否则会使起始点火能力过弱。

在变装药中，因为有大量的附加药包，射击时这些附加药包可能要取出，所以辅助点火药包一般不固定在附加药包上。分成两个点火药包时，分别放置在基本药包的上面和下面。

如果装药的尺寸更大,也可以将点火药包分成三个以上。

4）点火管设计的主要原则

一般情况下,如果装药床长度为 L,则点火管长度取 $L_d=(0.6-1.0)L$。点火管的细长比,即点火管内径与点火管长度之比 $A_d=D_d/L_d$ 要适当,一般在 1/25 ~1/45。对于粒状发射药床,点火管的传火孔一般是交叉分布的。对于带状发射药或管状发射药床,传火孔分布在点火管两端较为有利。因为从点火管中间孔内横向流出的气体会把带状或管状药形破坏,易造成弹道性能反常跳动。传火孔径 d 通常取 2 ~6mm。点火药颗粒较小时,d 也取较小值;点火火焰太短,于点火不利;传火孔径过大,药粒又易喷出点火管。单位点火药质量的传火孔,总面积可控制在 11 ~22mm²/g 范围。

一般来说,对装填密度较大的发射药床,点火较为困难,为提高点火压力,传火孔的总面积可以取得小些。点火管第一排孔的位置对点传火性能至关重要。如果第一排孔离点火管底部较近,则第一排孔在点火过程中破孔时间比较早,管压上升较慢;反之,如果第一排孔离点火管底部较远,则其破孔时间将稍后延迟,管压上升较快。中心点火管内点火药纸筒的强度和与点火管的配合公差也会影响点火性能。如果纸筒不能紧密地贴在点火管内壁上,就不能保证打开传火孔时冲成圆形或窄长形的孔,有可能在不高的压力下就使纸筒断裂,因此就达不到所要求的打开传火孔的压力。而当点火纸筒在长度上比点火管内腔长度要短时,容易造成空腔一端局部压力升高和点火管性能不稳定。

6.4　火炮发射装药附加元件

发射药装药中的发射药和点火系统是装药的两种最主要的元件。在实际应用中,为满足装药储存、运输、发射的要求,改进和完善火炮性能,需要使用其他附加元件,如护膛剂、除铜剂、消焰剂,以及紧塞具和密封装置等。

6.4.1　护膛剂

在装药中加入 1% 的护膛剂,发射药气体的温度降低 100 ~120℃,热量降低 125 ~167kJ/kg,比容增加 20 ~25dm³/kg,相当于火药力降低 1%。但对不同性质的发射药,护膛剂的效果是不同的。对于低热量发射药,由于护膛剂产生相变化和热裂解,吸收了大量的热,可以较显著地降低发射药气体温度。但对于高热量发射药装药,由于护膛剂产生相变化和热裂解后的产物容易进一步与发射药气体作用而放出一些热量,因此发射药气体温度降低的幅度较低。当发射药热量增至 4190kJ/kg 或更高时,护膛剂实际上已起不了多大作用,所以护膛剂只能用在一定热量范围的发射药中。

设计护膛剂应考虑到装填条件、火炮口径、装药质量、发射药性质和牌号、药室的结构等。选择护膛剂主要是确定护膛剂的质量、类型和装填方式。选择护膛剂的主要依据应当是靶场实验,在实验前可依据下列原则进行初步的估算。

1. 护膛剂用量的确定

一种护膛剂的成分:石蜡 24% ~26%,凡士林 18% ~20%,地蜡 55% ~37%。

护膛剂用量主要依据发射药的性质和装药质量。护膛剂用量和内膛表面温度有关。

随着护膛剂用量增多,后膛表面温度明显下降。但不是护膛剂越多越好,护膛剂过多将增加射击时的烟雾,降低发射药的能量。

通过实验得出了不同发射药的护膛剂用量和身管磨损的关系曲线,如图 6－39 所示。可以看出,比较恰当的护膛剂用量:双芳型发射药应为装药量的 2% ~3%;硝化棉发射药应为装药量的 3% ~5%;高热量硝化甘油发射药应为装药量的 5% ~8%。

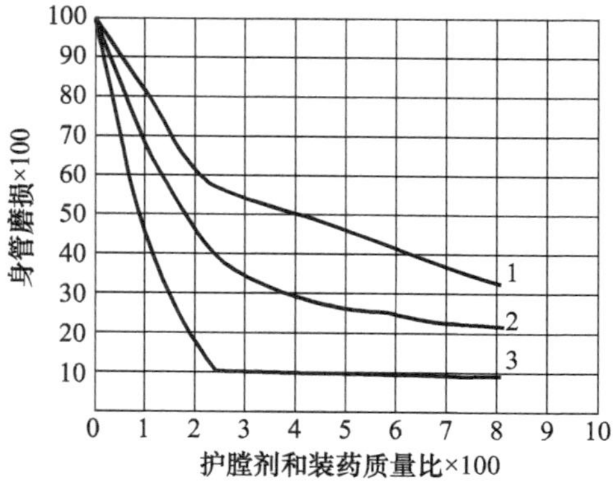

图 6－39　护膛剂用量和身管磨损的关系

1—高能 NG 发射药;2——一般 NC 发射药;3—双芳型发射药。

除了从效果考虑决定护膛剂的用量之外,还要考虑射击时护膛剂的额外损耗,应取合理用量的上限。

2. 护膛剂类型的选择

护膛剂有片状钝感衬纸、刻纹状钝感衬纸、薄片状护膛剂(图 6－40)。片状钝感衬纸主要用在中小口径的粒状发射药装药中,因为这类火炮大都使用药筒,比较薄的片状钝感衬纸可以放在药筒的内壁。

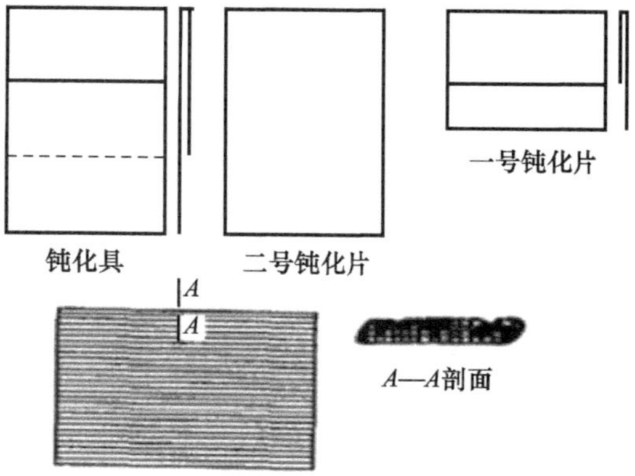

图 6－40　护膛剂类型

刻纹状钝感衬纸由若干片状钝感衬纸压制而成,它的强度较好,主要用在大中口径管状发射药的装药中。

如果在药包分装式的大口径火炮中使用护膛剂,由于各号装药量是不同的,护膛剂用量较难随装药量的不同而变。因此，常把护膛剂直接涂在药包布上，这就是附在药包布上的薄片护膛剂。

3. 护膛剂在装药中的位置

护膛剂的作用效果不仅与护膛剂用量有关，而且与护膛剂在装药中的位置有关。以 57mm 加农炮为例，如果把护膛剂放在装药周围，身管尾部温度下降明显；如果把护膛剂放在装药的中间，炮膛尾部温度降低很少，而在炮口部分温度降低较多。从表 6－8 中可以看出护膛剂位置对火炮寿命的影响。

表 6－8　护膛剂在装药中的位置对防烧蚀效果的影响

装药	护膛剂放置位置	发数/发	$\Delta v_0 \times 100$	$\Delta p_m \times 100$	药室增长量/mm
12/7	—	676	－7.7	－16.0	427
12/7＋护膛剂	放在装药周围	3600	－5.9	－14.7	357
12/7＋护膛剂	放在装药中心	1900	－8.9	－23.0	386

从护膛剂放在装药周围和放在装药中心的射击发数、膛压、初速、药室增长量的比较可以看出，护膛剂放置在装药周围的效果要好。

片状钝感衬纸一般分布在整个装药的表面上，因此片状钝感衬纸大都制成长方形。它的长度就相当于装药的长度，它的宽度相当于药筒上端的内圆周长。装药时把片状钝感衬纸紧贴在药筒的内侧面，不折叠。在锥形药筒中，使用梯形片状钝感衬纸。梯形的上底长等于药筒上端的内圆周长，梯形的下底长等于药筒下端的内圆周长。

片状钝感衬纸上护膛剂的厚度与用量、表面密度有关。极限表面密度为 $3.5 \sim 4.0\mathrm{g/dm^2}$，超过这一数值容易损坏护膛剂层或反应不完全。可以用两张或三张片状钝感衬纸替代厚衬纸。

根据发射药气体速度在膛内的分布，可将大部分护膛剂安排在接近药筒口部的位置上，小部分护膛剂安排在药筒下半部。

图 6－41 中列举了片状钝感衬纸的结构，即一张、两张和三张衬纸的状态。

刻纹状钝感衬纸一般放置在装药的上半部。压制刻纹状钝感衬纸的每片衬纸的表面密度不要超过 $4.5\mathrm{g/dm^2}$，总张数不要超过 9 张。管状药装药要考虑刻纹状钝感衬纸的放置空间和位置。装药药束应起到固定衬纸的作用，使之不移动。

涂在药包布上的薄片护膛剂，应在药包布上均匀分布和厚度一致。

4. 护膛剂选择实例

确定 76mm 和 100mm 加农炮的护膛剂。

（1）确定 76mm 加农炮的护膛剂。装药是 12/7 硝化棉发射药制成药筒式定装药，$m_p = 1.80\mathrm{kg}$，装药的长度 $L = 470\mathrm{mm}$，药筒内圆周长为 265mm。

① 计算护膛剂质量：硝化棉发射药使用护膛剂应为装药的 5%，则护膛剂质量为 $1800 \times 0.05 = 90\mathrm{g}$。

② 因装药是药筒定装式装药，发射药形状为多孔粒状，选用片状钝感衬纸。

③ 钝感衬纸的表面积为 $4.70 \times 2.65 = 12\mathrm{dm^2}$。

④ 护膛剂的表面密度应为 $\delta_s = 90/12 = 7.5\mathrm{g/dm^2}$。由于片状钝感衬纸的极限密度不

超过 $4.0g/dm^2$，因此用两张片状钝感衬纸，每张表面密度为 $7.5/2=3.75g/dm^2$。

⑤ 在结构上选用图 6－41(b)所示的放置方式。

(a)　　(b)　　(c)

图 6－41　片状钝感衬纸的结构

(a)一张衬纸；(b)两张衬纸；(c)三张衬纸。

(2) 确定 100mm 加农炮的护膛剂。100mm 加农炮选用双芳－31－8/11 发射药，装药是药筒定装式装药，$m_p=5.70kg$，分上下两束，每束药长 $L=260mm$，药筒内圆周长为 405mm。

① 确定护膛剂质量：双芳型发射药的膛剂为装药量的 3%，即 $5700\times0.03=171g$；

② 用管状发射药组成药筒定装式装药，将刻纹状钝感衬纸放于药筒上部；

③ 钝感衬纸表面积为 $2.6\times4.05=10.5dm^2$；

④ 护膛剂的表面密度 $\delta_s=171/10.5=16.3g/dm^2$。

用四张 $4.05g/dm^2$ 的片状衬纸压制成刻纹状钝感衬纸。

表 6－9 是某些火炮护膛剂的数据。护膛剂效率系数 K_h 是有与无护膛剂的火炮寿命发数之比。

表 6－9　火炮护膛剂诸元

火炮	护膛剂形式	护膛剂成分分数×100			质量/g	效率系数 K_h
		石蜡	石油酯	地蜡		
37mm 高射炮	片状钝感衬纸	24～26	18～20	55～57	9	4～5
57mm 反坦克炮	片状钝感衬纸	24～26	18～20	55～57	54	3
85mm 加农炮	片状钝感衬纸	24～26	18～20	55～57	40	4～5
100mm 加农炮	刻纹状钝感衬纸	24～26	18～20	55～57	175	2～2.5
130mm 海军炮	刻纹状钝感衬纸	24～26	18～20	55～57	350	2～2.5
180/57 海军炮	薄片状护膛剂	24～26	18～20	55～57	1720	2.5

5. 金属氧化物护膛剂简介

现在武器普遍使用金属氧化物型护膛剂。在装药中添加某些金属氧化物、氟化物、硅酸盐、氮化物等对防烧蚀都有一定成效。具有防烧蚀能力的化合物有二氧化钛(TiO_2)、氧化钨(WO_3)、氧化铌(Nb_2O_5)、氧化钽(Ta_2O_5)、二氧化锆、氧化钼、氧化锌、硫酸钙($CaSO_4$)、硫酸钒、硫酸钨、硫铬酸锌、钒酸盐、钨酸盐、铌酸盐、钽酸盐和钛酸盐、碱土金属及V(钒)、W(钨)、Nb(铌)、Ta(钽)及Ti(钛)的碳化物、氮化物、硫化物及硅化物等。

1960年以来,二氧化钛-石蜡护膛剂已成为一些国家的制式护膛剂。石蜡-无机添加剂具有防烧蚀作用的几种解释如下:

高分子聚合物的降温效果;

流动的发射药燃气将TiO_2粒子均匀地喷向内膛表面,减少热传递;

生成的氧化物、氮化物和碳化物沉积在炮管内壁,形成耐烧蚀耐磨损的覆层;在800℃条件下将发生如下化学作用:

$$3TiO_2 + 2CO \longrightarrow Ti_3O_4 + 2CO_2$$

将发射药气体中的CO转化为CO_2,CO是引起炮膛烧蚀的主要成分。

国外曾利用105mm坦克炮发射同一形式的脱壳穿甲弹,比较使用和不使用二氧化钛-石蜡护膛剂的内膛烧蚀量。用纯度为99%的二氧化钛(锐钛矿的变体),倒入固化点58~73℃熔化的石蜡中,24份石蜡、20份二氧化钛,再加入少量表面活性剂,涂在人造丝或纯纤维的药袋布上。布片尺寸406.4mm×482.6mm,每平方厘米护膛剂质量为0.015g,共33g。涂层上部厚约1mm,下部厚约0.5mm。将有涂层的布卷插入药筒,倒入发射药,有涂层的布盖片压在发射药顶部(图6-42)。

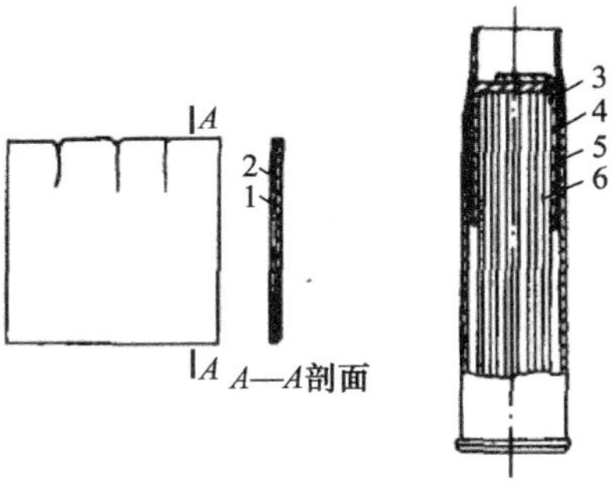

图6-42 涂有TiO_2-石蜡的护膛剂及其在装药中的位置

1,4—涂层;2—布片;3—布盖片;5—药筒;6—发射药。

射击实验对比结果如图6-43所示。不使用护膛剂的身管寿命一般为200~250发,加二氧化钛-石蜡护膛剂后,发射了601发,炮膛磨损仍然很小,估算寿命不会少于2000发。

这种护膛剂对高热值发射药的效果较明显,对冷发射药防烧蚀效果不明显。此种护膛剂能在内膛表面形成灰白色的粉末层,可能是TiO_2与发射药气体反应的生成物。TiO_2的粒度对防烧蚀效果有很大影响,范围应在0.1~60μm,一般为1~5μm。护膛剂的用量大多为装药量的1%~5%,有的资料中为装药量的0.05%~30%。

为了改进防烧蚀效果和降低成本,也研究用滑石粉(硅酸镁)代替二氧化钛。初步发现滑石粉比二氧化钛具有更好的防烧蚀作用。滑石粉粒度对防烧蚀性能有显著的影响,对于不同武器,粒度应有所差别。

75倍口径37mm高射炮装药用三基药,用天然滑石粉34%、地蜡53%和石油酯13%

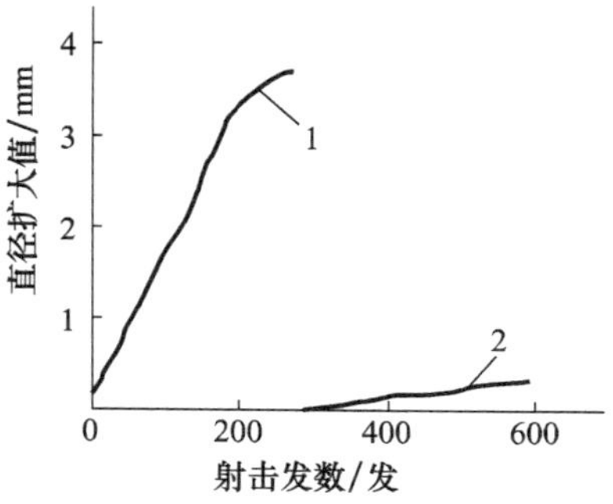

图 6-43　使用二氧化钛-石蜡护膛剂和不使用护膛剂对火炮烧蚀的比较

1—不使用护膛剂;2—使用二氧化钛-石蜡护膛剂。

组成的护膛剂,当射击发数达到 1300~1600 发时初速下降 2.2%,而没使用护膛剂射击 400 发时,初速就下降了 2.2%。

6.4.2　除铜剂

1. 除铜剂的作用

弹丸在膛内运动时,铜弹带会在内膛表面形成金属铜的积累层,在膛线上更严重,影响弹丸在膛内运动的规律性,并会造成外弹道不稳定,降低射击精度。

使用除铜剂能除去膛内的积铜。除铜剂是一种低熔点的合金,由锡、铅等熔合而成。除铜剂在发射时受发射药燃气的热作用,变成蒸气状态和积铜生成共熔物附在膛面上,它很容易被燃气或下一发弹带走。实验证明,使用除铜剂的弹丸射击精度好。其副作用是除铜剂的共熔物会增加发射时的烟雾,除铜剂对炮口燃气的二次反应有催化作用,易形成炮口焰。

2. 除铜剂的选用

除铜剂有丝、带和片状三种形式。一般使用丝状除铜剂。装药时把它缠成小于药筒直径的金属圈,放在发射药和紧塞盖的中间。采用瓶形装药结构时,可把除铜剂套在发射药束上部的瓶颈部。

带状除铜剂扎在装药上,或直接插入装药内。有资料统计,除铜剂的用量为装药量的 0.5%~2.0%。准确的用量应当用实弹射击试验方法确定,实验时可先取装药量的 1.0% 作为除铜剂用量初始值。一些火炮除铜剂的用量和圈的直径见表 6-10。

表 6-10　一些火炮除铜剂用量和圈的直径表

序号	火炮名称	除铜剂用量/g	圈的直径/mm
1	1955 年式 37mm 高射炮	3~5	33~35
2	苏联 1942 年式 45mm 反坦克炮穿甲弹	4~6	40~42
3	1957 年式 57mm 反坦克炮弹	18	52~55
4	1959 年式 57mm 高射炮榴弹	12~15	50~55
5	1954 年式 76mm 加农炮弹	10~14	65~70

续表

序号	火炮名称	除铜剂用量/g	圈的直径/mm
6	苏联 1931 年和 1938 年式 76mm 高射炮榴弹	16 ~ 20	65 ~ 70
7	1956 年式 85mm 加农炮弹	25 ~ 29	70 ~ 75
8	苏联 KC - 18A 85mm 高射炮榴弹	70 ~ 80	70 ~ 75
9	苏联 1944 年式 100mm 加农炮全装药	21 ~ 29	90 ~ 95
10	苏联 1944 年式 100mm 加农炮减装药	11 ~ 19	45 ~ 50
11	1959 年式 100mm 高射炮榴弹	47 ~ 53	90 ~ 95
12	1954 年式 122mm 榴弹炮弹	18 ~ 22	110 ~ 120
13	苏联 1931/1937 年式 122mm 加农炮弹	67 ~ 73	110 ~ 120
14	1960 年式 122mm 加农炮全装药	72 ~ 78	100
15	1960 年式 122mm 加农炮减装药	72 ~ 78	70
16	1966 年式 152mm 加农炮榴弹	48.5 ~ 51.5	140 ~ 150
17	1966 年式 152mm 加农炮弹	95 ~ 105	140 ~ 150

6.4.3　消焰剂

发射药燃气中的一氧化碳、氢气与空气中的氧气作用，常生成炮口焰和炮尾焰。炮口焰会暴露目标。坦克炮、自行火炮等不希望产生炮尾焰。炮尾焰可能烧伤炮手和引燃准备射击的弹药，影响观察和制导。

用消焰剂是消除炮口焰或炮尾焰的一种化学方法。常用的消焰剂是钾盐，如 KCl、K_2SO_4 等。因为 K^+ 离子可以起到防止 H_2、CO 与 O_2 的化合作用，是反应的负催化剂。一般认为：消焰剂在发射时成粉末与发射药燃气一同逸出炮口，负催化作用提高了一氧化碳和氢气的发火点，促使气相连锁反应的断裂。不过使用消焰剂会增加发射时的烟。

因火炮的口径、初速、炮口压力、燃气温度以及产生炮口焰条件的差别，消焰剂的用量可能有较大的变动，一般用量是装药量的 2% ~ 15%。装药中准确的消焰剂用量应该根据靶场实验来确定。标准用量是既能消除射击火焰又不影响弹道性能的最低用量。

消焰剂用量太多，不仅会生成大量的烟，而且会使初速下降。定装式装药消焰剂的位置依据使用目的而定，消除炮口焰的消焰剂放在装药上端；消除炮尾焰的消焰剂放在装药下端。分装式装药使用消焰药包，内装消焰剂。各号装药都用的消焰药包放在装药的最下方；小号装药无消焰剂的消焰药包放在装药中部。有的消焰药包可单独放置，只在无焰射击时才使用。

1960 年式 122mm 加农炮的全装药用 12/1 松钾消焰剂 250g，装于环形药包中，它放在底火突起周围的点火药包下部，减装药中用 12/1 松钾消焰剂 120g 制成环形药包放在同样的位置上。

目前缺少理论依据来优化选择消焰剂的性质和用量，只能仿照制式装药的模式通过试验确定。

6.4.4　紧塞具与密封装置

紧塞具是用厚纸压成的盂形盖，它的外径要比药筒口径稍大一些（图 6 - 44），在药筒装填式火炮上用来减少发射药燃气在发射初期从弹壁与膛壁间逸出。它和厚纸筒一起放在药筒内装药的上部,还能起到固定装药的作用。

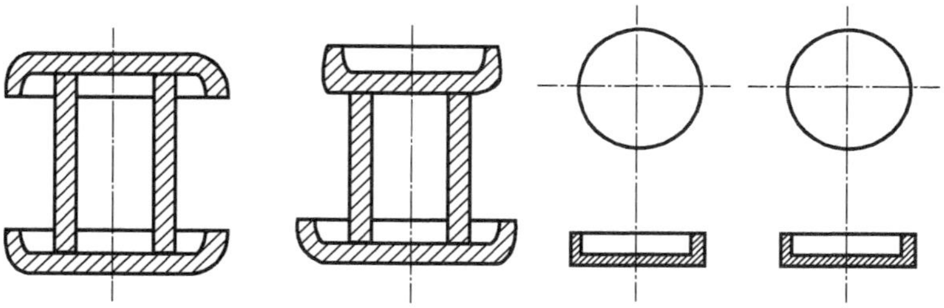

图 6-44　紧塞具示意图

密封装置用于密封装药,可防止装药受潮,它由厚纸盖制成,并涂上石蜡、地蜡和石油酯的熔合物。在射击前密封盖要从药筒中取出。

习　题

1. 火炮发射装药结构有哪几种?
2. 膛内压力波的定义及产生的原因是什么?
3. 发射装药的点火系统由哪几部分组成?
4. 发射装药的附加元件有哪些?

第7章 固体推进剂装药设计

推进剂药柱设计主要是设计药柱的结构，即确定几何形状和尺寸，使之满足发动机内弹道性能要求和自身结构完整性。

药柱的结构，牵动着发动机总体结构、性能和可靠性等各个方面。药柱设计工作大体包含评估设计要求、初步优化设计以及药柱详细设计等主要步骤。图7－1(a)给出典型的设计流程。

药柱设计和发动机其他部件设计有密切的关联，也有交叉性工作，如图7－1(b)所示。

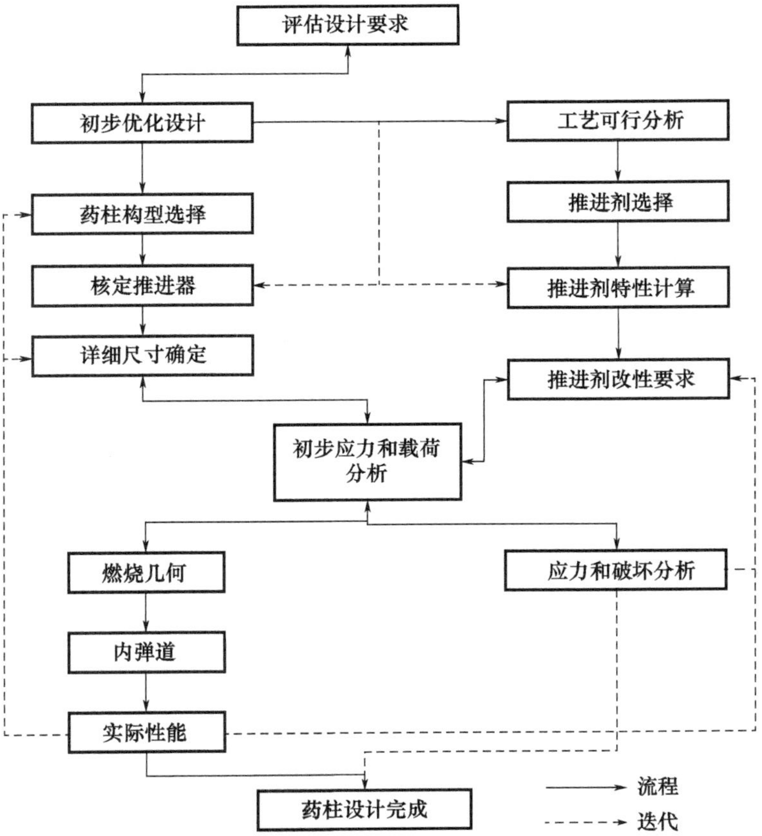

(a)

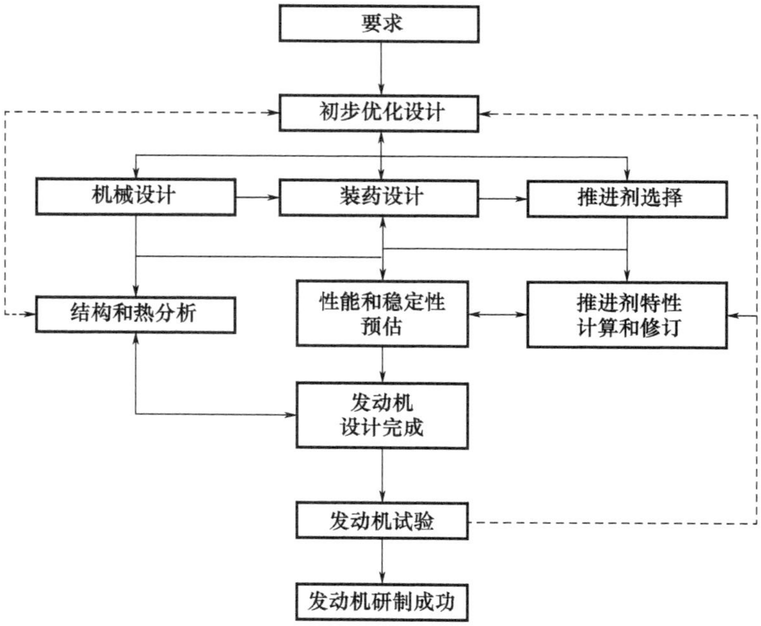

(b)

图 7－1　固体火箭药柱设计及发动机流程

下面重点说明药柱设计的几个主要步骤。

7.1　评估设计要求

设计要求主要指以下几个方面，是决定推进剂选择和药柱几何构型的基础。

(1) 飞行任务决定发动机的战术技术性能要求。飞行任务在装药设计前就要确定，通常由飞行器总体来定。其通常包括：总冲、期望的推力时间曲线及其偏差，发动机质量，储存及工作环境的温度限制，飞行包线，发动机力（震动、弯曲和气动载荷）产生的加速度，以及外径、长度、质量、喷管潜入长度和入口直径等的要求。

(2) 选择合适的装药构型来满足这一需求。所选择的装药应当结构紧凑，体积利用效率高，有足够的燃面来满足推力的需要，尽量避免或适当利用侵蚀燃烧。装药的余药或拖尾尽量小，在燃烧过程质心位置变化尽量小。

(3) 选择合适的推进剂，主要是性能特性（如特征速度）、力学性能、弹道性能、加工制造特性、羽流特性以及老化性能。若有必要推进剂的配方可作适当的改变或调整，使其精确满足燃烧时间和装药几何要求。

(4) 装药结构完整性，对绝热层和/或衬层进行详细应力分析，确保在各种载荷下不被破坏，例如加速度和热应力。可以改变装药几何构型来消除过分的应力集中。

(5) 随燃烧时间装药的内腔将变得越来越复杂，如开槽、翼型和孔型。应当仔细检查其对响应、阻尼和不稳定燃烧的影响。

(6) 装药的加工和推进剂的制造尽量力求简单和低成本。

7.2　装药设计的参数

在发动机总体初步设计阶段，认为装药是一种理想装药，即装药是等燃面的。这里只关心装药量、燃烧面积、燃烧肉厚和体积等参数。而详细装药的结构形式和参数由装药设计专门程序完成。在总体参数选择中，把装药分成单燃速单推力、单燃速双推力和双燃速双推力三种，在总体参数选择的情况下可以进行装药设计。装药设计参数的确定依赖其他参数的确定，如燃烧室压强、喷管参数等，因此装药的设计和其他部件的设计是一个迭代的过程。

在确保既定的设计要求和满足选定的优化准则（大总冲、小药柱质量或小长度等）前提下，选择推进剂，并协调确定各相关参数的影响，确定几组药柱结构的优选方案。

药柱设计的重要相关参数如下。

1. 药柱质量和体积

推进剂选定以后，根据总冲要求即可估算出其质量和体积。质量为

$$m_{\mathrm{p}} = \frac{fI}{I_{\mathrm{s}}} = \frac{f\int_0^t F\mathrm{d}t}{I_{\mathrm{s}}} \tag{7-1}$$

式中：$f=1.01\sim1.05$ 为考虑制造误差和性能偏差的增加量。如果采用的药柱构型有余药，则在 m_{p} 中还应加上余药量。

体积为

$$V_{\mathrm{p}} = m_{\mathrm{p}}/\rho_{\mathrm{p}} \tag{7-2}$$

比冲 I_{s} 应当根据给出的原始参数，估算各种损失，尽可能采用接近实际情况的实际比冲。下面所引用的推力系数 C_F 和特征速度 C^* 等也应如此。

2. 喷喉面积及燃面

通过给定的推力和压强，容易算出喷喉面积 A_{t}：

$$A_{\mathrm{t}} = \frac{F}{C_F P} \tag{7-3}$$

压强和推力可采用大值或小值。可以根据给出的大压强估算平均压强，也可以根据燃烧时间 t_{b} 或工作时间 t_{a} 估算。

平均压强为：

$$\overline{P} = \frac{1}{t_{\mathrm{a}}}\int_0^{t_{\mathrm{a}}} P\mathrm{d}t \text{ 或 } \overline{P} = \frac{1}{t_{\mathrm{b}}}\int_0^{t_{\mathrm{b}}} P\mathrm{d}t \tag{7-4}$$

但这种估算都只能是粗略的。在具体药柱设计的性能估算出来之前，只能用相似发动机的比较法或直观判断法估算压强曲线的变化及初始压强峰。

根据估算出的平均压强求 A_{t}，然后根据

$$P = \left(\frac{C^* \rho_{\mathrm{p}} a}{A_{\mathrm{t}}}\right)^{\frac{1}{1-n}} A_{\mathrm{b}}^{\frac{1}{1-n}} \tag{7-5}$$

或

$$F = C_F A_{\mathrm{t}} P = C_F (A_{\mathrm{t}}^{-n} C^* \rho_{\mathrm{p}} a)^{\frac{1}{1-n}} A_{\mathrm{b}}^{\frac{1}{1-n}} \tag{7-6}$$

找出燃面积 A_b 与 F 或 P 的对应关系。

3. 肉厚分数与燃烧时间

肉厚分数 $\bar{e}_1$ 又称弧厚分数，是选择药形的重要参数之一。

一般定义为

$$\bar{e}_1 = \frac{2e_1}{D} = \frac{2rt_b}{D} \tag{7-7}$$

式中：e_1 为药柱肉厚；D 为药柱外径（对管形药柱使用燃烧室内径 d_c），r 为平均燃速。一般可取燃烧时间 $t_b = 0.95t_a$。

由 $de = rdt$ 和 $r = aP^n$，得

$$t_b = \int_0^{e_1} \frac{de}{aP^n} \tag{7-8}$$

4. 装填分数与通气参数（J 或 ∂e）

单位燃烧室容积内装入推进剂的量是药柱设计的质量指标之一。它表示燃烧室容积的利用率。这个指标称为装填密度，以 Δ 表示

$$\Delta = \frac{m_p}{V_c} = \frac{A_T\rho_p L}{A_c L_c} \tag{7-9}$$

在许多情况下药柱长度与燃烧室长度相差不多，即 $L_c \approx L$，有

$$\Delta \approx \frac{A_T}{A_c}\rho_p \tag{7-10}$$

式中：A_T 为药柱的横截面积；A_c 为燃烧室的横截面积。装填分数又称截面装填因子，用 η 表示为

$$\eta = \frac{A_T}{A_c} \tag{7-11}$$

可以看出，当 ρ_p 一定时，η 即可代表 Δ，反映了药柱设计的质量指标。η 的值总是小于1，但在药柱设计中，应尽可能地增大 η 值，即尽可能充分利用燃烧室容积。但 η 的增大会受到通气参量 J（或 ∂e）的限制。否则会引起侵蚀燃烧而产生初始压强峰。

对于药柱截面变化的情况以及球形封头等复杂构型的药柱，有时用体积装填分数 η_v 表示：

$$\eta_v = \frac{V_p}{V_c} = \frac{m_p}{\rho_p V_c} = \frac{I}{I_s \rho_p V_c} \tag{7-12}$$

通气参数 J 或 ∂e 分别为

$$J = \frac{A_t}{A_p} = \frac{A_t}{A_c - A_T} = \frac{A_t}{A_c(1-\eta)} \tag{7-13}$$

$$\partial e = \frac{A_b}{A_p} = \frac{A_b}{A_c(1-\eta)} \tag{7-14}$$

可以看出，装填分数 η 的增大会使 J、∂e 值增大，引起侵蚀燃烧。因此，在药柱设计时，一般要通过已知的发动机外径来估算燃烧室的内径 d_c，进一步算出 A_c，然后用对 J 或 ∂e 的限制来确定药柱几何尺寸及估算 η 值。

5. 长径比

药柱的长径比即其长度 L 与直径 D 之比。它是由规定的壳体尺寸计算得出的。长径

比在下列三个方面对药柱设计有影响：

（1）药柱端面对燃面变化的影响随 L/D 的减小而增大。因此在要求等面燃烧的情况下，L/D 对选择药形有较大影响。

（2）侵蚀燃烧以及对其他参数的敏感性随 L/D 的增大而增强。

（3）高的 L/D 值有增加不稳定燃烧的趋向。

应当指出，在这些设计参数中，它们通常是互相制约的，如药柱质量与装填分数有一定关系、装填分数增加又受到通气参量的限制、肉厚与燃面也有一定的函数关系等。设计时必须综合考虑。

7.3　装药设计总体参数的确定

1. 单推力装药设计

不同的总体参数选择，有不同的装药设计数据对应，下面讨论参数选择注意的问题：

1）计算条件

燃烧室压强 P_c：总体参数用户选择数据（MPa）；

工作时间 t：战术技术性能要求规定的设计状态下的工作时间（s）；

喉部半径 R_t：喷管设计确定的参数（mm）；

装药外半径 R_p：$R_p = R_c - \delta_c - \delta_i$，$R_c$ 为壳体外半径，δ_c 为壳体厚度，δ_i 为绝热层厚度，忽略衬层厚度。

肉厚分数 W_f：$W_f = W/R_p$，W 为装药肉厚。

推进剂参数：

推进剂压强指数 n、特征速度 C^*、密度 ρ_p、比热比 k、燃烧温度 T_g、气体常数等含义明确，此处不赘述。

对于内孔燃烧：

推进剂燃速系数 a 是根据推进剂装药所需要的燃烧确定的。

$$r_b = ap^n = \frac{W}{t} = \frac{W_f R_p}{t}$$

$$a = \frac{W_f R_p}{t} / P_c^n \tag{7-15}$$

该参数主要考虑推进剂能够达到的燃速、成本等，在压强肉厚等参数的相互作用下作适当的调整。装药燃面积 A_b：

$$A_b = \frac{P_c^{1-n} A_t}{a\,\rho_p C^*} \times 10^6 \tag{7-16}$$

对于端面燃烧：

如果装药是端面燃烧，由于端面面积较小，可以采用铅金属丝或燃面开槽等措施增大燃烧面积，需要确定一个端面放大系数 C，在缺省情况下 $C = 1$，对于嵌金属丝装药，有

$$C = 1/\cos\alpha \tag{7-17}$$

式中：α 为燃烧锥孔半锥角。

$$A_b = C\pi R_p^2 \tag{7-18}$$

此时推进剂燃速系数 a：

$$a = \frac{P_c^{1-n} A_t}{A_b \rho_p C^*} \times 10^6 \tag{7-19}$$

2）装药估算结果

装药的平均燃面积 A_b：对于内孔燃烧采用式(7-16)，对于端面装药采用式(7-19)；

装药肉厚 W：对于内孔装药采用$W_f = W/R_p$，对于端面装药采用 $W = a\,P_c^n t$；

装药体积 V_p：$V_p = W \cdot A_b$；

装药质量 M_p：$M_p = V_p\rho_p + M_r$，M_r为余药，缺省为0。

2. 单燃速双推力装药设计

采用同一种推进剂，两种不同级别的燃面，达到两级推力。推进剂的参数同单推力推进剂。与单推力相比多出了第二级参数。在总体参数选择中介绍，一级压强作为重要总体参数，按照：

$$\frac{F_1}{F_2} = \frac{C_{F1} P_{c1} A_t}{C_{F2} P_{c2} A_t} = \frac{C_{F1} P_{c1}}{C_{F2} P_{c2}} = \varepsilon_F \tag{7-20}$$

式中：ε_F为两级推力比，对于给定的喷管参数、选定的推进剂，通过式(7-20)迭代可以计算出二级燃烧室压强。

对于内孔燃烧：

两级总的肉厚 W：

$$W = R_p W_f \tag{7-21}$$

推进剂燃速系数 a：

$$a = \frac{W}{t_1 P_{c1}^n + t_2 P_{c2}^n} \tag{7-22}$$

两级平均燃面积：

$$A_{b1} = \frac{P_{c1}^{1-n} A_t}{a\,\rho_p C^*} \times 10^6 \tag{7-23}$$

$$A_{b2} = \frac{P_{c2}^{1-n} A_t}{a\,\rho_p C^*} \times 10^6 \tag{7-24}$$

对于二级端面燃烧：

$$A_{b2} = \pi R_p^2 C \tag{7-25}$$

推进剂燃速系数 a 用式(7-24)计算：

$$a = \frac{P_{c2}^{1-n} A_t}{A_{b2} \rho_p C^*} \times 10^6 \tag{7-26}$$

一级燃面积A_{b1}用式(7-23)计算。对于两级都是端面的这种情况很少，此处不作讨论。装药其他参数计算：

一级装药肉厚 W_1：$W_1 = aP_{c1}^n t_1$；

二级装药肉厚 W_2：$W_2 = aP_{c2}^n t_2$；

装药体积 V_p：$V_p = W_1 A_{b1} + W_2 A_{b2}$；

装药质量 M_p：$M_p = V_p\rho_p + M_r$，M_r为余药，缺省为0。

3. 双燃速双推力装药设计

由两种不同燃速的推进剂组成的装药通常形成两级推力，这里认为缓燃药为装药 1，速燃药为装药 2，且认为装药 1 和装药 2 是等燃面的。此处分为两种情况：一是在第一级缓燃药和速燃药同时燃烧，在第二级速燃药烧完，只剩下缓燃药燃烧；二是一级烧完以后再烧第二级。

推进剂分为两组，含义与前面介绍的一致，计算条件与单燃速双推力相同。与上述两种装药相比，此种装药较为复杂，也常用，目前多为两级串装。

这里需要考虑两种燃气形成的混合燃气的参数，本节采用质量成分法。假设装药 1 的质量生成率为 m_1，装药 2 的质量生成率为 m_2，则各自的质量成分为

$$q_1 = \frac{m_1}{m_1 + m_2}$$

$$q_2 = \frac{m_2}{m_1 + m_2} \tag{7-27}$$

混合气体的参数为

$$R_g = R_{g1} q_1 + R_{g2} q_2 \tag{7-28}$$

$$C_p = C_{p1} q_1 + C_{p2} q_2 \tag{7-29}$$

$$C_v = C_{v1} q_1 + C_{v2} q_2 \tag{7-30}$$

$$k = C_p / C_v \tag{7-31}$$

$$T_g = \frac{C_{p1} T_{g1} q_1 + C_{p2} T_{g2} q_2}{C_{p1} q_1 + C_{p2} q_2} \tag{7-32}$$

$$C^* = \sqrt{C_1^{*2} q_1 + C_2^{*2} q_2} \tag{7-33}$$

流经喷管的是两种气体混合产物，这里未考虑化学变化。通常二级燃烧室压强较低，为了保证效率，往往要保证第二级必要的压强 P_{c2}，然后再设计第一级。

这里分两种情况分别讨论：

1）两级同时燃烧

装药 1 跨越两级，计算从第二级开始。根据给定的喷管参数、总冲、工作时间及一些其他参数，可以计算缓燃药在第二级的燃面，同时根据燃烧室在第二级的压强 P_{c2}，确定推进剂及装药二级参数。

两级都是内孔燃烧。

两级肉厚：

$$e_1 = W_{f1} R_p \tag{7-34}$$

$$e_2 = W_{f2} R_p \tag{7-35}$$

根据两级推力比计算一级压强 P_{c1}：

$$\frac{F_1}{F_2} = \frac{C_{F1} P_{c1} A_t}{C_{F2} P_{c2} A_t} = \frac{C_{F1} P_{c1}}{C_{F2} P_{c2}} = \varepsilon_F \tag{7-36}$$

计算 C_{F2} 时用的是装药 1 的推进剂参数，计算 C_{F1} 时用的是混合气体的热力学参数。

根据两级的推力比，利用式(7-36)迭代即可求出第一级的燃烧室压强。讨论：由于装药未设计出来，两种燃气的质量生成不能确定，因此，混合气体的热力参数也不能确定，可近似取装药 1 的热力学参数。实际上，混合装药之间的热力参数本身相差不大，只是燃

速差异较大,这种近似不会产生太大的误差。

计算推进剂 1 的燃速系数:

$$a_1 = \frac{e_1}{t_1 P_{c1}^{n1} + t_2 P_{c2}^{n2}} \tag{7-37}$$

推进剂 2 的燃速系数:

$$a_2 = \frac{e_2}{t_1 P_{c1}^{n2}} \tag{7-38}$$

装药 1 的第一级燃烧肉厚:

$$e_{11} = a_1 P_{c1}^{n1} t_1 \tag{7-39}$$

装药 1 的第二级燃烧肉厚:

$$e_{12} = a_1 P_{c2}^{n1} t_2 \tag{7-40}$$

装药 1 的燃面积:

$$A_{b1} = \frac{P_{c2}^{1-n_1} A_t}{a_1 \rho_{p1} C_1^*} \times 10^6 \tag{7-41}$$

装药 2 的燃面积 A_{b2} 可由式(7-42)迭代求出:

$$a_1 P_{c1}^{n1} \rho_{p1} A_{b1} + a_2 P_{c1}^{n2} \rho_{p2} A_{b2} = \frac{P_{c1} A_t}{C^*} \tag{7-42}$$

式中:C^* 为混合燃气的特征速度。

二级为端面燃烧。

装药 1 二级,此时燃面积 A_{b1} 计算用下式:

$$A_{b1} = \pi R_p^2 C \tag{7-43}$$

推进剂 1 的燃速系数 a_1 用式(7-44)计算:

$$a_1 = \frac{P_{c2}^{1-n1} A_t}{A_{b1} \rho_{p1} C_1^*} \times 10^6 \tag{7-44}$$

推进剂 2 的燃速系数 a_2 用式(7-38)计算。

其他参数计算同内孔燃烧。

2）两级先后燃烧

装药 2 烧完以后装药 1 再燃烧,而且在此种情况下,两个独立的装药,互不影响,分为内孔燃烧和端面燃烧。

后燃的装药 1 的肉厚 e_2:

$$e_2 = W_{f2} R_p \tag{7-45}$$

先燃的装药 2 的肉厚 e_1:

$$e_1 = W_{f1} R_p \tag{7-46}$$

计算推进剂的燃速系数:两药都为侧面燃烧。

装药 1 的燃速系数 a_1:

$$a_1 = \frac{e_1}{P_{c2}^{n1} t_2} \tag{7-47}$$

装药 2 的燃速系数 a_2:

$$a_2 = \frac{e_2}{P_{c1}^{n_2} t_1} \tag{7-48}$$

装药 1 的燃面积：

$$A_{b1} = \frac{P_{c2}^{1-n_1} A_t}{a_1 \rho_{p1} C_1^*} \times 10^6 \tag{7-49}$$

装药 2 的燃面积：

$$A_{b2} = \frac{P_{c1}^{1-n_1} A_t}{a_2 \rho_{p2} C_2^*} \times 10^6 \tag{7-50}$$

二级药为端面燃烧。

装药 1 二级，此时燃面积 A_{b1} 计算式为

$$A_{b1} = \pi R_p^2 C \tag{7-51}$$

推进剂 1 燃速系数 a_1 用式(7－47)计算：

$$a_1 = \frac{P_{c2}^{1-n_1} A_t}{A_{b1} \rho_{p1} C_1^*} \times 10^6 \tag{7-52}$$

装药 2 仍为侧面燃烧，推进剂 2 的燃速系数 a_2 用式(7－52)计算。其他参数计算同内孔燃烧。

这里的装药设计仅是为了适应发动机总体设计而定制的，实际装药设计考虑的因素更多。在此，只考虑内弹道性能要求。实际装药主要考虑装药的肉厚分数。实际装药设计还应考虑结构完整性、燃烧特性、安全性、成本、工艺、可靠性、存储，与其他黏结材料的相容性等。使用本模块设计的装药为理想的等面燃烧，实际上这样的装药是难以实现的，在总体设计后将进一步对装药的等面性、拖尾、燃面波动等提出进一步的要求。

7.4　选择推进剂

选择推进剂主要考虑能量特性(比冲、密度等)、弹道特性(燃速、温度敏感系数等)，对于其他性质(力学性能、热及贮存稳定性，排出物、价格等)也必须重视。根据具体要求，可以预选出几种推进剂，列出表格，提供进一步分析裁决。有时已有的各种推进剂都不理想，这就要选出几种性能相近(要求改动小)的推进剂。与厂方协商，请厂方针对某种推进剂进行改性研制(如调节燃速或某些力学性能)，进一步提供符合设计要求的推进剂。

7.5　药柱构型选择和设计

药柱构型及其分数已在总体设计中讲过。具体药柱的构型应以下面一些条件作为选定的基础：

(1) 初步优化设计的结果(弹道限制、质量、容积、长径比等)；

(2) 推力－时间曲线；

(3) 工艺技术状况；

(4) 结构完整性分析。

应该明确,装药结构中包括衬层、限燃层和绝热层,所以要同时考虑。所选择的药型应尽量满足这些要求,但是有时是互相矛盾的,应该选择满足重要的要求。例如推力必须满足,应该有足够的燃面。对于相互影响的因素应当进行折中。

7.6 药柱详细设计

根据优化设计的结果和药柱的主要几何参数,便可以初步确定药柱的几何尺寸,接着通过迭代计算,定出药柱的详细尺寸,在满足结构完整性要求的前提下,同时满足内弹道特性的要求。

这些工作一般可由计算机程序进行优化。变换几何参数关系,反复对比以确定最佳方案。

对于复杂结构的药型,一般要进行模型吹风试验。检验药柱通道内槽、翼、孔中气动力干扰情况,后底部回流区的流动情况,以及其他易造成旋涡、突扩、复回流区等处的流动状态,杜绝各种可能造成不正常燃烧的因素。

7.7 药柱结构分析

上面诸步骤完成后,已为结构的详细分析提供了充分的条件;这个阶段可以最终确定药柱的详细尺寸和结构,主要包含三个方面的工作,即燃烧几何分析、内弹道验算和结构分析。

(1) 燃烧几何分析。其主要是计算燃面随肉厚(燃烧过程)的变化。这个计算是药柱设计的核心工作,也是复杂的部分。复杂型面的药柱计算工作量较大。目前有二维、三维通用计算程序。燃烧几何分析的前提,是药柱的平行层燃烧规律(也称几何燃烧规律),即药柱燃烧表面上各点的燃速均沿该点的法线方向;并且整个燃面同时点燃,燃面上各点的燃速处处相等。

(2) 内弹道验算。根据药柱燃面的变化规律,可以进行内弹道计算。药柱通道内的流动状况很复杂,属于变通道、加质、二相、多维、非稳态流动;再考虑喷管的烧蚀、推力系数的变化等,计算就非常复杂。可以根据设计要求采取各种简化方法。

(3) 结构分析。在初步应力和载荷分析中,只解决装药浇铸后的初始应力以及点火建压过程的载荷状态。固体推进剂药柱属黏弹性物质;贮存使用期内,由于环境温度和各种外载荷的作用,不断产生应力积累和变形叠加,所以对装药发动机要进行使用可靠性和破坏性分析。

7.8 二维药柱设计

二维药柱的特点是在药柱上作出一个剖面,即可以完全表示清楚燃面变化的规律。药柱的燃烧几何仅限于平面关系,所以比较简单。下面以等截面星形内孔药柱为例,说明一般设计方法。

1. **主要几何参数**

如图 7－2 所示，星形内孔药柱的主要几何参数有：

药柱外径 $D=2R$，药柱长度 L；

药柱肉厚 e_1，特征尺寸 l；

星角数 n，星槽圆弧半径 r；

星边夹角 θ，星角系数 ε。

显然 $l+e_1+r=D/2$。

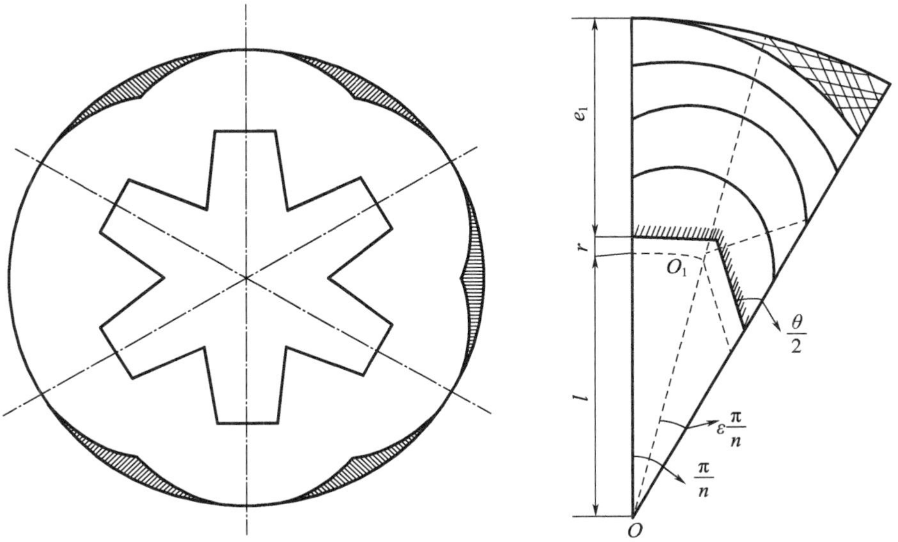

图 7－2　半个星角的几何参数

2. **几何参数与设计参数间的关系**

药柱的主要设计参数一般包括燃烧面积 A_b、通道截面积 A_p、理论余药面积 A_f等。

设星角数为 n，s'为半个星角的燃烧边长，则有如下关系：

$$A_b=2ns'L$$

药柱长为定值（不考虑药柱端面燃烧），所以与几何参数间的关系可以用与几何参数间的关系来代替。

从图 7－3 上可以看出，燃面变化分为两个阶段，即星角直边$\overline{CD}$消失前与消失后的两个阶段。第一阶段的燃烧边长由两个不断增长的圆弧 $A'B'$ 及 $B'C'$ 和一个减小的直边$\overline{C'D'}$组成。所以改变星形的几何参数可以使第一阶段的燃面呈增面、恒面或减面变化。而第二阶段的燃烧边长只由圆弧 $A''B''$ 和 $B''D''$ 组成，它们在燃烧后期是增面的。

肉厚$\overline{CH}$是划分两个阶段的数值，从图 7－3 中可以看出，在$\triangle O_1OH$ 中，有

$$\frac{\overline{O_1H}}{\sin\varepsilon\dfrac{\pi}{n}}=\frac{\overline{O_1O}}{\sin\left(\dfrac{\pi}{2}-\dfrac{\theta}{2}\right)} \tag{7-53}$$

所以

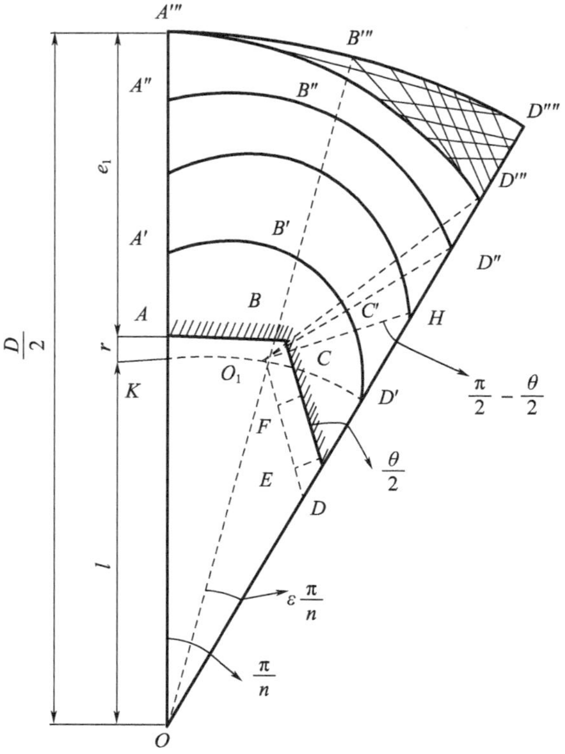

图 7－3　星孔药柱燃面变化

$$\overline{CH}+r=l\frac{\sin\varepsilon\dfrac{\pi}{n}}{\cos\dfrac{\theta}{2}}$$

下面分别研究这两个阶段的燃烧面变化情况。

第一阶段：

$$e+r\leqslant l\frac{\sin\varepsilon\dfrac{\pi}{n}}{\cos\dfrac{\theta}{2}} \tag{7-54}$$

半个星角的燃烧边长为

$$s'=A'B'+B'C'+\overline{C'D'}$$

其中

$$A'B'=(l+e+r)(1-\varepsilon)\frac{\pi}{n}$$

$$B'C'=(e+r)\angle B'O_1C'=(e+r)\left(\varepsilon\frac{\pi}{n}+\frac{\pi}{2}-\frac{\theta}{2}\right)$$

$$\overline{C'D'}=\overline{O_1E}-\overline{EF}=\frac{l\sin\varepsilon\dfrac{\pi}{n}}{\sin\dfrac{\theta}{2}}-(e+r)\cot\frac{\theta}{2}$$

整理后得到：

$$s' = \frac{l\sin\varepsilon\dfrac{\pi}{n}}{\sin\dfrac{\theta}{2}} + l(1-\varepsilon)\frac{\pi}{n} + (e+r)\left(\frac{\pi}{2} + \frac{\pi}{n} - \frac{\theta}{2} - \cot\frac{\theta}{2}\right)$$

从上述关系式中可以看出：

（1）燃烧边长（燃烧面）在燃烧过程的第一阶段是按线性规律变化的；

（2）$e+r$ 项的系数决定燃烧面的变化，当

$$\frac{\pi}{2} + \frac{\pi}{n} - \frac{\theta}{2} - \cot\frac{\theta}{2} > 0 \quad （增面）$$

$$\frac{\pi}{2} + \frac{\pi}{n} - \frac{\theta}{2} - \cot\frac{\theta}{2} = 0 \quad （恒面）$$

$$\frac{\pi}{2} + \frac{\pi}{n} - \frac{\theta}{2} - \cot\frac{\theta}{2} < 0 \quad （减面） \tag{7-55}$$

我们把符合恒面燃烧的 θ 值用 $\bar{\theta}$ 表示，可以看出 $\bar{\theta}$ 仅与星角数 n 有关，见表 7－1。

表 7－1　n 与 $\bar{\theta}/2$ 的关系

n	3	4	5	6	7	8	9	10	11	12
$\bar{\theta}/2/(°)$	24.55	28.22	31.13	33.53	35.56	37.31	38.84	40.20	41.41	42.52

第二阶段：

$$e + r > l\frac{\sin\varepsilon\dfrac{\pi}{n}}{\cos\dfrac{\theta}{2}} \tag{7-56}$$

$$s' = A''B'' + B''D''$$

$$A''D'' = (l+e+r)(1-\varepsilon)\frac{\pi}{n}$$

$$B''D'' = (e+r)\angle B''O_1D''$$

$$\angle O_1D''O = \arcsin\frac{l\sin\varepsilon\dfrac{\pi}{n}}{e+r}$$

于是

$$s' = (l+e+r)(1-\varepsilon)\frac{\pi}{n} + (e+r)\left[\varepsilon\frac{\pi}{n} + \arcsin\frac{l\sin\varepsilon\dfrac{\pi}{n}}{e+r}\right]$$

$$= l(1-\varepsilon)\frac{\pi}{n} + (e+r)\left[\frac{\pi}{n} + \arcsin\left(\frac{1}{e+r}\sin\varepsilon\frac{\pi}{n}\right)\right]$$

总的燃烧面积：

$$A_b = 2ns'L$$

图 7－4 所示为星形药柱的燃面变化规律。

已知两个阶段分界点的肉厚公式 $e_d = l\dfrac{\sin\varepsilon\dfrac{\pi}{n}}{\cos\dfrac{\theta}{2}} - r$，可以看出：当 $\theta/2$ 增加时，第一阶段

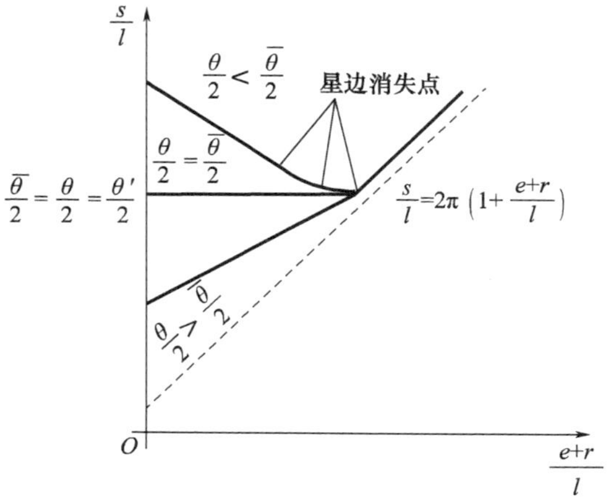

图 7-4　星形药柱的燃面变化规律

的燃面从减面至恒面至增面变化，而 e_d 逐渐增加。通常为了使发动机在整个工作过程中获得基本平稳的推力、压强曲线，提高装填密度，设计星形药柱时第一阶段多采用减面即 $\theta/2<\bar{\theta}/2$。此时第二阶段的燃面在开始时先减，以后再增加。所以小燃面在第二阶段开始不久处，即

$$e=\frac{l\sin\left(\varepsilon\dfrac{\pi}{n}\right)}{\cos\dfrac{\bar{\theta}}{2}}-r$$

最后，当燃至 $e=e_1$ 时第二阶段结束，通常认为燃烧结束，留下的药块称为余药。然而在某些情况下，余药往往部分地或全部燃完，因此为了准确地预估发动机工作后期的推力、压强曲线，给出了余药的燃面变化规律，见图 7-5。

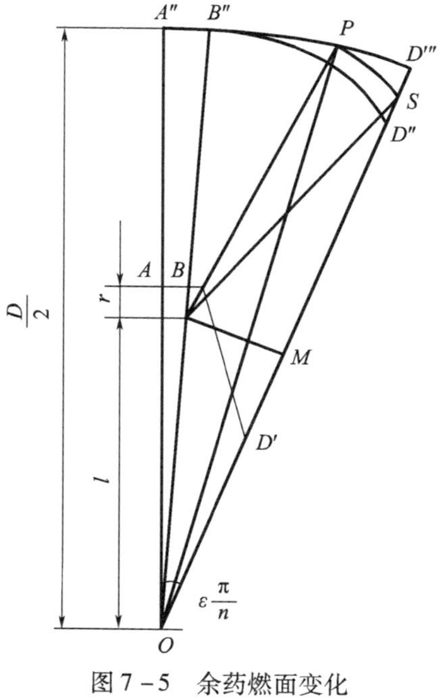

图 7-5　余药燃面变化

当 $e_f \geqslant e > e_1$ 时，有

$$e_f = \overline{O_1D'''} - r = \sqrt{R^2 + l^2 - 2Rl\cos\varepsilon\frac{\pi}{2}} - r$$

$$s' = PS = (e+r)\angle PO_1S$$

$$\angle PO_1S = \angle PO_1O - \angle SO_1O$$

$$\angle PO_1O = \arccos\frac{(e+r)^2 + l^2 - R^2}{2(e+r)l}$$

$$\angle SO_1O = \frac{\pi}{2} - \varepsilon\frac{\pi}{n} + \angle MO_1S$$

$$\angle MO_1S = \arccos\left(\frac{1}{e+r}\sin\varepsilon\frac{\pi}{n}\right)$$

$$s' = (e+r)\left[\arccos\frac{(e+r)^2 + l^2 - R^2}{2(e+r)l} - \frac{\pi}{2} + \frac{\varepsilon\pi}{n} - \arccos\left(\frac{l}{e+r}\sin\varepsilon\frac{\pi}{n}\right)\right]$$

所以余药燃面变化为

$$A_b = 2ns'L$$

3. 通道截面积 A_p

星形药柱的通道截面积随烧去的肉厚 e 的增大而增大。这里研究的是初始通道截面积 A_{pi} 和刚刚开始燃烧不久处的通道截面积。因为它们和发动机的装填密度和侵蚀压强峰有密切关系。

设半个星角的通道截面积为 A'_p（图 7－3）：

$$A'_p = \nabla KOO_1 + \triangle OO_1E + \int_0^{e+r} s'\mathrm{d}(e+r)$$

扇形面积：

$$KOO_1 = \frac{1}{2}l^2(1-\varepsilon)\frac{\pi}{n}\nabla$$

三角形面积：

$$\triangle OO_1E = \frac{1}{2}\overline{OE}\cdot\overline{O_1M} = \frac{1}{2}(\overline{OM} - \overline{EM})\cdot\overline{O_1M}$$

$$= \frac{1}{2}\left(l\cos\varepsilon\frac{\pi}{n} - l\sin\varepsilon\frac{\pi}{n}\cot\frac{\theta}{2}\right)\cdot l\sin\varepsilon\frac{\pi}{n}$$

积分：

$$\int_0^{e+r} s'\mathrm{d}(e+r) = \int_0^{e+r}$$

$$\int_0^{e+r} s'\mathrm{d}(e+r) = \int_0^{e+r}\left[\frac{l\sin\varepsilon\frac{\pi}{n}}{\sin(\theta/2)} + l(1-\varepsilon)\frac{\pi}{n} + (e+r)\left(\frac{\pi}{2} + \frac{\pi}{n} - \frac{\theta}{2} - \cot\frac{\theta}{2}\right)\right]\mathrm{d}(e+r)$$

$$= l(e+r)\left[\frac{\sin\varepsilon\frac{\pi}{n}}{\sin(\theta/2)} + (1-\varepsilon)\frac{\pi}{n}\right] + \frac{1}{2}(e+r)^2\left(\frac{\pi}{2} + \frac{\pi}{n} - \frac{\theta}{2} - \cot\frac{\theta}{2}\right)$$

所以

$$A'_p = \frac{1}{2}l^2(1-\varepsilon)\frac{\pi}{n} + \frac{1}{2}\left(\cos\varepsilon\frac{\pi}{n} - \sin\varepsilon\frac{\pi}{n}\cot\frac{\theta}{2}\right)l^2\sin\varepsilon\frac{\pi}{n} +$$

$$(e+r)\frac{\sin\varepsilon\dfrac{\pi}{n}}{\sin(\theta/2)}+(1-\varepsilon)\frac{\pi}{n}+\frac{1}{2}(e+r)^2\left(\frac{\pi}{2}+\frac{\pi}{n}-\frac{\theta}{2}-\cot\frac{\theta}{2}\right)$$

总的通道截面积：

$$A_p=3nA'_p$$

为了工艺的需要，在星根角处往往制有圆弧 r'。考虑 r' 的第一阶段半个星角的燃烧边长 s' 和通道截面积 A'_p 为

$$s'=\frac{l\sin\varepsilon\dfrac{\pi}{n}}{\sin(\theta/2)}+l(1-\varepsilon)\frac{\pi}{n}+(e+r)\left(\frac{\pi}{2}+\frac{\theta}{2}-\frac{\theta}{2}-\cot\frac{\theta}{2}\right)-(r'-e)\left(\cot\frac{\theta}{2}+\frac{\theta}{2}-\frac{\pi}{2}\right)$$

$$A'_p=\frac{1}{2}l^2(1-\varepsilon)\frac{\pi}{n}+\frac{1}{2}\left(\cos\varepsilon\frac{\pi}{n}-\sin\varepsilon\frac{\pi}{n}\cot\frac{\theta}{2}\right)l^2\sin\varepsilon\frac{\pi}{n}+l(e+r)$$

$$\frac{\sin\varepsilon\dfrac{\pi}{n}}{\sin(\theta/2)}+(1-\varepsilon)\frac{\pi}{n}+\frac{1}{2}(e+r)^2\left(\frac{\pi}{2}+\frac{\pi}{n}-\frac{\theta}{2}-\cot\frac{\theta}{2}\right)+\frac{1}{2}(r'-e)^2\left(\cot\frac{\theta}{2}+\frac{\theta}{2}-\frac{\pi}{2}\right)$$

当 $e>r'$ 时，s' 和 A'_p 式中均无最后一项，即与前式相同。

对于第一阶段减面燃烧的星形药柱，由于 r' 的出现，使 e 在 $0\sim r'$ 之间又出现了增面燃烧，如图 7－6 所示。这样把第一阶段的燃面最大值从 $e=0$ 推迟到 $e=r'$ 时，同时数值上也降低了，这显然对降低初始压强峰和提高装填分数有利。

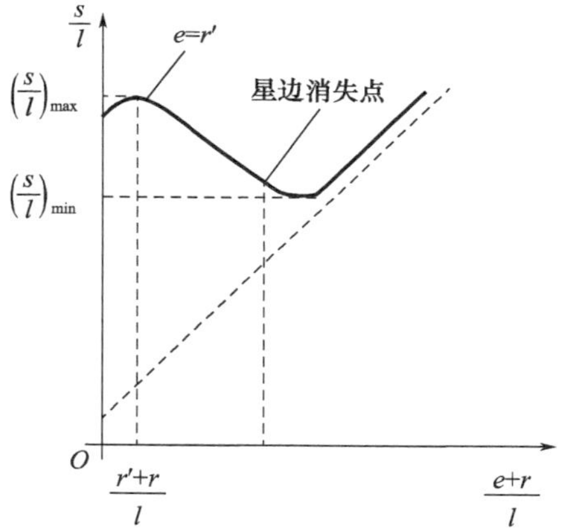

图 7－6　减面性药柱周边的变化规律

4. 余药截面积 A_f

往往当 $e=e_1$ 时发动机工作结束，剩下未燃尽的药称为余药。从图 7－3 看，即 $B'''D''D'''$ 部分。余药造成能量损失，设计时应尽可能减小余药量。

半个星角的余药为 A'_f：

$$A'_f=\triangle B'''OD''-\triangle B'''O_1D'''-\triangle D'''O_1O\triangle B'''OD''=\frac{1}{2}(l+e_1+r)^2\varepsilon\frac{\pi}{n}$$

$$\triangle B'''O_1D'''=\frac{1}{2}\overline{OD'''}\ \overline{O_1M}=\frac{1}{2}\left[l\cos\varepsilon\frac{\pi}{n}+\arcsin\left(\frac{1}{e_1+r}\sin\varepsilon\frac{\pi}{n}\right)\right]$$

$$\triangle D'''O_1O=\frac{1}{2}\overline{OD'''}\ \overline{O_1M}=\frac{1}{2}l\cos\varepsilon\frac{\pi}{n}+\sqrt{(e_1+r)^2-l^2\sin^2\varepsilon\frac{\pi}{n}}\left(l\sin\varepsilon\frac{\pi}{n}\right)$$

所以$A'_f = \frac{1}{2}(l+e_1+r)^2\varepsilon e\frac{\pi}{n} - \frac{1}{2}(e_1+r)^2\left[\varepsilon\frac{\pi}{n} + \arcsin\left(\frac{l}{e_1+r}\sin\varepsilon\frac{\pi}{n}\right)\right]$

$$-\frac{1}{2}l\cos\varepsilon\frac{\pi}{n} + \sqrt{(e_1+r)^2 - l^2\sin^2\varepsilon\frac{\pi}{n}}$$

总的余药截面积$A_F = 2n\,A'_f$。

5. 药柱几何参数的确定

由于参数间关系复杂，一般不可能用数字解析办法一次求出定解；要靠多次反复试算，求得最佳几何方案。

另外，还有一些几何参数一般要靠经验或工艺条件确定。如药柱 m 值，定义为 $m = 1 + \frac{e_1}{l+r}$，可以参考肉厚分数$\left(\bar{e}_1 = \frac{2e_1}{D} = \frac{2rt_b}{D}\right)$综合考虑；一般取 3 ~ 4。星槽圆弧半径 $r = (0.015 - 0.03)D$；星根小圆弧半径 $r' < r$。

7.9　小型发动机的装药算例

7.9.1　单根管形药柱设计

管形药柱的几何参数有外径 D、内径 d、药柱长 L 和根数 n。通常的标志方法为$D/d - L\times n$，当 $n=1$ 时，则仅写 $D/d - L$。图 7 - 7 所示为单根管形药柱，两端面阻燃的管形药柱的肉厚为

$$e_1 = \frac{1}{4}(D-d)$$

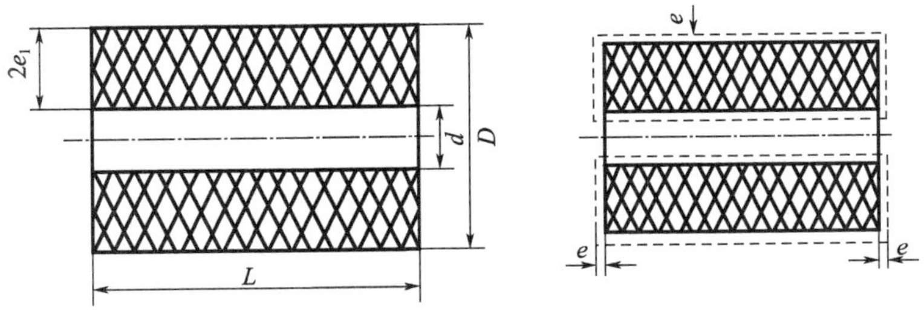

图 7 - 7　单根管形药柱

显见，当 $L < \frac{1}{2}(D-d)$，$e_1 = \frac{1}{2}L$，这时基本是一个药饼，很少应用。两端阻燃的药柱，呈恒面燃烧，其燃烧面积为

$$A_b = n\pi(D+d)L$$

两端不阻燃的药柱，呈减面燃烧，其燃烧面积为

$$A_b = n\pi[(D-2e)+(d+2e)](L-2e) + \frac{n\pi}{2}[(D-2e)^2 - (d+2e)^2]$$

当 $e=0$ 时，初始燃面：

$$A_{bi} = n\pi(D+d)L + \frac{n\pi}{2}(D^2 - d^2)$$

因此，燃面可写成：

$$A_b = A_{bi} - 4n\pi(D+d)e$$

当燃烧结束时，$e = e_1 = \frac{1}{4}(D-d)$，此时燃面：

$$A_{bf=} = A_{bi} - n\pi(D^2-d^2) = n\pi(D+d)L - \frac{n\pi}{2}(D^2-d^2)$$

单根管形药柱尺寸的确定如下：

（1）根据总冲确定药柱体积：

$$V_p = \frac{I}{I_s \rho_p} = \frac{\pi}{4}(D^2-d^2)L$$

根据给定的工作压强、推力来确定喷喉面积 A_t，从而确定其与燃面的关系。

对于两端阻燃的管形药柱，有下列关系：

$$p_c = \left(C^* \rho_p a \frac{A_b}{A_t}\right)^{\frac{1}{1-n}}$$

$$F = C_F p_c A_t = C_F p_c \frac{A_b}{K} = C_F p_c \frac{L}{K}\pi(D+d)$$

其中，$K = A_b/A_t$。

对于两端不阻燃的情况，因减面性而导致压强、推力逐渐降低。这种情况 A_{bi} 对应于 P_{max} 和 F_{max}，A_{bf} 对应于 p_{min} 和 F_{min}。

（2）根据发动机的燃烧时间确定肉厚：

$$t_b = \int_0^{e_1} \frac{de}{r}$$

已知：

$$A_b = A_{bi} - 4\pi(D+d)e$$

$$de = -\frac{dA_b}{4\pi(D+d)}$$

$$r = ap_c^n = a\left(\frac{C^* \rho_p a}{A_t}\right)^{\frac{n}{1-n}} A_b^{\frac{n}{1-n}}$$

代入式$\left(t_b = \int_0^{e_1} \frac{de}{r}\right)$得

$$t_b = \int_{A_{bi}}^{A_{bf}} -\frac{1}{a}\left(\frac{C^* \rho_p a}{A_t}\right)^{-\frac{n}{1-n}} \frac{1}{4\pi(D+d)} A_b^{-\frac{n}{1-n}} d A_b$$

$$= -\frac{1}{a}\left(\frac{C^* \rho_p a}{A_t}\right)^{-\frac{n}{1-n}} \frac{1}{4\pi(D+d)} \left.\frac{A_b^{-\frac{n}{1-n}} d A_b}{-\frac{n}{1-n}+1}\right|_{A_{bi}}^{A_{bf}}$$

所以有

$$t_b = \frac{1}{a}\frac{1-n}{1-2n}\frac{1}{4\pi(D+d)}\left(\frac{C^* \rho_p a}{A_t}\right)^{-\frac{n}{1-n}}\left(A_{bi}^{\frac{1-2n}{1-n}} - A_{bf}^{\frac{1-2n}{1-n}}\right)$$

上式适用于 $n \neq 0.5$ 的情况，当 $n = 0.5$ 时，有

$$t_b = \frac{1}{a}\frac{1}{4\pi(D+d)}\left(\frac{C^*\rho_p a}{A_t}\right)^{-1}\ln\frac{A_{bi}}{A_{bf}}$$

将A_{bi}、A_{bf}的关系式代入上式，即可得 D、d、L 与 t_b的关系式。往往燃面变化复杂，很难进行严格的积分，此时可采用近似的数值积分方法，即

$$t_b = \sum_{j=1}^{m}\frac{\Delta e_j}{aP_j^n}$$

（3）根据已知的燃烧室外径及通气参量的限制来确定药柱的外径 D 及内径 d。通常给定导弹外径或燃烧室外径 D_c 的限制及压强等参数，可以估算出发动机燃烧室的内径 d_c。若已知燃烧室壳体壁厚 δ 及隔热涂层厚 δ_t，则

$$d_c = D_c - 2\delta - 2\delta_t$$

然后考虑通气参量的条件：

$$A_p = \frac{\pi}{4}d_c^2 - \frac{\pi}{4}(D^2 - d^2)$$

$$J = \frac{A_t}{A_p} = \frac{A_t}{\frac{\pi}{4}d_c^2 - \frac{\pi}{4}(D^2 - d^2)}$$

由于$m_p = A_b e_1 \rho_p$，所以当确定 m_p之后，A_b与 e_1的条件只能选用一个。通过上述限制性条件计算出的 D、d 和 L，还需要进行修正（尺寸圆整化及考虑内弹道计算和结构上的因素所做的修正）。然后再进行检验，合格后才能确定所需的 D、d 和 L。

例 7－1：试求单根管形药柱的几何尺寸 D、d 和 L，已知某发动机的原始参数为

总冲：$I \geqslant 36000\text{s}$；

最大推力：$F_{max} \leqslant \left(17520 - 4500\dfrac{t}{t_b}\right)$；

工作时间：$t_a \leqslant 7\text{s}$；

比冲：$I_s = 1863.3\text{N}\cdot\text{s/kg}$；

密度：$\rho_p = 1.615\times10^3\text{kg/m}^3$；

特征速度：$C^* = 1280\text{m/s}$；

燃速：$r = 6.351\times10^{-8}P^{0.75}\text{m/s}$　（$e \leqslant 1.8\text{cm}$ 时，－50℃）；

$r = 6.351\times10^{-6}P^{0.75}\text{m/s}$　（$1.8 \leqslant e \leqslant e_1$时，－50℃）；

$r = 5.228\times10^{-6}P^{0.35}\text{m/s}$　（＋40℃）；

燃烧室外径：$D_c = 200\text{mm}$；

最大工作压强：$P_{max} \leqslant (135\times10^5 - 37\times10^5 t/t_b)\text{Pa}$；

初温范围：$T = (-50 \pm 40)$℃。

根据导弹总体要求，发动机需采用两个喷管，其轴线与弹的轴线夹角为 15°（图 7－8）。

解：

（1）根据总冲计算药柱体积：

$$V_p = \frac{\pi}{4}(D^2 - d^2)L = \frac{1.1I}{I_s\rho_p} = \frac{1.1\times36000}{1863.3\times1.615\times10^3} = 1.316\times10^{-2}(\text{m}^3)$$

（2）根据 A_t计算 A_b。由于给出的是最大推力和压强，而管形药柱是减面燃烧，所以要用高温 40℃ 下开始燃烧时（$e = 0$）的情况来计算 A_b。通常推力公式表示为 $F = C_F A_t P$，因

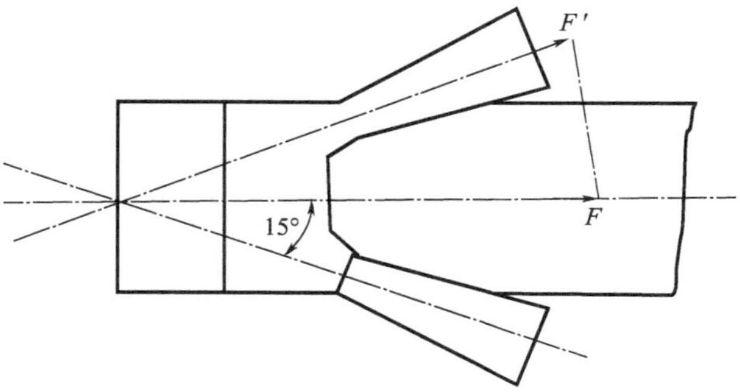

图 7-8　发动机与喷管的结构示意图

导弹总体要求发动机采用两个喷管,如图 7-8 所示,所以有

$$\frac{F}{\cos 15°} = C_F A_t P$$

选推力系数 $C_F = 1.44$,所以有

$$A_t = \frac{F}{C_F P \cos 15°} = \frac{17520}{1.44 \times 135 \times 10^5 \times 0.966} = 93.3 \times 10^{-5} (\mathrm{m}^2)$$

再由压强公式:

$$P = (C^* \rho_p a K)^{\frac{1}{1-n}}$$

$$135 \times 10^5 = (1280 \times 1.615 \times 10^3 \times 5.228 \times 10^{-5} \times K)^{\frac{1}{1-0.35}}$$

得出 $K = 399$。

所以有

$$A_{bi} = K A_t = 399 \times 93.3 \times 10^{-5} = 0.373 (\mathrm{m}^2)$$

得

$$2\frac{\pi}{4}(D^2 - d^2) + \pi(D + d)L = 0.373 (\mathrm{m}^2)$$

(3) 通气参量的限制。已知发动机外径 $D_c = 200\mathrm{mm}$,大压强为 13.5MPa,采用 30CrMnSi 钢,经强度计算壁厚为 2.5mm。另外,内壁尚有 1.2mm 的隔热涂层。

所以发动机燃烧室的内径为

$$d_c = D_c - 2\delta - 2\delta = 192.6 (\mathrm{mm})$$

取

$$J = 0.4$$

则

$$J = \frac{A_t}{A_p} = \frac{A_t}{\frac{\pi}{4}d_c^2 - \frac{\pi}{4}(D^2 - d^2)} = 0.44$$

解出:

$$\frac{\pi}{4}(D^2 - d^2) = 26.8 \times 10^{-3} (\mathrm{m}^2)$$

到此共得出三个方程:

$$\frac{\pi}{4}(D^2 - d^2)L = 13160 \times 10^3 (\mathrm{mm}^3)$$

$$2\frac{\pi}{4}(D^2-d^2)+\pi(D+d)L=373\times10^3(\mathrm{mm}^2)$$

$$\frac{\pi}{4}(D^2-d^2)=26.8\times10^3(\mathrm{mm}^2)$$

从而可解出：

$D=185.6\mathrm{mm}$；$d=20.5\mathrm{mm}$；$L=491\mathrm{mm}$ 再综合结构等因素，选用尺寸为 $D=180\mathrm{mm}$；$d=25\mathrm{mm}$；$L=500\mathrm{mm}$。

（4）验算总冲、推力、压强和时间等参数。

总冲：

$$I=\frac{\pi}{4}(D^2-d^2)L\rho_p I_s=\frac{\pi}{4}(0.18^2-0.025^2)\times0.5\times1.615\times10^3\times1863.3=37549(\mathrm{N\cdot s})$$

压强：

$$A_{bi}=2\cdot\frac{\pi}{4}(D^2-d^2)+\pi(D+d)L=\frac{\pi}{2}(180^2-25^2)+\pi(180+25)\times500=371.9\times10^3(\mathrm{mm}^2)$$

检验 40℃时的压强：

$$P_i=\left(C^*\rho_p a\frac{A_{bi}}{A_t}\right)^{\frac{1}{1-n}}$$

$$K=\frac{A_{bi}}{A_t}=\frac{371.9\times10^3}{933}=398.6<399$$

可见 K 值与前面计算的相差甚少，故最大压强（开始时）接近 13.5MPa。

用

$$P=\left(C^*\rho_p a\frac{A_b}{A_t}\right)^{\frac{1}{1-n}}=\left(C^*\rho_p a\frac{A_{bi}}{A_t}\frac{A_b}{A_{bi}}\right)^{\frac{1}{1-n}}P_i\left(\frac{A_b}{A_{bi}}\right)^{\frac{1}{1-n}}$$

所以有

$$P_f=P_i\left(\frac{A_{bf}}{A_{bi}}\right)^{\frac{1}{1-n}}=135\times10^5\times\left(\frac{272.1\times10^3}{371.9\times10^3}\right)^{\frac{1}{1-0.35}}=8.35(\mathrm{MPa})$$

由于$\frac{1}{1-n}>1$，压力曲线是呈凹形，所以只要 P_i、P_f满足要求即可。

推力：

$$F=C_F A_t P\cos15^\circ=1.44\times93.9\times10^{-5}\times0.966\times P=129.8\times10^{-5}P$$

所以有
$$F_i=129.8\times10^{-5}\times135\times10^5=17519(\mathrm{N})$$
$$F_f=129.8\times10^{-5}\times83.5\times10^5=10836(\mathrm{N})$$

故满足要求。

时间：由于主要技术要求其工作时间不大于 7s，所以应按低温 −50℃来验算时间。

$$P=\left(C^*\rho_p a\frac{A_b}{A_t}\right)^{\frac{1}{1-n}}=\left\{C^*\rho_p a\frac{A_{bi}}{A_t}\left[1-\frac{4\pi(D+d)}{A_{bi}}e\right]\right\}^{\frac{1}{1-n}}$$

当≤1.8cm 时，燃速规律为

$$r=6.351\times10^{-8}P^{0.75}(\mathrm{m/s})$$

所以

$$P = \left(1280 \times 1.615 \times 10^3 \times 6.351 \times 10^{-8} \times \frac{37190 \times 10^{-5}}{93.3 \times 10^{-5}}\right)^{\frac{1}{1-0.75}} \left[1 - \frac{4\pi(0.18 + 0.025)}{37190 \times 10^{-5}} e\right]^{\frac{1}{1-0.75}}$$

$$= 75.3 \times 10^5 (1 - 6.93e)^4 (\mathrm{N/m^2})$$

当 $1.8\mathrm{cm} \leqslant e < e_1$ 时，燃速规律为 $r = 3.0 \times 10^{-6} P^{0.5}$，代入压强关系式得

$$P = 61.23 \times 10^5 (1 - 6.93e)^2 \left(\frac{\mathrm{N}}{\mathrm{m}^2}\right)$$

所以，时间为

$$t = \int_0^{0.018} \frac{\mathrm{d}e}{aP^n} + \int_{0.018}^{0.03875} \frac{\mathrm{d}e}{aP^n}$$

$$= \int_0^{0.018} \frac{\mathrm{d}e}{6.351 \times 10^{-8} [75.3 \times 10^5 (1 - 6.93e)^4]^{0.75}}$$

$$+ \int_{0.018}^{0.03875} + \int_{0.018}^{0.03875} \frac{\mathrm{d}e}{3 \times 10^{-6} [61.23 \times 10^5 (1 - 6.93e)^2]^{0.5}}$$

$$= 2.41 + 3.49 = 5.9(\mathrm{s})$$

故满足要求。

7.9.2 多根管形药柱尺寸的确定

设计多根管形药柱需要确定的参数有 D、d、L 和 n。它们与上述限制性条件的关系如下。

1. 药柱的装填与几何尺寸及根数的关系

药柱在燃烧室内必须按某些特定的规律排列，才能保证药柱装入燃烧室，即药柱的外径 D 与燃烧室的内径 d_c 之间必须满足一定的关系，如图 7-9 所示。

设 $\overline{D} = D/d_c$，显然不同 n 对应不同的 $\overline{D}$ 值见表 7-2。

考虑到药柱尺寸和燃烧室尺寸制造上的偏差，实际上采用的 $\overline{D}_{exp}$ 要比 $\overline{D}_{th}$ 小 2% ~3%。同时在确定尺寸 D 时，还应考虑装填方式和药柱的制造工艺水平。

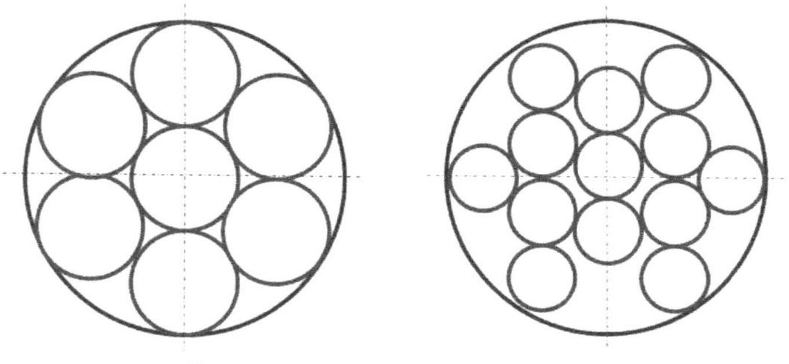

图 7-9 多根管形药柱的装填图

表 7-2 $\overline{D} = D(n)$

n	1	2	3	4	5	6	7	11	13	14	19
$\overline{D}_{th}$	1.00	0.500	0.464	0.414	0.370	0.333	0.333	0.247	0.224	0.228	0.200
$\overline{D}_{exp}$	<1.00	0.490	0.455	0.406	0.363	0.327	0.327	0.242	0.220	0.219	0.196

2. 通气参量与药柱几何尺寸及根数的关系

对于管形药柱忽略其端面积，值为

$$\partial e=\frac{A_b}{A_p}\approx\frac{n\pi(D+d)L}{\frac{\pi}{4}d_c^2-n\frac{\pi}{4}(D^2-d^2)}$$

由于管形药柱是多通道的药形，因此还需区别药柱内、外通道的值：

$$\partial e=\frac{n\pi dL}{n\frac{\pi}{4}d^2}=\frac{4L}{d}$$

$$\partial e=\frac{n\pi DL}{\frac{\pi}{4}(d_c^2-nD^2)}=\frac{4nDL}{d_c^2-nD^2}$$

令 $k=\frac{\partial e_{in}}{\partial e_{out}}$，即$\partial e_{in}=k\,\partial e_{out}$，所以

$$\frac{4L}{d}=k\frac{4nDL}{d_c^2-nD^2}$$

得

$$d=\frac{d_c}{kn\overline{D}}-\frac{D}{k}$$

$$\overline{d}=\frac{d}{d_c}=\frac{1}{kn\overline{D}}-\frac{\overline{D}}{k}$$

根据上式知 n、k 即可求出 d，见表7-3。表中$\overline{D}$是 n 的函数，采用 $\overline{D}_{exp}$。

表7-3　$\overline{d}=\overline{d}(n,k)$

k	n								
	3	4	5	6	7	11	13	14	19
1	0.2776	0.2098	0.1880	0.1827	0.1099	0.1337	0.1297	0.1072	0.0725
1.2	0.2313	0.1748	0.1566	0.1522	0.0916	0.1114	0.1080	0.0893	0.0604
1.4	0.1983	0.1498	0.1343	0.1305	0.0785	0.0955	0.0926	0.0765	0.0518
1.6	0.1735	0.1311	0.1175	0.1142	0.0687	0.0835	0.0810	0.0670	0.0453
1.8	0.1542	0.1165	0.1044	0.1015	0.0610	0.0734	0.0720	0.0595	0.0403
2	0.1388	0.1049	0.0940	0.0913	0.0549	0.0668	0.0648	0.0536	0.0363
3	0.0925	0.0699	0.0627	0.0609	0.0366	0.0446	0.0432	0.0357	0.0242

3. 装填分数与药柱几何尺寸及根数的关系

$$\eta=\frac{\frac{n\pi}{4}(D^2-d^2)}{\frac{\pi d_c^2}{4}}=\frac{n(D^2-d^2)}{d_c^2}=n\overline{D}^2-n\overline{d}^2$$

$$=n\overline{D}^2-n\left(\frac{1}{kn\overline{D}}-\frac{\overline{D}}{k}\right)^2=\frac{k^2-1}{k^2}n\overline{D}^2-\frac{1}{k^2n\overline{D}^2}+\frac{2}{k^2}$$

同样知 n、k 可得 η，见表 7－4。

表 7－4　$\eta=\eta(n,k)$

k	n								
	3	4	5	6	7	11	13	14	19
1	0.3899	0.4833	0.4822	0.4413	0.6640	0.4476	0.4105	0.5106	0.6300
1.2	0.4606	0.5371	0.5362	0.5026	0.6898	0.5077	0.4776	0.5598	0.6606
1.4	0.5031	0.5696	0.5687	0.5394	0.7054	0.5439	0.5177	0.5895	0.6759
1.6	0.5308	0.5906	0.5898	0.5633	0.7155	0.5675	0.5439	0.6086	0.6909
1.8	0.5497	0.6051	0.6043	0.5798	0.7228	0.5835	0.5618	0.6219	0.6990
2	0.5633	0.6153	0.6147	0.5916	0.7274	0.5951	0.5746	0.6312	0.7049
3	0.5954	0.6398	0.6392	0.6193	0.7391	0.6223	0.6049	0.6336	0.7188

实验表明，k 值的大小对燃烧的稳定性和初始压强峰有一定影响。同时从表 7－5 中可以看出，当 k 从 1 增加到 2 时，装填分数增加较多，而 k 在 2 以上变化时，装填分数增加较慢，故一般取 $k=1\sim2$。

表 7－5　$\bar{e}_1=\bar{e}_1(n,k)$

k	n								
	3	4	5	6	7	11	13	14	19
1	0.0887	0.0981	0.0875	0.0722	0.1086	0.0542	0.0452	0.0559	0.0618
1.2	0.1119	0.1156	0.1032	0.0874	0.1177	0.0653	0.056	0.0649	0.0678
1.4	0.1284	0.1281	0.1144	0.0983	0.1243	0.0733	0.0637	0.0713	0.0721
1.6	0.1408	0.1375	0.1228	0.1034	0.1292	0.0793	0.0695	0.076	0.0751
1.8	0.1504	0.1448	0.1293	0.1128	0.1330	0.0839	0.074	0.0798	0.0779
2	0.1581	0.1506	0.1345	0.1179	0.1361	0.0876	0.0776	0.0827	0.0799
3	0.1813	0.1681	0.1502	0.1331	0.1452	0.0987	0.0884	0.0917	0.0859

4. 肉厚分数 $\bar{e}_1$ 与 n、k 的关系

对于两端阻燃的管形药柱，有

$$\bar{e}_1=\frac{2e_1}{d_c}=\frac{2\dfrac{D-d}{4}}{d_c}=\frac{\bar{D}}{2}-\frac{\bar{d}}{2}=\frac{1}{2k}\left[\bar{D}(k+1)-\frac{1}{n\bar{D}}\right]$$

$\bar{e}_1=\bar{e}_1(n,k)$ 的关系见表 7－5。

药柱质量 m_p、通气参量 ∂e 与 n、k 的关系：

$$m_p=n\frac{\pi}{4}(D^2-d^2)L\rho_p$$

$$\partial e=\frac{4n(D+d)L}{d_c^2-n(D^2-d^2)}$$

消去 L，得

$$\frac{m_p}{\rho_p\partial e\, d_c^3}=\frac{\pi}{16}(\bar{D}-\bar{d})[1-n(\bar{D}^2-\bar{d}^2)]$$

将前面的 $\bar{d}=\frac{d}{d_c}=\frac{1}{kn\bar{D}}-\frac{\bar{D}}{k}$ 的关系代入上式即可得到 $m_p/\rho_p\partial e\ d_c^3$ 与 n、k 的关系，见表 7－6。

当 $\partial e=\partial e_{cr}$ 时，即得到极限装药量 $m_{p.cr}$ 与几何参数之间的关系，装填分数越高，极限装药量可能越小，因此，选高装填分数的药柱会受到装药量的约束。

表 7－6　$\Omega=m_p/\rho_p\partial ed_c^3=\Omega(n,k)$

k	n								
	3	4	5	6	7	11	13	14	19
1	0.0213	0.0199	0.0178	0.0158	0.0143	0.0118	0.0105	0.0107	0.0090
1.2	0.0237	0.0210	0.0188	0.0171	0.0143	0.0126	0.0115	0.0112	0.0090
1.4	0.0250	0.0217	0.0194	0.0178	0.0144	0.0131	0.0121	0.0115	0.0091
1.6	0.0259	0.0221	0.0198	0.0183	0.0144	0.0135	0.0124	0.0117	0.0092
1.8	0.0266	0.0225	0.0201	0.0186	0.0145	0.0137	0.0127	0.0118	0.0092
2	0.0271	0.0227	0.0204	0.0189	0.0146	0.0139	0.0130	0.0120	0.0093
3	0.0288	0.0238	0.0213	0.0199	0.0149	0.0146	0.0137	0.0125	0.0095

多根管形药柱的几何参数共有 4 个，而关系式共有 5 个。因此在确定药柱的参数时必须满足药柱的装填要求、装药量（总冲）的要求和通气参量的要求。而装填分数要求和肉厚分数的要求只能保证一个。对于导弹用发动机如空空导弹用固体火箭发动机、地空导弹用的起飞助推器等，为了保证导弹尽快地达到规定的飞行速度，以便于尽快地接近目标和进入控制飞行，则往往需要保证规定的推力要求，为此应首先保证肉厚分数的要求。对于某些火箭用发动机如野战火箭弹等，则上述技术要求不突出，而应按最大装填分数要求来设计药柱。

对保证技术要求及按肉厚分数确定药柱几何尺寸的情况，首先计算出 $\bar{e}_1$，然后查表 7－5，找出几组相近的 n、k 值。再从表 7－6 选出对应这几组 k、n 值的 η，找出 η 较大的一组，再找出相应的 $m_p/\rho_p\partial ed_c^3$ 值，代入已知 m_p、ρ_p 和 d_c，计算 ∂e，看是否满足要求，如不满足要求可再选 η 较小的一组 n、k 来进行计算。

7.10　药柱的制造与验收技术要求

1. 推进剂原材料要求

用于浇铸药柱的推进剂，应严格遵守所规定的配方和工艺进行配料和混合，各组分的原材料牌号、规格、等级应符合有关标准的规定。

投料前对推进剂的各种组分应进行质量检查，各项技术指标均满足要求后方可投料。

2. 性能要求

推进剂的各项性能指标应符合配方的设计要求。

1）燃速

用药条和标准发动机测推进剂燃速。药条从按规定制做的方坯中切取，用水下声发射测定法，在环境温度为（20±2）℃和相对湿度低于 60%、压强为发动机设计压强的平均值条件下测出药条燃速，并给出 3 ~ 8MPa 范围内的压强指数 n 和燃速系数 a，以及温度敏感系数 $(a_r)_T$。

标准发动机测燃速，用改变喷喉尺寸的方法得到所需压强；在药柱温度为(20 ±2)℃条件下进行热试车，根据记录的 $p-t$ 曲线求出标准发动机的燃速。

2）密度

对按规定制做的方坯逐个测定其密度，而后求平均值。

3）比冲和特征速度

用标准发动机[药柱温度为(20 ±2)℃]进行地面热试车，测定其比冲和特征速度：

$$I_s = \frac{\int_0^{t_b} F(t)\,\mathrm{d}t}{m_p}$$

$$C^* = \frac{\int^{t_b} p_c(t)\,\mathrm{d}tA_t}{m_p}$$

对应每个压强(推力)测点，至少进行三台试车测试，以求其平均值。

4）力学性能

按规定由方坯切取试样，进行拉伸试验；给出抗拉强度 σ_m 及其相应的伸长率 ε_m 和断裂时的伸长率 ε_b。

测出伸长率主曲线 $\left(\varepsilon_m - \lg\frac{1}{Ra_T}\right)$、抗拉主曲线 $\left(\sigma_m - \lg\frac{1}{Ra_T}\right)$ 和松弛模量主曲线 $\left(\lg E\frac{T_s}{T} - \lg\frac{t}{a_T}\right)$。$R$ 为应变速率；a_T 为移位因子；T_s 为参考温度。

5）物理参数

测定下列物理参数：

玻璃化温度 T_g；

线膨胀系数(温度范围：T_g 约为 50℃)；

导热率；

比热容；

初始热分解温度；

爆炸威力。

3. 制造和验收要求

根据发动机装药量的多少，将其组批进行药柱浇铸；每 3 ~ 5 台为一批，每批抽 1 台进行地面试车[药柱温度为(20 ±2)℃]，测得的燃速及内弹道参数应满足设计要求。

药柱在浇铸过程中，应注意保护燃烧室内的绝热层和衬层；推进剂原材料和料浆在加工和工序转运过程中，应注意防尘和防潮。

浇铸完毕后的药柱按规定固化、拔模后，应进行无损检验，并应严格按设计图纸进行整形。整形后的表面应平滑，不得划伤。所有药柱表面都不能有孔隙、划伤、裂纹和海绵状疏松组织。药柱内部不能有孔隙、夹渣和海绵状组织。药柱与燃烧室前、后封头间的黏结界面不得脱黏。

整形后的药柱应进行几何尺寸测量和质量称量。一般尺寸测量误差不大于尺寸公差的 10%；称量误差不大于实际质量的 1%。

对每批药柱，需提供黏结界面的扯离强度和抗剪强度。

药柱在规定的服役期内，其结构完整性和弹道性能应满足设计要求。

习　题

1. 固体推进剂装药设计主要要求有哪几个方面？
2. 喷喉面积的计算方法是什么？
3. 装填分数与通气参数的计算方法是什么？
4. 二维药柱的设计方法是什么？

第 8 章　固体推进剂装药的内弹道计算

本章主要讨论固体火箭发动机燃烧室工作压强的变化规律和计算方法。首先以不考虑燃烧室内燃气流动对装药燃烧影响情况下的发动机为最基本的情况，分析发动机内弹道计算的基本方程（零维内弹道计算方程），在此基础上，讨论等燃面燃烧的装药发动机工作压强计算的基本关系和各种条件对工作压强的影响，以及压强上升段和下降段的计算方法，并给出了一些求解固体火箭发动机内弹道参数的计算实例。

8.1　内弹道过程

对于固体火箭发动机来说，内弹道实际上就是发动机燃烧室内的气体动力学，其基本任务是在发动机各种工作条件下计算燃烧室内工作压强随时间和空间的变化规律（通常不考虑燃气温度的变化）。因此，固体火箭发动机内弹道计算必须涉及燃烧室中燃气的流动过程，实际上已经逐渐发展成为燃烧室内的压强和气动流场计算。

8.1.1　燃烧室压强的重要性

燃烧室压强是一个非常重要的参数，这是因为：

（1）燃烧室压强的高低及其变化规律决定了发动机的推力和工作时间（推力方案）。由推力公式 $F=C_F p_c A_t$ 可以看到，对一定的发动机来说，推力系数 C_F 和喷管喉部截面积 A_t 可以看作定值，因而推力 F 便与燃烧室压强 p_c 成正比。推力随时间的变化（推力方案）直接取决于燃烧室内压强随时间的变化。

（2）燃烧室压强对燃烧室内的燃烧过程和喷管中的膨胀过程都有一定的影响。固体推进剂的燃速是随压强变化而变化的，一般情况下，压强越高，燃速越快。对一定的装药来说，燃烧层的厚度（燃烧肉厚）是一定的，其燃烧时间将随着压强升高、燃速增大而减小，因此，燃烧室压强又是决定发动机装药燃烧时间的一个重要因素。另外，对于一定设计高度下的发动机（p_a 一定），燃烧室压强越高，完全膨胀状态（$p_e=p_a$）下的 p_e/p_c 越小，说明燃气在喷管中的膨胀越充分。由此可见，燃烧室中的压强对燃烧室内的燃烧过程和喷管中的膨胀过程都有一定的影响，因而也会影响到发动机比冲。

（3）燃烧室压强是保证发动机稳定工作的必要条件。燃烧室压强是保证发动机工作稳定、正常的一个必要条件。为了使推进剂燃烧稳定和达到比较完全的燃烧，必须保持燃烧室压强高于固体推进剂的临界燃烧压强。

（4）燃烧室压强是一个重要的设计参数。从发动机结构设计的角度来说，燃烧室压强是一个重要的设计参数。燃烧室是一个主要承受内压的部件,其各部分受力的大小取决于室内压强的高低。为了进行强度计算,必须先确定燃烧室中可能出现的最大压强。另外,发动机内部零件的受热条件除了取决于燃气的高温、高速以外,压强也是一个重要因素。因此,压强的高低直接影响对燃烧室的强度要求和发动机的结构质量,而发动机的结构质量又是发动机性能中的一个重要参数,因此,燃烧室的内弹道计算也是发动机设计中一项比较重要的计算。早期采用双基推进剂,为了保证燃烧正常与稳定,要求在较高的压强下工作,发动机的实际工作压强达到 9 ~ 20MPa 的水平。有的为了加快燃速,缩短发动机的工作时间,燃烧室压强会更高。压强的提高需要增加结构质量,有碍于发动机整体性能的改善,因此,总的发展趋势是要求不断降低燃烧室压强。而复合推进剂的发展和应用,可以在更低的压强下正常燃烧。采用复合推进剂,最低工作压强为 2MPa 左右。一般的工作压强大都保持在 3 ~ 8MPa 的水平上。对于高空工作的发动机,其压强甚至更低一些。

8.1.2　固体火箭发动机燃烧室压强的变化

固体火箭发动机燃烧室的压强是随时间变化的。图 8 – 1 所示为全部工作过程中燃烧室压强随时间变化的典型曲线。按照这种典型的压强变化,通常将压强变化分成三个阶段:首先是发动机起动的压强上升段 1(也称压强的建立过程,即从点火瞬时开始,到装药开始燃烧、燃烧室压强迅速上升到工作压强),接着是稳定工作段 2(燃烧室压强大体能相对稳定在预定的设计水平上,直到燃烧结束),最后是拖尾段 3(也称“后效”过程,是发动机工作的尾声,此段中压强迅速下降,工作结束)。

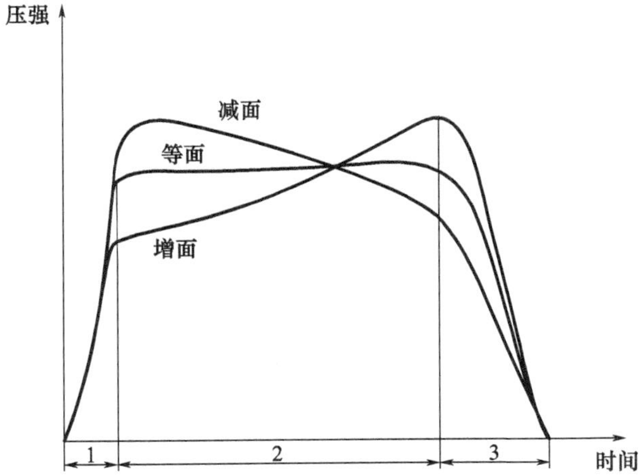

图 8 – 1　燃烧室压强变化的三个阶段

为了认识压强变化的规律,不妨把燃烧室看作一个充满高温高压燃气的容器,它的容积是一定的。在一个封闭的容器中,室内的压强显然取决于气体的总量和温度,并可由气体的状态方程 $p_c V_c = mRT$ 来确定。但在火箭发动机的燃烧室中,燃气不断生成,同时又通过喷管不断排出,所以燃烧室内的燃气贮存量 m 和压强 p_c 的变化规律必然取决于装药燃烧的燃气生成率 $\dot{m}_b$ 与喷管质量流率 $\dot{m}_d$ 的相对关系:

(1) 当 $\dot{m}_b > \dot{m}_d$ 时,压强将随装药的燃烧时间的延长而升高。例如,发动机起动的压强上升阶段，该段包括装药的点火、燃烧和燃烧室自由空间的充气过程。装药点燃之后，全部燃烧面开始燃烧，有较大的燃气生成率，而在开始燃烧初期，由于燃烧室压强还比较低，喷管质量流率也就较低，所以燃气生成率 $\dot{m}_b$总是大于喷管质量流率 $\dot{m}_d$、使燃烧室内燃气贮量增加。随着燃烧室内燃气贮量的增加，压强迅速上升，一直达到工作压强。这一阶段所占时间很短，一般为百分之几秒以内。

（2）当 $\dot{m}_b < \dot{m}_d$时，压强随时间延长而降低。例如，发动机的排气拖尾段，该段包括余药的燃烧及室内贮量燃气的排放过程。在这一阶段，由于燃气生成率 $\dot{m}_b \approx 0$，因此燃烧室中的燃气贮量迅速减少，压强将以较大的速度下降，直到与外界环境压强相等、排气停止，拖尾段结束。

（3）当 $\dot{m}_b = \dot{m}_d$时，燃烧室内燃气贮存量相对稳定平衡，从而得到所谓平衡压强。例如，发动机的稳定工作段相对于压强上升段和拖尾段占有很长的时间，基本上等于装药的稳定燃烧时间。在这一阶段中，如果燃面和燃速不变，燃烧室压强就不随时间变化（参见图 8－1 中的等面燃烧情况）；否则，压强将随时间略有变化（参见图 8－1 中的减面或增面燃烧情况）。

装药燃烧产生的燃气生成率 $\dot{m}_b$取决于装药燃速及装药燃面的变化规律，因而 $\dot{m}_b$与推进剂的性质、装药几何特性、装填密度、发动机结构及工作条件等因素有关。发动机燃烧室压强计算的任务就是在给定条件下计算压强随发动机工作时间变化的关系，并研究它与各种影响因素之间的关系，以便有效地加以控制，确保发动机既能满足规定的战术技术要求，又能可靠而稳定地工作。

由图 8－1 可见，在发动机的三个工作阶段中，稳定工作段是发动机的主要工作阶段。在大多数情况下，要求发动机在该段性能相对稳定，燃面变化（增面或减面）尽可能小一些，尽量采用等面燃烧，以确保燃烧室压强的相对稳定且压强随时间的变化比较小。因此该段可以作为定常或准定常问题来处理。而与此段相反，在压强上升段和拖尾段中，压强随时间的变化很大，离准定常的条件更远，处理步骤要更复杂一些。

在前面的分析中，燃烧室被看作一个充满高压燃气的容器，不考虑燃气的流动和燃烧室内的压强分布，认为燃烧室内各点的压强都相等。这样，整个燃烧室压强都同时随时间变化，与计算点在燃烧室内的位置坐标无关，这就是所谓“零维”的压强变化（不考虑燃烧室内燃气流动对燃烧影响情况下室内压强的变化）。对于室内燃气流速很小的燃烧室来说，压强计算可以看作一个“零维”问题来处理，如等面燃烧的端面装药发动机以及装填密度较小、通道横截面积较大、气流参数（流速、压强、密度、温度等）沿轴向位置差别很小的发动机便属于这种情况。

但是，随着发动机推力的不断增大和装填密度的不断提高，药柱初始的燃气通道截面积越来越小，因而使燃气在药柱通道中的流动沿药柱轴向产生了很大的加速，燃烧室中的压强沿药柱轴向将有显著的下降。这种情况就应该考虑压强在燃烧室中的空间分布，应该作为“一维”问题（考虑燃烧室内燃气流动情况下室内压强的变化）处理，因为燃烧室压强与推进剂燃速有关，而燃速又取决于装药通道内的局部流动参数（主要是压强和流速），所以内弹道计算中必须考虑燃气流动对燃烧的影响，其计算过程就更复杂了。

下面将首先讨论“零维”内弹道计算的基本方程以及等燃面装药发动机燃烧室内工

作压强计算的基本关系和各种条件对工作压强的影响。

8.2　零维内弹道学及等燃面装药发动机工作压强计算

8.2.1　零维内弹道学基本方程

1. 基本假设

（1）燃烧室内压强均匀一致，不计因燃气流动而造成的压强下降，即燃烧室中燃气流速很小，压强分布可以看作均匀的，室内各点处的压强相等，是“零维”的压强计算；

（2）装药燃面上各点的燃速均匀一致，因为是“零维”计算，所以没有侵蚀燃烧的影响，燃速可以用不计侵蚀燃烧的燃速关系式，例如，$r = ap_c^n$；

（3）燃烧产物是具有平均性质的单一成分气体，服从完全气体状态方程；

（4）喷管流动是准定常的，喷管流率可用 $\dot{m}_d = \dfrac{\Gamma}{\sqrt{RT_c}} A_t p_c$ 表示；

（5）燃烧室内无热损失。

2. 基本方程

根据以上假设条件，“零维”内弹道计算所根据的基本关系是质量守恒和气体的状态方程。以整个燃烧室的自由容积为控制体、按照质量守恒原则，燃烧室内燃气的质量生成率 $\dot{m}_b$ 分成两部分：一部分经过喷管排出，即喷管质量流率 $\dot{m}_d$；另一部分用来增加燃烧室自由容积中的燃气贮量，其增长率为 $d(\rho_c V_c)/dt$。因而有质量守恒方程：

$$\dot{m}_b = \dot{m}_d + \frac{d(\rho_c V_c)}{dt} \tag{8-1}$$

其中

$$\dot{m}_b = \rho_p A_b r \tag{8-2}$$

$$\dot{m}_d = C_D p_c A_t = \frac{\Gamma p_c A_t}{\sqrt{RT_c}} = \frac{p_c A_t}{C^*} \tag{8-3}$$

式中：ρ_c 为燃气密度；V_c 为燃烧室自由容积；t 为时间；ρ_p 为推进剂密度；A_b 为燃烧面积；r 为燃速；C_D 为流率系数；A_t 为喷管喉部截面积；Γ 为比热比 k 的函数；R 为燃气的气体常数；T_c 为燃烧室内燃气温度；C^* 为推进剂的特征速度，而

$$\frac{d(\rho_c V_c)}{dt} = V_c \frac{d\rho_c}{dt} + \rho_c \frac{dV_c}{dt} \tag{8-4}$$

由此可见，燃烧室内燃气的质量增长率由两部分组成：一是由于燃气密度的增加，一是由于燃烧室内自由容积的增加。燃烧室内自由容积的增加应等于推进剂燃烧使装药体积减小而空出来的容积，即：

$$\frac{dV_c}{dt} = A_b r \tag{8-5}$$

综合式（8－2）～式（8－5），质量守恒方程（8－1）可以写为

$$\rho_p A_b r = \frac{p_c A_t}{C^*} + \rho_c A_b r + V_c \frac{d\rho_c}{dt}$$

整理后得：

$$V_c\frac{d\rho_c}{dt}=\left(1-\frac{\rho_c}{\rho_p}\right)\rho_p A_b r-\frac{p_c A_t}{C^*} \tag{8-6}$$

为了计算 $d\rho_c/dt$，将状态方程

$$\rho_c=\frac{p_c}{RT_c} \tag{8-7}$$

对时间求导，考虑到燃气的温度和成分都不变，RT_c为常数。因假设燃烧室内无散热损失，所以可以将燃气温度T_c取为推进剂的绝热燃烧温度T_f，得

$$\frac{d\rho_c}{dt}=\frac{1}{RT_f}\cdot\frac{dp_c}{dt} \tag{8-8}$$

引入燃速关系式：

$$r=ap_c^n \tag{8-9}$$

则式(8-6)变为

$$\frac{V_c}{RT_f}\cdot\frac{dp_c}{dt}=\left(1-\frac{\rho_c}{\rho_p}\right)\rho_p A_b ap_c^n-\frac{p_c A_t}{C^*} \tag{8-10}$$

在一般发动机的工作条件下，燃气密度ρ_c比推进剂密度ρ_p小得多，例如，当 $p_c=9.81\text{MPa}$、$T_f=3000\text{K}$、$R=400\text{J/(kg·K)}$、$\rho_p=1600\text{kg/m}^3$时，有

$$\rho_c=\frac{p_c}{RT_f}=\frac{9.81\times10^6}{400\times3000}=8.175(\text{kg/m}^3)$$

$$\frac{\rho_c}{\rho_p}=\frac{8.175}{1600}=0.0051$$

$\frac{\rho_c}{\rho_p}$ 的量级约为0.01，与1相比，可以看作微量，令

$$\varepsilon=\frac{\rho_c}{\rho_p}=\frac{p_c}{RT_f\rho_p} \tag{8-11}$$

并引入关系式：

$$C^*=\frac{\sqrt{RT_f}}{\Gamma}$$

最后可得

$$\frac{V_c}{\Gamma^2C^{*2}}\frac{dp_c}{dt}=(1-\varepsilon)\rho_p A_b ap_c^n-\frac{p_c A_t}{C^*} \tag{8-12}$$

如果略去微量 ε，得

$$\frac{V_c}{\Gamma^2C^{*2}}\frac{dp_c}{dt}=\rho_p A_b ap_c^n-\frac{p_c A_t}{C^*} \tag{8-13}$$

式(8-12)和式(8-13)便是“零维”内弹道学中计算燃烧室压强随时间变化的基本微分方程。积分求解式(8-13)或式(8-12)，便可得到压强随时间变化的关系。对于脉冲工作的发动机，一般应采用积分求解基本方程的方法，而对于工作时间相对较长的发动机，也可根据图8-1所示的燃烧室压强变化的上升段、工作段、下降段三个阶段的不同特点近似求解。下面首先介绍工作段的压强计算。

8.2.2 等燃面装药发动机工作压强计算

1. 平衡压强

由实验得知，在喷管喉面A_t不变的条件下，燃烧室压强随时间变化的规律基本上与装药燃烧面积A_b的变化规律一致。对于等燃面性装药（如端面燃烧的装药等），A_b不随时间变化，当燃烧室压强已经建立、开始进入工作段时，压强上升到最大值而相对稳定，这时可以认为 $\mathrm{d}p_c/\mathrm{d}t=0$（参见图 8－1 中的等面曲线），式（8－12）化为

$$(1-\varepsilon)\rho_p A_b a p_c^n - \frac{p_c A_t}{C^*} = 0 \tag{8-14}$$

解得

$$p_c = \left(\rho_p C^* a \frac{A_b}{A_t}\right)^{\frac{1}{1-n}} (1-\varepsilon)^{\frac{1}{1-n}} \tag{8-15}$$

定义燃烧面积A_b对喷管喉部截面积A_t之比为燃喉比，用 K 表示，即

$$\frac{A_b}{A_t} = K \tag{8-16}$$

式（8－15）化为

$$p_c = (\rho_p C^* a K)^{\frac{1}{1-n}} (1-\varepsilon)^{\frac{1}{1-n}} \tag{8-17}$$

而

$$(1-\varepsilon)^{\frac{1}{1-n}} = 1 - \frac{1}{1-n}\varepsilon + \cdots$$

由于 $\varepsilon \ll 1$，略去其高次项，可得

$$p_c = (\rho_p C^* a K)^{\frac{1}{1-n}} \left(1 - \frac{1}{1-n}\varepsilon\right) \tag{8-18}$$

如果略去微量 ε，则得

$$p_c = p_{c,eq} = (\rho_p C^* a K)^{\frac{1}{1-n}} \tag{8-19}$$

这时的燃烧室压强定义为平衡压强$p_{c,eq}$。从$p_{c,eq}$的导出可以看到，平衡压强就是等燃面装药发动机的工作压强，是在 $\mathrm{d}p_c/\mathrm{d}t=0$ 且不计微量 $\varepsilon=\rho_c/\rho_p$（略去推进剂燃烧空出来的容积中所充填的燃气质量）的条件下得到的。将这两个条件代入式（8－12），可得

$$\rho_p A_b a p_{c,eq}^n = \frac{p_{c,eq} A_t}{C^*} \tag{8-20}$$

这就是 $\dot{m}_b = \dot{m}_d$，也就是说，等燃面装药发动机燃烧室中燃气的质量生成率 $\dot{m}_b$与喷管质量流率 $\dot{m}_d$达到平衡，相应的压强就是平衡压强。在这个压强下工作，可以保持压强的相对稳定，这就是发动机的稳定工作段。所以平衡压强是等燃面装药发动机工作中最有代表性的特征压强，可根据式（8－19）计算。

但是必须注意：

（1）平衡压强 $p_{c,eq}$的理论计算值常常与实测值不符。

（2）除了某些偶然因素的影响之外，产生偏差的主要原因是燃烧室内有热损失，热力计算得到的 C^* 值总是大于实际值。

（3）燃速仪测定的燃速数据总是小于发动机内的实际燃速。因此，如能够采用通过发动机实验直接给出的平衡压强与燃喉比的关系（$p_{c,eq}-K$ 的关系曲线或表格），将会减

小计算值与实测值之间的误差。

(4) 对于含金属推进剂，其燃烧产物中含有一定量的凝相产物，一方面减少了燃气生成量，另一方面减少了对气相的加热量（因为有部分热量聚集在凝相中），因而实测的平衡压强也相应降低。

(5) 平衡压强的公式形式同所用的燃速公式有直接关系。

在前面的推导中，我们采用了 $r=ap^n$ 的指数形式的燃速式，得到了式(8-19)所示的平衡压强。如果采用其他的燃速关系，便得出另外的平衡压强公式。例如，采用燃速关系 $r=a+bp$，得到的平衡压强关系式为

$$p_{c,eq}=\frac{a}{\dfrac{1}{\rho_p C^* K}-b} \tag{8-21}$$

如果采用燃速关系 $\dfrac{1}{r}=\dfrac{a}{q}+\dfrac{b}{p^{1/3}}$，平衡压强为

$$p_{c,eq}=\left(\frac{\rho_p C^* K-a}{b}\right)^{3/2} \tag{8-22}$$

这些公式都可以根据燃气生成率与喷管质量流率平衡（$\dot{m}_b=\dot{m}_d$）的条件，参照前面的步骤导出。

例 8-1：某固体火箭发动机采用两端包覆的单根管状装药，药柱尺寸：外径 $D=\phi93$mm、内径 $d=\phi14$mm、长度 $L=300$mm。喷管喉径 $d_t=17.5$mm，推进剂燃速 $r=0.5125p^{0.66}$(mm/s)（注：式中 p 的单位为 kgf/cm^2）、推进剂密度 $\rho_p=1.6$g/cm^3、特征速度 $C^*=1341.2$m/s。

试计算燃烧室的平衡压强。

解：平衡压强的计算可直接应用式(8-19)，但要注意各量的应用单位。一般是按照国际单位制（SI 制）计算，即压强取 Pa(N/m^2)、密度取 kg/m^3、速度取 m/s。

(1) 燃速计算公式改写为国际制形式：

$$\begin{aligned} r &= 0.5125p^{0.66}\,(\text{mm/s}) \quad (\text{注：式中 } p \text{ 的单位为 kgf/cm}^2) \\ &= 0.5125\times(1.02\times10^{-5}p)0.66\times10^{-3}\,(\text{m/s}) \\ &= 2.6024\times10^{-7}p^{0.66}\,(\text{m/s}) \end{aligned}$$

（注：式中 p 的单位为 Pa）

(2) 燃喉比 K 的计算：

$$K=\frac{A_b}{A_t}=\frac{\pi(D+d)L}{\dfrac{\pi d_t^2}{4}}=\frac{4(D+d)L}{d_t^2}=\frac{4\times(93+14)\times300}{17.5^2}=419.2653$$

(3) 平衡压强的计算：

$$\begin{aligned} p_{c,eq} &= (\rho_p C^* aK)^{\frac{1}{1-n}} \\ &= (1600\times1341.2\times2.6024\times10^{-7}\times419.2653)^{\frac{1}{1-0.66}} \\ &= 9.313\times10^6\,\text{Pa}=9.313\,(\text{MPa}) \end{aligned}$$

2. 燃喉比 K 与压强指数 n 对平衡压强的影响

燃喉比 $K=\dfrac{A_b}{A_t}$ 是固体火箭发动机的一个重要结构参数。在平衡压强公式(8-19)中，

当推进剂和初温一定时，ρ_p、C^*、a 和 n 等都是常数，于是有

$$p_{c,eq}=(\rho_p C^* a)^{\frac{1}{1-n}}K^{\frac{1}{1-n}}=常数\cdot K^{\frac{1}{1-n}} \tag{8-23}$$

这就是说，当推进剂和初温一定时，$p_{c,eq}$主要取决于 K 值。实际上，在发动机设计中，推进剂选定之后，就是通过选择适当的 K 值来获得需要的燃烧室压强和推力的。

式(8－23)表明，平衡压强 $p_{c,eq}$与燃喉比 K 的 $1/(1-n)$ 次方成正比。当采用 n 值大的推进剂时，燃烧室压强随燃喉比变化的幅度大。例如，对于 $n=0.4$ 的推进剂，燃喉比变化 10% 时，燃烧室压强变化 17%，而对于 $n=0.7$ 的推进剂，则为 37%；当 n 值一定，K 值增大，平衡压强也相应升高，如图 8－2 所示。

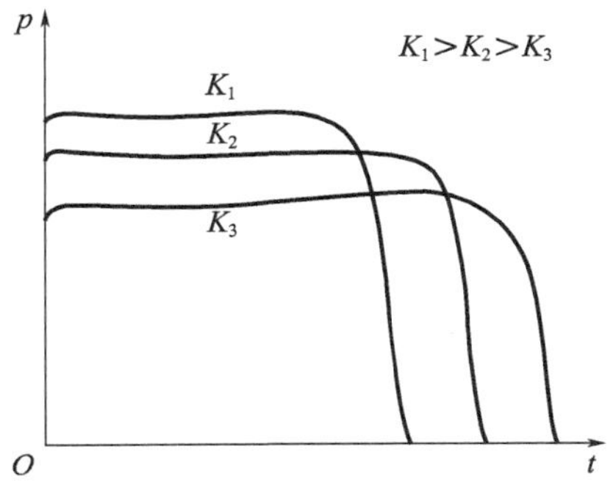

图 8－2　平衡压强与燃喉比 K 的关系(n 一定)

由 $K=\dfrac{A_b}{A_t}$可以看到，在一定意义上，A_b 可以表征燃气的质量生成率 $\dot m_b$，A_t 表征燃气经过喷管的质量流率 $\dot m_d$。K 值增加，意味着燃气生成率相对于喷管质量流率的增加，需要在更高的压强下才能达到平衡，使平衡压强增加；相反，K 值减小，意味着生成率相对于喷管质量流率的减小，平衡压强降低。下面我们进一步分析压强指数 n 的影响。

将式(8－23)先取对数再微分，可得

$$\frac{dp_{c,eq}}{p_{c,eq}}=\frac{1}{1-n}\cdot\frac{dK}{K} \tag{8-24}$$

式(8－24)表明，当燃喉比 K 变化时，平衡压强的相对变化量是燃喉比相对变化量的 $\dfrac{1}{1-n}$ 倍。这里的 $\dfrac{1}{1-n}$相当于放大倍数，当燃速压强指数 n 从 0.2 变化到 0.8 时，$\dfrac{1}{1-n}$从 1.25 增大到 5。由此可知，燃速压强指数 n 的大小也反映了平衡压强对燃喉比变化的敏感程度。当 K 值变化相同时，n 值较大的推进剂，平衡压强的变化量也比较大。图 8－3 是两种推进剂的实验曲线。可以看出，燃速压强指数较大的推进剂(A)对燃喉比 K 的变化比较敏感。

在发动机工作过程中，如果燃烧面积和喉面面积都不变，K 和$p_{c,eq}$也不随时间变化。但是，当喷管喉部有金属氧化物沉积或发生烧蚀的时候，K 和$p_{c,eq}$都会发生意外的变化，从而破坏了预设方案中的压强和推力的变化规律。装药的破碎(特别是在工作后期，肉厚变得很薄的时候)，一方面使燃烧面积增加，另一方面可能造成喷喉堵塞，这就会引起燃烧室压强急升，甚至导致发动机爆炸。因此，在发动机设计中应当采取必要的措施防止上述现象的发生。

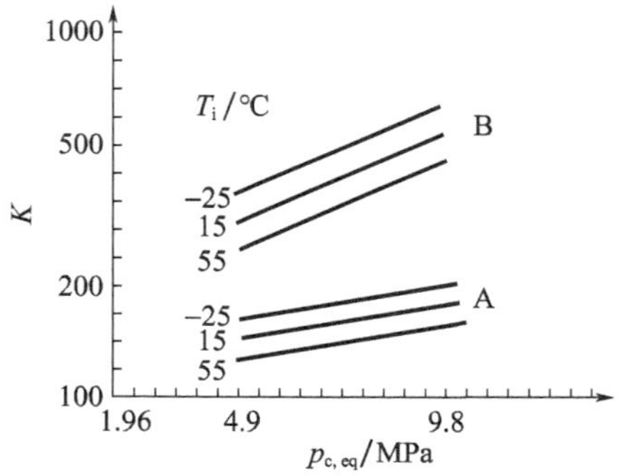

图 8－3　不同 n 条件下平衡压强与 K 的关系

3. 装药初温对平衡压强的影响

实验表明，装药初温对平衡压强有很大影响。对于同一发动机来说，初温越高，平衡压强越大，工作时间越短；初温越低，平衡压强越低，工作时间越长。图 8－4 是一组典型的试验曲线。压强的这种变化必然引起推力产生相应的变化，随着季节环境温度不同，变化的幅度相当大，甚至可以达到额定值的 100%。这种变化对整个导弹的战术性能和发动机本身的工作可靠性都有很大的影响。因此在发动机设计中，必须考虑环境温度（装药初温）对压强和推力的影响，同时还要通过高、低温实验确定其实际影响程度。

燃烧室压强随初温变化的主要原因是推进剂燃速随初温变化，但不是唯一的原因。其他的推进剂特性如 C^* 和 ρ_p 等也或多或少地受初温的影响，使压强有所变化，虽然影响不如燃速变化大，但仍能在压强的变化上反映出来。

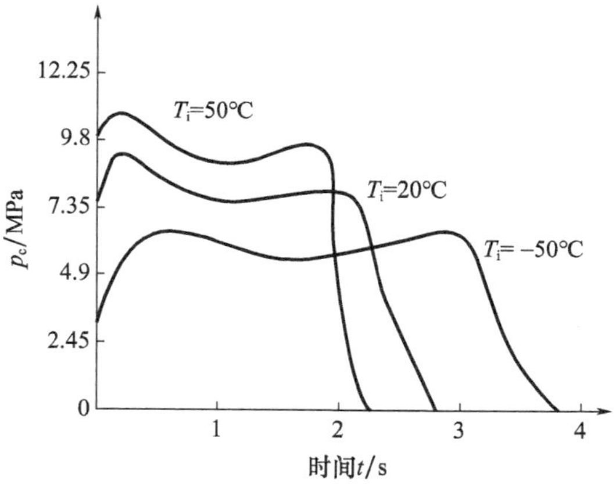

图 8－4　$p_c - t$ 曲线受初温的影响

发动机工作压强随初温的变化用压强的温度敏感系数 π_K 来表示。它代表在一定的燃喉比 K 下，初温度变化 1℃ 时，燃烧室压强变化的相对值，即

$$\pi_K = \frac{1}{\rho}\left(\frac{\partial P}{\partial T_i}\right)_K = \left(\frac{\partial \ln p}{\partial T_i}\right)_K \tag{8-25}$$

下角标 K 表示燃喉比 K 为常数。这里的 p 就取平衡压强，可由 $p = (\rho_p C^* aK)^{\frac{1}{1-n}}$ 得

$$\pi_K=\left(\frac{\partial \ln p}{\partial T_{\mathrm{i}}}\right)_K=\frac{1}{1-n}\left[\left(\frac{\partial \ln \rho_{\mathrm{p}}}{\partial T_{\mathrm{i}}}\right)_K+\left(\frac{\partial \ln C^*}{\partial T_{\mathrm{i}}}\right)_K+\left(\frac{\partial \ln a}{\partial T_{\mathrm{i}}}\right)_K\right] \tag{8-26}$$

在式(8－26)中，π_K不仅反映了燃速系数 a 的变化，也包括了推进剂密度和特征速度随温度的变化。

由于初温升高，推进剂体积膨胀，其密度 ρ_p会有所减小，可以按照推进剂的线膨胀系数来计算。双基推进剂的线膨胀系数为 $1.2\times10^{-4}\sim2\times10^{-4}\ \mathrm{K}^{-1}$，复合推进剂的线膨胀系数为 $0.5\times10^{-4}\sim1.5\times10^{-4}\ \mathrm{K}^{-1}$。在一般情况下，初温影响 ρ_{p}的变化很小，除非进行某些精确计算，通常是可以不考虑的。

特征速度 C^* 随初温的变化而略有变化。初温升高，相当于推进剂进入燃烧前所含的热量有所增加，也就是总焓有所增加，从而提高燃烧温度T_{f}，使 C^* 增加。通常，T_{f}的数值是比较大的，为 2500～3500K 甚至更高，但初温的变化幅度相对较小，最大幅度在 100K 以内，且 C^* 又是只随$\sqrt{T_{\mathrm{f}}}$而增大，因此 C^* 随初温变化的相对值也不大。有关的经验数据表明，当推进剂初温变化 100K 时，$\ln C^*$ 值的变化为 0.5%～0.75%，即

$$\frac{\partial \ln C^*}{\partial T_{\mathrm{i}}}=\frac{(0.5\sim0.75)}{100}=0.005\sim0.0075$$

对压强影响最大的是燃速的变化，前面已经定义了在一定压强下燃速的温度敏感系数 σ_{p}为

$$\sigma_{\mathrm{p}}=\left(\frac{\partial \ln r}{\partial T_{\mathrm{i}}}\right)_{\mathrm{p}}=\frac{\partial \ln a}{\partial T_{\mathrm{i}}}$$

如果不计密度 ρ_{p}受初温的影响，可将式(8－26)写为

$$\pi_K=\frac{1}{1-n}\left(\rho_{\mathrm{p}}+\frac{1}{T_2-T_1}\frac{C_2^*}{C_1^*}\right) \tag{8-27}$$

其中，C_1^* 和C_2^* 分别为初温T_1、T_2下的特征速度。由于 $n<1$，π_K值比σ_{p}值有所放大，其放大的程度决定于 n 值的大小。当 n 较大，接近 1 时，放大倍数可以很大，即压强受初温的影响比燃速受初温的影响增大很多倍。当然，推力也受同样的影响而增大，这对发动机的性能来说是不利的。只有当 n 值较小时，增大的程度也小。当 n 趋近零时，π_K的数值同 σ_{p}值相差不大，压强的变化与燃速的变化相当，增大倍数很小，是可以接受的。因此，为了减小发动机性能受初温变化的影响，不仅要尽量降低推进剂燃速的温度敏感系数，而且要尽量减小燃速的压强指数 n，这就是要发展压强指数接近零的平台推进剂的原因。

π_K的单位是(1/℃)，它的数量级为百分之零点几。

除了 σ_{p}和 π_K以外，还用到另外两个温度敏感系数 σ_K和 $\pi_{p/r}$。σ_K定义为

$$\sigma_K=\left[\frac{\partial \ln r}{\partial T_{\mathrm{i}}}\right]_K \tag{8-28}$$

它表示在发动机中一定的燃喉比下推进剂燃速的温度敏感度，也就是对一台已经做好的发动机，当初温升高 1℃时，其推进剂燃速增加的相对值。引用燃速关系式 $r=ap^n$，得

$$\sigma_K=\left[\frac{\partial \ln a}{\partial T_{\mathrm{i}}}\right]+n\left[\frac{\partial \ln p}{\partial T_{\mathrm{i}}}\right]_K=\sigma_{\mathrm{p}}+n\pi_K \tag{8-29}$$

由此可见，在一定的发动机中，燃速的温度敏感系数 σ_K 比其在一定压强下的温度敏

感系数 σ_p 要大得多，因为在发动机中除了初温变化直接引起燃速变化以外，还因初温变化使压强变化，也引起燃速变化，而压强对燃速的影响是比较显著的。

$\pi_{p/r}$ 定义为

$$\pi_{p/r} = \left(\frac{\partial \ln p}{\partial T_i}\right)_{p/r} \tag{8-30}$$

它表示在一定的 p/r 值下发动机压强的温度敏感度。也就是保持发动机中 p/r 值不变，当初温度化 1℃时发动机压强变化的相对值。如何保持发动机的 p/r 值不变，由平衡压强关系，有

$$\rho_p A_b r = \frac{p A_t}{C^*}$$

故得

$$\frac{p}{r} = \rho_p C^* K \tag{8-31}$$

p/r 为定值，即 $\rho_p C^* K$ 为定值。$\pi_{p/r}$ 就是当 $\rho_p C^* K$ 为定值时发动机压强的温度敏感系数，因此有

$$\pi_{p/r} = \left(\frac{\partial \ln p}{\partial T_i}\right)_{p/r} = \left[\frac{\partial \ln (\rho_p C^* aK)^{\frac{1}{1-n}}}{\partial T_i}\right]_{\rho_p C^* K} = \frac{1}{1-n} \cdot \frac{\partial \ln a}{\partial T_i} = \frac{\sigma_p}{1-n} \tag{8-32}$$

可见 $\pi_{p/r}$ 只反映了初温对燃速的影响而引起的压强变化，没有考虑 ρ_p、C^* 和 K 等参数受初温影响而引起的变化。所以，$\pi_{p/r}$ 和 σ_p 都只是推进剂的燃速特性，与其他参数无关，而 π_K 和 σ_K 则不仅反映了燃速的温度敏感度，也反映了其他参数如 C^* 等随初温变化的影响，因而是在一定的发动机中压强和燃速的温度敏感系数。通过这几个温度敏感系数，当发动机从初温 T_1 的工作状态过渡到初温 T_2 工作时，可以利用各初温下的 $\ln r - \ln p$ 曲线（图 8－5）确定其相应的工作压强和燃速的变化。

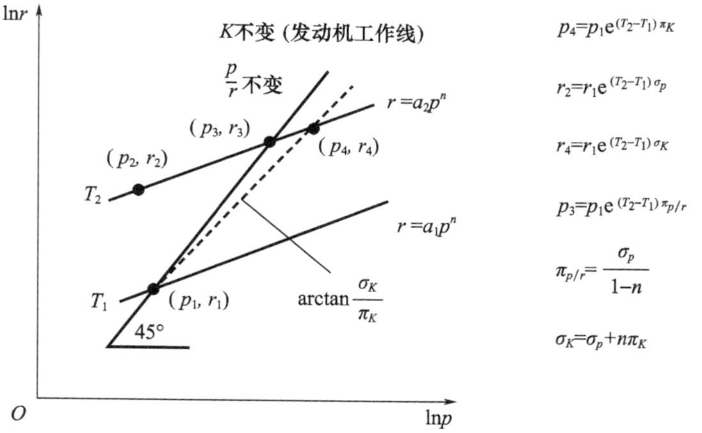

图 8－5　各种温度敏感系数之间的关系

4. 平衡压强的误差分析和预估

实验表明，按照同一设计图，用同一工艺方法生产的发动机，在相同条件下进行点火热试车时，每次测得的平衡压强都会有所不同。这种随机的变化是推进剂性能及发动机

生产工艺参数在一定公差范围内随机变化的结果。

将式(8－19)取对数再微分得

$$\frac{\mathrm{d}p_{c,eq}}{p_{c,eq}}=\frac{1}{1-n}\left(\frac{\mathrm{d}\rho_p}{\rho_p}+\frac{\mathrm{d}C^*}{C^*}+\frac{\mathrm{d}a}{a}+\frac{\mathrm{d}K}{K}\right) \tag{8-33a}$$

或

$$\frac{\Delta p_{c,eq}}{p_{c,eq}}=\frac{1}{1-n}\left(\frac{\Delta\rho_p}{\rho_p}+\frac{\Delta C^*}{C^*}+\frac{\Delta a}{a}+\frac{\Delta K}{K}\right) \tag{8-33b}$$

而

$$\frac{\mathrm{d}K}{K}=\frac{\mathrm{d}A_b}{A_b}=\frac{\mathrm{d}A_t}{A_t}$$

式(8－33a)或式(8－33b)说明，平衡压强的变化量取决于装药密度、燃速系数、特征速度和发动机燃喉比的变化，而且燃速压强指数 n 越大，它们对平衡压强的影响也越大。因此，可以将影响平衡压强的因素归纳为以下几个方面：

(1) 加工公差：装药尺寸和结构零件主要尺寸(如喷管喉径等)都有一定的公差。当实际尺寸在公差范围内变化时，装药燃烧面积 A_b 和喷管喉径 d_t 都要相应变化，因而平衡压强也相应变化。

(2) 装药性能的偏差：即使是同一配方的推进剂，在不同生产批次中，由于原材料性质、推进剂成分、工艺条件等均允许有一定的偏差，因而各批次装药的性能也完全相同。实际上，C^*、ρ_p 和 r 等都允许有一定的变动范围，其中燃速的变化特别大。例如双芳镁－1双基推进剂不同批次间的燃速允许变动的范围为 $r=6.6\sim8.2$mm/s(初温 20℃，压强 65kg/cm²)。通常认为燃速压强指数不变，燃速的变化只是燃速系数的变化，于是：

$$\frac{\Delta r}{r}=\frac{\Delta a}{a}=\frac{8.2-6.6}{6.6}=1$$

该推进剂压强指数 $n=0.51$，因而燃速变化引起的压强变化为

$$\frac{\Delta p_{c,eq}}{p_{c,eq}}=\frac{1}{1-n}\frac{\Delta a}{a}=48$$

显然，这样大的压强变化一定会导致推力发生相应的变化，所以必须采取适当措施加以解决。例如，某空空弹发动机就是根据不同批次推进剂的燃速来选配适当的喷管喉径，以削减压强和推力的变化幅度。

(3) 其他：除了以上两个方面之外，还有一些次要因素，也可能引起平衡压强的变化。例如：不同发动机的热防护层特性的变动能引起燃烧室热损失的差异；材料烧蚀程度的不同，能引起燃烧产物热力特性的变化，这一切都会使 C^* 的实际值不同。又如推进剂老化程度的不同、保温条件的差异等，也能使装药燃速发生一定的变化。此外，低温下装药的收缩、点火增压使装药内孔尺寸增大，以及燃烧室壳体的变形等都会影响装药的几何特性。

确定平衡压强(或其他内弹道特性参数)实际值及其随机偏差的最可靠的方法是大量进行全尺寸发动机的热试车试验，然后用统计的方法确定其数学期望值和标准差(或给出置信限及相应的置信度)。但是，这种方法要花费大量人力、物力和时间，尤其不适用于大型发动机。因此人们更加关心如何用理论方法来估评平衡压强或其他性能参数的误差。

目前，最简单的方法是将所有有关因素 ρ_p、a、n、C^*、A_b、A_t 等的偏差(尺寸公差或性能

偏差)加起来,如式(8－33b)(各项均取其绝对值)。这种方法可以估计各种偏差以最不利的方式组合起来所造成的极限误差。第二种方法,也是比较常用的方法,是求各个偏差的均方根值,如:

$$\frac{\Delta p_{c,eq}}{p_{c,eq}}=\frac{1}{1-n}\sqrt{\left(\frac{\Delta\rho_p}{\rho_p}\right)^2+\left(\frac{\Delta C^*}{C^*}\right)^2+\left(\frac{\Delta a}{a}\right)^2+\left(\frac{\Delta K}{K}\right)^2} \tag{8-34}$$

这种方法给出的是各个偏差以最可能(概率最大)的方式相互组合所产生的误差。第三种方法是统计检验法,经常使用的是所谓蒙特卡罗法。这种方法较之前两种更为精确,但也更为复杂。

5. 平衡压强的稳定性

前面已经指出,平衡压强对应于发动机的平衡状态($\dot{m}_b=\dot{m}_d$)。发动机同其他物理系统一样,它的平衡状态可能是稳定的,也可能是不稳定的。发动机在工作过程中,总会有各种各样的偶然因素破坏燃气生成率 $\dot{m}_b$ 与喷管质量流率 $\dot{m}_d$ 之间的平衡。例如:装药中的裂纹、气泡等缺陷都可以导致燃面偶然增大;成分的不均匀也可引起燃速的不规则变化;喷管喉部暂时的局部阻塞则会造成喷管质量流率的短暂变化;等等。以上各种因素都能使燃烧室压强暂时偏离平衡压强而发生压强波动。当这些干扰因素消失后,如果发动机能够自动回到平衡状态,它就是静力学稳定的,相应的平衡压强就是发动机的稳定工作压强。与此相反,如果干扰因素消失之后,燃烧室压强偏离平衡压强越来越远,以致造成爆炸或熄火,此平衡压强所对应的就是一种不稳定的平衡状态,发动机不能稳定工作。上述情况如图 8－6 所示。

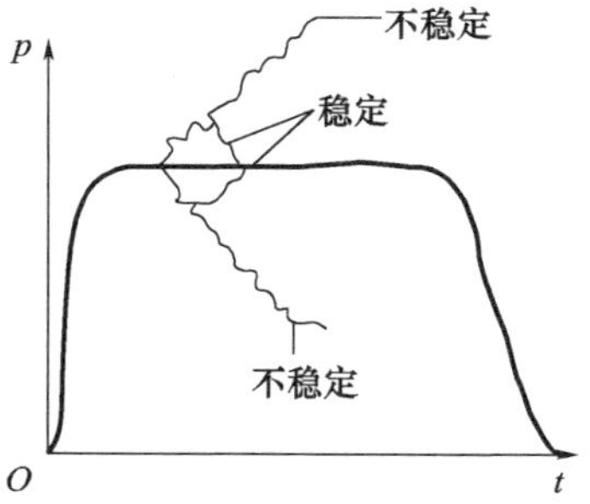

图 8－6　平衡压强稳定性示意图

正如前文所述,燃烧室内压强 p_c 的变化取决于燃气生成率 $\dot{m}_b$ 与喷管质量流率 $\dot{m}_d$ 的相对关系。图 8－7 中画出了燃气生成率 $\dot{m}_b$ 和喷管质量流率 $\dot{m}_d$ 随燃烧室压强 p_c 变化的曲线,其中 $\dot{m}_d=\frac{p_cA_t}{C^*}$,它与 p_c 是线性关系;而 $\dot{m}_b=\rho_pA_bap_c^n$,它与 p_c 的关系随压强指数的不同而有两种变化趋势,既可以上凸弯曲,也可以下凹弯曲,但均在 $\dot{m}_b=\dot{m}_d$ 的交点上,对应于平衡压强 $p_{c,eq}$。那么,设想发动机原来在平衡压强 $p_{c,eq}$ 下工作,现因某种偶然因素的暂时扰动,产生了一个微小的压强增量 Δp_c。由于压强的增大,燃气生成率 $\dot{m}_b$ 和喷管质量流率 $\dot{m}_d$ 发生相应的微量变化 $\Delta\dot{m}_b$ 和 $\Delta\dot{m}_d$,它们与压强增量的关系为

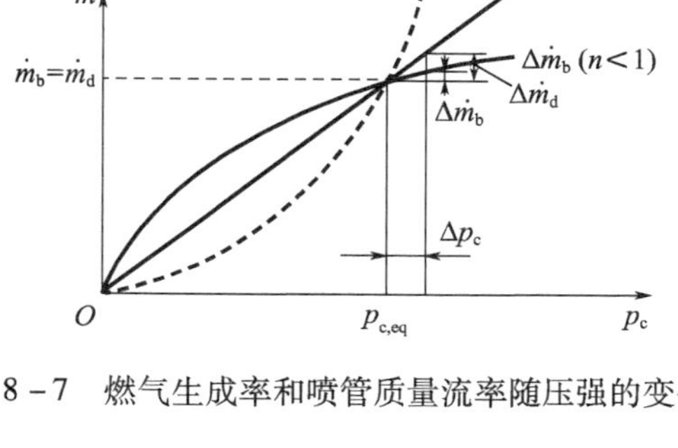

图 8－7　燃气生成率和喷管质量流率随压强的变化

$$\Delta \dot{m}_{\mathrm{b}} = \left(\frac{\mathrm{d}\dot{m}_{\mathrm{b}}}{\mathrm{d}p_{\mathrm{c}}}\right)_{\mathrm{eq}} \times \Delta p_{\mathrm{c}} \tag{8-35}$$

$$\Delta \dot{m}_{\mathrm{d}} = \left(\frac{\mathrm{d}\dot{m}_{\mathrm{d}}}{\mathrm{d}p_{\mathrm{c}}}\right)_{\mathrm{eq}} \times \Delta p_{\mathrm{c}} \tag{8-36}$$

很明显，如果：

$$\left(\frac{\mathrm{d}\dot{m}_{\mathrm{b}}}{\mathrm{d}p_{\mathrm{c}}}\right)_{\mathrm{eq}} > \left(\frac{\mathrm{d}\dot{m}_{\mathrm{d}}}{\mathrm{d}p_{\mathrm{c}}}\right)_{\mathrm{eq}} \tag{8-37}$$

则有 $\Delta \dot{m}_{\mathrm{b}} < \Delta \dot{m}_{\mathrm{d}}$，即燃气生成率的增量大于喷管质量流率的增量，这将导致燃烧室中的燃气贮存量和燃烧室压强进一步增加，结果是压强扰动的影响越来越大，不但不能恢复平衡，而且更加远离平衡。相反，如果：

$$\left(\frac{\mathrm{d}\dot{m}_{\mathrm{b}}}{\mathrm{d}p_{\mathrm{c}}}\right)_{\mathrm{eq}} < \left(\frac{\mathrm{d}\dot{m}_{\mathrm{d}}}{\mathrm{d}p_{\mathrm{c}}}\right)_{\mathrm{eq}} \tag{8-38}$$

则有 $\Delta \dot{m}_{\mathrm{b}} > \Delta \dot{m}_{\mathrm{d}}$，即燃气生成率的增量小于喷管质量流率的增量，这将使燃烧室的燃气贮存量和压强都要减小，从而抵消了压强扰动的作用，促使压强回到平衡值，发动机得以继续稳定工作。因此，发动机稳定工作的条件就是式(8－38)。

图 8－7 中实线所代表的 $\dot{m}_{\mathrm{b}}$，上凸弯曲，正好满足式(8－38)的条件；而图中虚线所代表的 $\dot{m}_{\mathrm{b}}$下凹弯曲，满足式(8－37)的条件而不满足式(8－38)的条件，这不仅不能使燃烧室的压强恢复到原来的平衡压强，而且越来越远离原来的压强，破坏了发动机的稳定工作。

同样，如果最初的压强扰动是微量减小，即 Δp_{c}是负的，按照相同的分析方法也可以得到式(8－38)的稳定条件。

现在我们根据发动机这一稳定工作的条件分析稳定工作所需要的推进剂的燃速特性。

由 $\dot{m}_{\mathrm{b}} = \rho_{\mathrm{p}} A_{\mathrm{b}} r$ 和 $\dot{m}_{\mathrm{d}} = p_{\mathrm{c}} A_{\mathrm{t}} / C^*$ 得

$$\frac{\mathrm{d}\dot{m}_{\mathrm{b}}}{\mathrm{d}p_{\mathrm{c}}} = \rho_{\mathrm{p}} A_{\mathrm{b}} \frac{\mathrm{d}r}{\mathrm{d}p_{\mathrm{c}}} = \dot{m}_{\mathrm{b}} \frac{\mathrm{d}\ln r}{\mathrm{d}p_{\mathrm{c}}} \tag{8-39}$$

$$\frac{\mathrm{d}\dot{m}_{\mathrm{d}}}{\mathrm{d}p_{\mathrm{c}}} = \frac{A_{\mathrm{t}}}{C^*} \frac{\mathrm{d}p_{\mathrm{c}}}{\mathrm{d}p_{\mathrm{c}}} = \dot{m}_{\mathrm{d}} \frac{\mathrm{d}\ln p_{\mathrm{c}}}{\mathrm{d}p_{\mathrm{c}}} \tag{8-40}$$

发动机在平衡状态时，$\dot{m}_{\mathrm{b}} = \dot{m}_{\mathrm{d}}$，因此，式(8－38)的稳定工作条件可以写为

$$\frac{\mathrm{d}\ln r}{\mathrm{d}p_{\mathrm{c}}} < \frac{\mathrm{d}\ln p_{\mathrm{c}}}{\mathrm{d}p_{\mathrm{c}}} \tag{8-41}$$

或

$$\frac{\mathrm{d}\ln r}{\mathrm{d}p_{\mathrm{c}}} = 1 \tag{8-42}$$

这就是判断发动机静力稳定性时对推进剂燃速特性的要求。

如果燃速用指数式 $r = ap_{\mathrm{c}}^{n}$表示，有

$$\frac{\mathrm{d}\ln r}{\mathrm{d}p_{\mathrm{c}}} = n \tag{8-43}$$

此时，燃烧室压强静力稳定的条件便是

$$n < 1 \tag{8-44}$$

这就是说，推进剂的燃速压强指数 $n<1$ 时，发动机可以稳定工作；$n>1$ 时，发动机不能稳定工作。这一结论还可以从图 8-7 直接看出，很明显，实线所表示的情况（$n<1$）与稳定性条件式（8-38）一致，而虚线所示情况（$n>1$）与式（8-37）一致。

事实上，火箭中应用的固体推进剂现有的压强指数通常都在 0.2～0.8 范围内，能满足稳定性要求，其中数值较大的值属于快速燃烧的均质燃料，较小的值为异质燃料。

如果燃速用二项式 $r=a+bp$ 表示，稳定工作的条件为

$$a>0,\rho_p C^* Kb<1 \tag{8-45}$$

如果燃速关系为 $\dfrac{1}{r}=\dfrac{a}{p}+\dfrac{b}{p^{1/3}}$，稳定工作的条件为

$$\frac{1}{r}>\frac{a}{p}+\frac{b}{3p^{1/3}} \tag{8-46}$$

这在一般条件下是能满足的，只要求 $b>0$。

最后还必须指出，式（8-38）仅是判断发动机静力（学）稳定性的准则。$n<1$ 只能保证发动机静力（学）稳定，并不能保证发动机内不出现不稳定燃烧现象。实际上，一个静力（学）稳定的系统，在动力（学）上很可能是不稳定的。

6. 高压下的压强计算

前面在推导式（8-19）的平衡压强公式时，将 $\varepsilon=\rho_c/\rho_p$ 当作微量略去。这在压强不高的情况下是允许的。不致引起太大的误差。但若燃烧室在更高的压强下工作，情况则不一样。例如，当 $p=300\text{kgf/cm}^2$（29.4MPa）时，对一般推进剂的燃烧产物，其 ε 值可达 2%。在这种情况下，对于比较精确的计算，就要求考虑 ε 的影响，按照 $\mathrm{d}p_c/\mathrm{d}t=0$ 的条件来计算燃烧室压强，就必须用式（8-18），即

$$p_c=(\rho_p C^* aK)^{\frac{1}{1-n}}\left(1-\frac{\varepsilon}{1-n}\right)$$

而

$$\varepsilon=\frac{p_c}{\rho_p RT_f}$$

代入上式，得

$$p_c=(\rho_p C^* aK)^{\frac{1}{1-n}}\left(1-\frac{p_c}{(1-n)\rho_p RT_f}\right)$$

解 p_c，得

$$p_c=(\rho_p C^* aK)^{\frac{1}{1-n}}\frac{1}{1+\dfrac{(\rho_p C^* aK)^{\frac{1}{1-n}}}{(1-n)\rho_p RT_f}} \tag{8-47}$$

可以近似地写为

$$p_c=(\rho_p C^* aK)^{\frac{1}{1-n}}\left[1-\frac{1}{1-n}\cdot\frac{(\rho_p C^* aK)^{\frac{1}{1-n}}}{\rho_p RT_f}\right] \tag{8-48}$$

式（8-48）同式（8-19）相比，考虑了 ε 的影响，结果更精确一些，更适于在高压的条件下应用。

如果燃烧室压强更高一些，例如，有的发动机可以达到 49MPa 左右，除了不能略去 ε

的影响以外，还要考虑对所用的气体状态方程进行修正。在较低压强下工作的燃烧室中，由于燃烧温度较高，燃气密度不大，可以按完全气体来处理。但在很高压强下工作时，燃气已经偏离完全气体，需要采用真实气体的状态方程。一般地说，由于气体压强增大，比容减小，与此比容相比，气体分子所占的体积便不能忽略不计，这就需要在状态方程中考虑气体的“余容”。其状态方程修正为

$$p=\frac{\rho}{1-\alpha\rho}RT \tag{8-49}$$

式中：α 为气体的余容。一般推进剂的燃气可以取 $\alpha=1\text{cm}^3/\text{g}$。用式(8－49)代替原来采用的完全气体的状态方程式(8－7)，可以在很高的压强下进行更精确的压强计算。

8.3　零维变燃面装药发动机工作压强计算

8.3.1　基本方程的变换

实践表明，当采用变燃面装药时，燃喉比也随着燃面的变化而变化，此时发动机工作段的压强不再恒定不变，而是随着燃面的变化，产生相应的变化。零维变燃面装药发动机工作段压强的计算也是从基本方程式(8－13)出发，只是燃烧面积 A_b 和自由容积 V_c 都是随时间而变化的，但是它们并不是时间 t 的单变量函数，而是装药燃去厚度 e 的函数，而由燃速 $r=\frac{\Delta e}{\Delta t}$ 可知，$\Delta e=r\cdot\Delta t=ap_c^n\cdot\Delta t$，所以，$A_b$ 和 V_c 实际上都是工作时间 t 和燃烧室压强 p_c 的函数。这样一来，就不能用分离变量法从式(8－13)直接导出压强与时间的解析关系。在这种情况下，为了求出 p_c-t 关系，必须采用数值计算法，将计算分两步进行：

第一步：先找出 p_c-e 关系，同时找到 $r-e$ 关系；

第二步：根据 $r-e$ 关系找到 $e-t$ 关系，进而得出 p_c-t 曲线。

为此，须将基本方程式(8－13)加以变换。按照燃速的定义：

$$r=\frac{\mathrm{d}e}{\mathrm{d}t}=ap_c^n$$

所以有

$$\frac{\mathrm{d}p_c}{\mathrm{d}t}=\frac{\mathrm{d}p_c}{\mathrm{d}e}\cdot\frac{\mathrm{d}e}{\mathrm{d}t}=\frac{\mathrm{d}p_c}{\mathrm{d}e}\cdot ap_c^n \tag{8-50}$$

将式(8－50)代入式(8－13)得

$$\frac{V_c}{\Gamma^2C^{*2}}\cdot\frac{\mathrm{d}p_c}{\mathrm{d}e}\cdot ap_c^n=\rho_pA_bap_c^n-\frac{p_cA_t}{C^*} \tag{8-51}$$

或

$$\frac{\mathrm{d}p_c}{\mathrm{d}e}=\frac{\Gamma^2C^*A_t}{V_ca}\left(\frac{\rho_pA_baC^*}{A_t}-p_c^{1-n}\right) \tag{8-52}$$

利用式(8－19)，令

$$\frac{\rho_pA_bC^*a}{A_t}=p_{c,eq}^{1-n}$$

则得

$$\frac{\mathrm{d}p_{\mathrm{c}}}{\mathrm{d}e}=\frac{\Gamma^{2}C^{*}A_{\mathrm{t}}}{V_{\mathrm{c}}a}(p_{\mathrm{c,eq}}^{1-n}-p_{\mathrm{c}}^{1-n}) \tag{8-53}$$

或

$$p_{\mathrm{c}}^{1-n}=p_{\mathrm{c,eq}}^{1-n}-\frac{V_{\mathrm{c}}a}{\Gamma^{2}C^{*}A_{\mathrm{t}}}\frac{\mathrm{d}p_{\mathrm{c}}}{\mathrm{d}e} \tag{8-54}$$

式中：$p_{\mathrm{c,eq}}$为瞬时平衡压强，其表达式为

$$p_{\mathrm{c,eq}}=\left(\frac{\rho_{\mathrm{p}}A_{\mathrm{b}}C^{*}a}{A_{\mathrm{t}}}\right)^{\frac{1}{1-n}}=(\rho_{\mathrm{p}}C^{*}aK)^{\frac{1}{1-n}} \tag{8-55}$$

式(8－55)形式上与等燃面装药发动机的平衡压强计算公式(8－19)完全相同。但因燃面A_{b}是随时间而变化的，所以，式(8－55)中的$p_{\mathrm{c,eq}}$也是一个瞬变量，称为瞬时平衡压强。前面已经提到，平衡压强是指燃气生成率$\dot{m}_{\mathrm{b}}$与喷管质量流率$\dot{m}_{\mathrm{d}}$相等、燃气流动处于平衡状态时的燃烧室压强。在等燃面燃烧的情况下，燃面或燃喉比不变，所以平衡压强也不随时间变化，但是在变燃面发动机中，大小不同的燃烧面积却对应着不同的平衡压强。对于变燃面发动机，如果在每一瞬时燃气生成率都能与喷管质量流率平衡，那么燃烧室压强等于和当时燃烧面积相对应的平衡压强，这就是瞬时平衡压强的物理本质。既然燃面A_{b}是燃去厚e的函数，所以瞬时平衡压强也是e的函数。

式(8－54)表明，在一般情况下，燃烧室压强的瞬时值并不等于瞬时平衡压强，两者之间相差一个与压强变化率有关的修正项。在变燃面发动机中，由于瞬间燃面的改变，使燃烧室内自由容积的充气升压或排气降压都需要一定的时间，即从旧的平衡状态被破坏到建立起另一个新的平衡状态是不能瞬时完成的，因而在一段时间内，燃烧室内实际瞬变压强可能既不等于旧平衡状态下的平衡压强，也不等于新平衡状态下的平衡压强。当燃烧面积比较迅速地连续变化时，燃烧室压强便可能始终落后于燃面的变化，任何瞬时都不能达到对应燃面下的瞬时平衡压强。这就是式(8－54)右端出现修正项（右端第二项）的原因。很明显，燃面的变化越快，这种滞后现象越严重，修正项的（绝对）值就越大。对于增面性装药，燃气生成率始终大于喷管质量流率，燃烧室的自由容积不断充气升压，所以$\frac{\mathrm{d}p_{\mathrm{c}}}{\mathrm{d}t}>0\left(\frac{\mathrm{d}p_{\mathrm{c}}}{\mathrm{d}e}>0\right)$，同时由于瞬时压强总是落后于燃面的变化，所以$p_{\mathrm{c}}<p_{\mathrm{c,eq}}$；对于减面性装药，燃气生成率始终小于喷管质量流率，自由容积不断排气降压，所以$\frac{\mathrm{d}p_{\mathrm{c}}}{\mathrm{d}t}<0\left(\frac{\mathrm{d}p_{\mathrm{c}}}{\mathrm{d}e}<0\right)$，又因瞬时压强落后于燃面变化，所以$p_{\mathrm{c}}>p_{\mathrm{c,eq}}$。

8.3.2 零维变燃面装药发动机工作段压强的计算

实验表明，一般的变燃面装药发动机的燃面变化并不会使燃烧室的瞬时工作压强和瞬时平衡压强有很大的差别，所以，两者的变化率$\frac{\mathrm{d}p_{\mathrm{c}}}{\mathrm{d}e}$和$\frac{\mathrm{d}p_{\mathrm{c,eq}}}{\mathrm{d}e}$也相差不多，大多数情况下仅差一个高阶微量。因此，在用式(8－54)计算时，常用$\frac{\mathrm{d}p_{\mathrm{c,eq}}}{\mathrm{d}e}$代替$\frac{\mathrm{d}p_{\mathrm{c}}}{\mathrm{d}e}$，从而大大地简化了计算步骤。

我们知道，瞬时平衡压强$p_{\mathrm{c,eq}}$和燃面A_{b}都是燃去厚度e的函数，将式(8－55)取对数，

再对燃去厚度 e 微分，在只有燃面变化的条件下得

$$\frac{\mathrm{d}p_{\mathrm{c,eq}}}{p_{\mathrm{c,eq}}\mathrm{d}e}=\frac{1}{1-n}\frac{\mathrm{d}K}{K\mathrm{d}e} \tag{8-56}$$

于是

$$\frac{\mathrm{d}p_{\mathrm{c,eq}}}{\mathrm{d}e}=\frac{p_{\mathrm{c,eq}}}{K(1-n)}\frac{\mathrm{d}K}{\mathrm{d}e}$$

或

$$\frac{\Delta p_{\mathrm{c,eq}}}{\Delta e}=\frac{p_{\mathrm{c,eq}}}{K(1-n)}\frac{\Delta K}{\Delta e} \tag{8-57}$$

这里 $K=A_{\mathrm{b}}/A_{\mathrm{t}}$ 为燃喉比，因为 A_{t} 为常数，又可写为

$$\frac{\mathrm{d}p_{\mathrm{c,eq}}}{\mathrm{d}e}=\frac{p_{\mathrm{c,eq}}}{A_{\mathrm{b}}(1-n)}\frac{\mathrm{d}A_{\mathrm{b}}}{\mathrm{d}e}$$

或

$$\frac{\Delta p_{\mathrm{c,eq}}}{\Delta e}=\frac{p_{\mathrm{c,eq}}}{A_{\mathrm{b}}(1-n)}\frac{\Delta A_{\mathrm{b}}}{\Delta e} \tag{8-58}$$

在变燃面发动机计算中，利用式(8－55)可以计算出瞬时平衡压强 $p_{\mathrm{c,eq}}$ 与燃去肉厚的关系，即对应于一定的燃烧肉厚，有其相应的 $p_{\mathrm{c,eq}}$、K 和 $\Delta K/\Delta e$（也可以是 $p_{\mathrm{c,eq}}$、A_{b} 和 $\Delta A_{\mathrm{b}}/\Delta e$），这样就可以由式(8－57)或式(8－58)计算出相应的 $\Delta p_{\mathrm{c,eq}}/\Delta e$ 值，将 $\Delta p_{\mathrm{c,eq}}/\Delta e$ 当作 $\Delta p_{\mathrm{c}}/\Delta e$ 值，用公式：

$$p_{\mathrm{c}}^{1-n}=p_{\mathrm{c,eq}}^{1-n}-\frac{V_{\mathrm{c}}a}{C^{*}\Gamma^{2}A_{\mathrm{t}}}\frac{\Delta p_{\mathrm{c,eq}}}{\Delta e} \tag{8-59}$$

对相应的燃烧室工作压强进行修正，求得更精确的 $p_{\mathrm{c}}-e$ 的关系。再与 $e-t$ 的关系联立，就可以确定更精确的 $p_{\mathrm{c}}-t$ 关系。详细的计算过程见例8－2。

应该说，式(8－59)用 $\Delta p_{\mathrm{c,eq}}/\Delta e$ 代替式(8－54)中的 $\Delta p_{\mathrm{c}}/\Delta e$（式中的 $\mathrm{d}p_{\mathrm{c}}/\mathrm{d}e$）来修正 p_{c}，原则上是有一定误差的。为消除此误差，可以进行迭代计算，即由式(8－59)求得 p_{c}，再按照 $p_{\mathrm{c}}-e$ 关系确定每一相应 e 上的 $\Delta p_{\mathrm{c}}/\Delta e$，以此作为 $\mathrm{d}p_{\mathrm{c}}/\mathrm{d}e$ 代入式(8－54)，再修正 p_{c}，这样反复迭代，直至达到必要的精度。实际上，在一般情况下由于 $\Delta p_{\mathrm{c,eq}}$ 与 Δp_{c} 已很接近，用 $\Delta p_{\mathrm{c,eq}}/\Delta e$ 代替式(8－54)中的 $\Delta p_{\mathrm{c}}/\Delta e$ 进行一次修正已能满足一般的计算要求。

在燃面变化不大的情况下，对燃烧室工作压强的修正项 $\dfrac{V_{\mathrm{c}}a}{C^{*}\Gamma^{2}A_{\mathrm{t}}}\dfrac{\mathrm{d}p_{\mathrm{c}}}{\mathrm{d}e}$ 的数值相对很小，应用瞬时平衡压强修正法，就能得到比较满意的结果。所以在发动机设计中，常常应用瞬时平衡压强修正法对 $p_{\mathrm{c}}-t$ 曲线进行初步计算。具体的计算步骤如下：

(1) 将装药总的燃烧肉厚 E 等分为 n 段，每个微元燃烧肉厚为 $\Delta e=\dfrac{E}{n}$。由此得到燃去肉厚 e（自变量）的 $n+1$ 个值，组成如下的序列：$0,e_1,e_2,\cdots,e_i,\cdots,e_n$，同时计算出 Δe_1，$\Delta e_2,\cdots,\Delta e_i,\cdots,\Delta e_n$，这里 $\Delta e_i=e_i-e_{i-1}$。

(2) 计算对应于每个燃去肉厚的燃烧面积 $A_{\mathrm{b}i}$ 值：

$A_{\mathrm{b0}},A_{\mathrm{b1}},A_{\mathrm{b2}},\cdots,A_{\mathrm{b}i},\cdots,A_{\mathrm{b}n}$。

(3) 利用式(8－55)计算对应于相应燃面的瞬时平衡压强值及 $\Delta p_{\mathrm{c,eq}i}$ 值：

$p_{\mathrm{c,eq0}},p_{\mathrm{c,eq1}},p_{\mathrm{c,eq2}},\cdots,p_{\mathrm{c,eq}i},\cdots,p_{\mathrm{c,eq}n}$；

$\Delta p_{c,eq1}, \Delta p_{c,eq2}, \cdots, \Delta p_{c,eqi}, \cdots, \Delta p_{c,eqn}$。

(4) 计算对应于每个燃去肉厚的燃烧室自由容积：

$V_{c,0}, V_{c,1}, V_{c,2}, \cdots, V_{c,i}, \cdots, V_{c,n}$。

(5) 计算式(8-59)中对应于每个燃去肉厚的修正项$(\Delta p_{c,eq}/\Delta e)_i$[注：$(\Delta p_{c,eq}/\Delta e)i \approx (\Delta p_c/\Delta e)_i$]。

(6) 按式(7-59)计算对应于每个燃烧肉厚的燃烧室工作压强$p_{c,i}$：

$$p_{c,i}^{1-n} = p_{c,eqi}^{1-n} - \frac{V_c a}{C^* \Gamma^2 A_t}\left(\frac{\Delta p_{c,eq}}{\Delta e}\right)_i$$

(7) 计算相邻两点(相邻两个燃烧厚度之间)的燃烧室工作压强的平均值$\bar{p}_{c,i}$：

$$\bar{p}_{c,i} = \frac{p_{c,i} + p_{c,i} - 1}{2}$$

(8) 根据各燃去肉厚段的平均压强计算对应于燃去肉厚的燃速r_i：$r_i = a\bar{p}_{c,i}^n$。

(9) 计算各燃去肉厚段的燃烧时间Δt_i：$\Delta t_i = \dfrac{\Delta e_i}{r_i}$。

(10) 计算燃去总燃烧肉厚E的燃烧时间t_b：$t_b = \sum\limits_{i=1}^{n} \Delta t_i$。

例8-2：已知某固体火箭助推器的原始数据如下：

燃烧室筒段内径$D_{ci} = 96\text{mm}$、筒段装药可占用长度$L_{ci} = 340\text{mm}$，喷管喉径$d_t = 17.7\text{mm}$，装药采用SQ-2单根管状药，药柱$D/d-L$为$\phi 93/\phi 14 \sim 330\text{mm}$，全表面燃烧。初温$T_i = 20℃$时的推进剂燃速$r = 0.5125p^{0.66}$(mm/s)(注：式中$p$的单位为$\text{kg/cm}^2$)、推进剂密度$\rho_p = 1.6\text{kg/cm}^3$、比热比$k = 1.252$、定压燃烧温度$T_f = 2193.2\text{K}$、燃气平均相对分子质量$\bar{m} = 23.4\text{kg/mol}$，助推器点火压强$p_{ig} = 2\text{MPa}$。求该助推器在初温$T_i = 20℃$时工作段的$p_c - t$曲线。

解：全表面燃烧的管状装药的燃烧面积随发动机的工作时间是逐渐减小的，且$J = \dfrac{A_t}{A_p} = \dfrac{d_t^{\ 2}}{(D_{ci}^{\ 2} - D^2) + d^2} = 0.41 < 0.5$，故可按零维变燃烧面的情况进行计算。

(1) 常量计算。

燃烧室初始自由容积：

$$\begin{aligned} V_{ci} &= \frac{\pi D_{ci}^2}{4} \times L_{ci} - \frac{\pi(D^2 - d^2)}{4} \times L \\ &= \frac{3.14 \times 96^2}{4} \times 340 - \frac{3.14 \times (93^2 - 14^2)}{4} \times 330 \\ &= 270000.75\text{mm}^3 = 2.7 \times 10^{-4}(\text{m}^3) \end{aligned}$$

装药初始燃烧面积：

$$\begin{aligned} A_{bi} &= \pi(D + d)L + 2 \times \frac{\pi(D^2 - d^2)}{4} \\ &= 3.14 \times (93 + 14) \times 330 + 2 \times \frac{3.14 \times (93^2 - 14^2)}{4} \\ &= 124144.61\text{mm}^2 = 0.1241(\text{m}^2) \end{aligned}$$

装药总燃烧肉厚：$E = \dfrac{D - d}{4} = \dfrac{93 - 14}{4} = 19.75(\text{mm})$

喷喉面积：

$$A_t = \frac{\pi}{4}d_t^2 = \frac{3.14}{4} \times 17.7^2 = 245.933\text{mm}^2 = 2.46 \times 10^{-4}(\text{m}^2)$$

Γ 值：

$$\Gamma = \sqrt{K}\left(\frac{2}{k+1}\right)^{\frac{k+1}{2(k-1)}} = \sqrt{1.252} \times \left(\frac{2}{1.252+1}\right)^{\frac{1.252+1}{2\times(1.252-1)}} = 0.6584$$

特征速度：

$$C^* = \frac{\sqrt{RT_f}}{\Gamma} = \frac{\sqrt{\frac{8.314 \times 10^3}{23.4} \times 2193.2}}{0.6584} = 1340.75(\text{m/s})$$

燃速公式改写为国际制：

$$\begin{aligned} r &= 0.5125p^{0.66}(\text{mm/s}) \quad (\text{注:式中 } p \text{ 的单位为 kgf/cm}^2) \\ &= 0.5125 \times (1.02 \times 10^{-5}p)^{0.66} \times 10^{-3}(\text{m/s}) \\ &= 2.6024 \times 10^{-7}p^{0.66}(\text{m/s})(\text{注:式中 } p \text{ 的单位为 Pa}) \end{aligned}$$

(2) 工作段 $p-t$ 曲线计算。

装药燃去厚度为 e 时的燃烧面积计算：

$$\begin{aligned} A_b &= (\pi D - 2e + d + 2e)(L - 2e) + 2\pi\left[\frac{(D-2e)^2}{4} - \frac{(d+2e)^2}{4}\right] \\ &= A_{bi} - 4\pi(D+d)e = 0.1241 - 1.344e(\text{m}^2) \end{aligned}$$

装药燃去厚度为 e 时燃烧室自由容积：

$$\begin{aligned} V_c &= V_{ci} + \left\{\frac{\pi(D^2-d^2)}{4}L - \frac{\pi[(D-2e)^2-(d+2e)^2]}{4}(l-2e)\right\} \\ &= V_{ci} + \pi e(D+d)\left[(L-2e) + \frac{1}{2}(D-d)\right] \\ &= 2.7 \times 10^{-4} + 3.14e(0.093+0.014)\left[(0.330-2e) + \frac{1}{2}(0.093-0.014)\right] \\ &= 2.7 \times 10^{-4} + 0.1242e - 0.672e^2(\text{m}^3) \end{aligned}$$

利用式(8-55)计算瞬时平衡压强：

$$\begin{aligned} p_{c,eq} &= \left(\rho_p C^* a \frac{A_b}{A_t}\right)^{\frac{1}{1-n}} \\ &= \left(1600 \times 1340.75 \times 2.6024 \times 10^{-7} \times \frac{A_b}{2.46 \times 10^{-4}}\right)^{\frac{1}{1-0.66}} \\ &= (2269.38A_b)^{2.9412}(\text{Pa}) \\ &= (2269.38A_b)^{2.9412} \times 10^{-6}(\text{MPa}) \end{aligned}$$

修正量：

$$\frac{\mathrm{d}p_c}{\mathrm{d}e} \approx \frac{\Delta p_{c,eq}}{\Delta e}$$

利用式(8-59)计算燃烧室压强：

$$p_c^{1-n} = p_{c,eq}^{1-n} - \frac{V_c a}{C^* \Gamma^2 A_t}\frac{\Delta p_{c,eq}}{\Delta e}$$

$$=p_{c,eq}^{1-n}-\frac{2.6024\times10^{-7}}{1340.75\times0.6584^2\times2.64\times10^{-4}}\times V_c\cdot\frac{\Delta p_{c,eq}}{\Delta e}$$

$$=p_{c,eq}^{1-n}-1.82\times10^{-6}\times V_c\cdot\frac{\Delta p_{c,eq}}{\Delta e}(\text{Pa})$$

$$p_c=\left[p_{c,eq}^{1-n}-1.82\times10^{-6}\times V_c\cdot\frac{\Delta p_{c,eq}}{\Delta e}\right]^{\frac{1}{1-n}}(\text{Pa})$$

燃烧时间计算：

药柱燃去 Δe_i厚度时的燃烧时间 Δt_i：

$$\Delta t_i=\frac{\Delta e_i}{\bar{r}_i}=\frac{\Delta e_i}{a\,\bar{p}_{ci}^n}=\frac{\Delta e_i}{2.6024\times10^{-7}[(p_{c(i-1)}+p_{ci})/2]^{0.66}}$$

药柱烧去肉厚 e 时的燃烧时间 t：

$$t=\int_0^e\frac{\mathrm{d}e}{r}\approx\sum\frac{\Delta e_i}{\bar{r}_i}=\sum\Delta t_i$$

药柱烧去全部肉厚 E 时的燃烧时间 t_b：

$$t_b=\int_0^E\frac{\mathrm{d}e}{r}\approx\sum_{i=1}^{n}\frac{\Delta e_i}{\bar{r}_i}=\sum_{i=1}^{n}\Delta t_i$$

关于微元燃烧距离 Δe_i 的划分，为计算方便，可以将装药总的燃烧肉厚划分为若干相等的或不相等的 Δe_i。Δe_i越小，计算的精度越高，但计算的工作量相应增加。在压强变化比较显著的期间（如压强建立过程），为了提高计算精度，其 Δe_i应相对取小一些。

按照上述的步骤和公式，例 8－2 的计算列表见表 8－1。将计算结果绘成图线便是图 8－8 中的工作段。

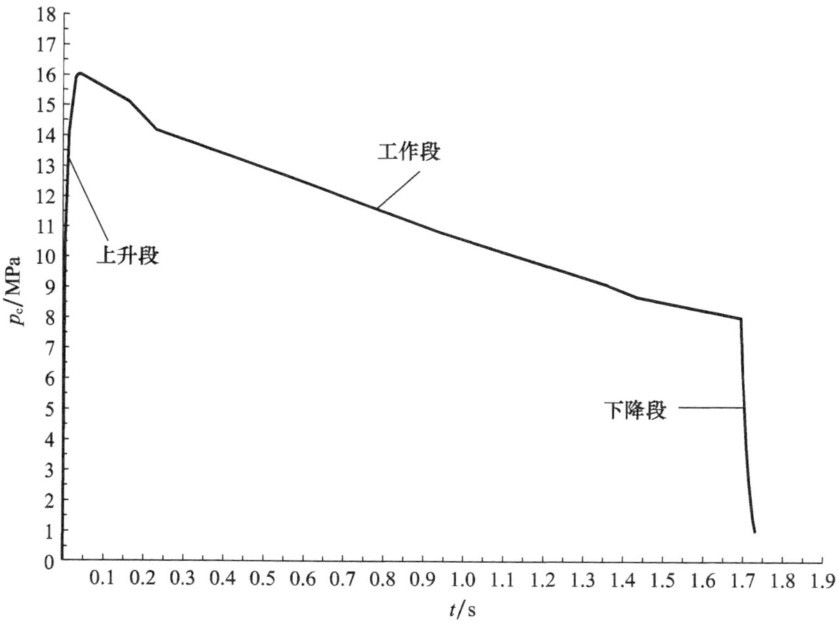

图 8－8　计算曲线

表8-1　例8-2的计算列表

$e_i\times10^{-3}$(m)		0	1.975	3.95	5.925	7.9	9.875	11.85	13.825	15.8	17.775	19.75
$\Delta e_i\times10^{-3}$(m)		1.975	1.975	1.975	1.975	1.975	1.975	1.975	1.975	1.975	1.975	1.975
A_b(m^2)		0.1241	0.1214	0.1188	0.1161	0.1135	0.1108	0.1082	0.1055	0.1029	0.1002	0.09756
$V_c\times10^{-3}$(m^3)		0.27	0.513	0.75	0.982	1.21	1.43	1.65	1.86	2.06	2.27	2.46
$K=A_b/A_t$		504.47	493.50	482.93	4471.95	461.38	450.41	439.84	428.86	418.29	407.32	396.59
$P_{c,eq}\times10^{-3}$(Pa)		16.03	15.05	14.10	13.19	12.32	11.50	10.70	9.95	9.23	8.55	7.899
第一次近似	$\Delta p_{c,eqi}\times10^6$(Pa)		-0.98	-0.95	-0.91	-0.87	-0.82	-0.8	-0.75	-0.72	-0.68	-0.651
	$\frac{\Delta p_{c,eqi}}{\Delta e_i}\times10^9$ (Pa/m)	0	-0.50	-0.48	-0.46	-0.44	-0.42	-0.40	-0.38	-0.36	-0.35	-0.33
	$p_c^{(1)}\times10^6$(Pa)	16.03	15.12	14.20	13.31	12.46	11.64	10.86	10.11	9.39	8.71	8.05
	$(p_c^{(1)}-\Delta p_{c,eq})/\Delta p_{c,eq}$		0.0047	0.0071	0.0091	0.011	0.012	0.015	0.016	0.017	0.019	0.0191
第二次近似	$\Delta p_{ci}^{(1)}\times10^6$(Pa)		-0.91	-0.92	-0.89	-0.85	-0.82	-0.78	-0.75	-0.72	-0.68	-0.66
	$\frac{\Delta p_{ci}}{\Delta e_i}\times10^9$ (Pa/m)	0	-0.46	-0.47	-0.45	-0.43	-0.42	-0.39	-0.38	-0.36	-0.34	-0.33
	$p_c^{(2)}\times10^6$(Pa)	16.03	15.12	14.20	13.31	12.455	11.65	10.85	10.11	9.39	8.71	8.06
	$(p_c^{(2)}-p_c^{(2)})/p_c$		0	0	0	-0.000401	-0.00086	-0.00092	0	0	0	0.00124
$r=ap_c^n$(m/s)		0.0148	0.0143	0.0137	0.0131	0.0125	0.0120	0.01145	0.01093	0.01041	0.0099	0.00941
$\bar{r}_i$(m/s)			0.01455	0.014	0.0134	0.0128	0.0123	0.0117	0.0112	0.0107	0.0106	0.0097
$\Delta t_i=\Delta e_i/\bar{r}_i$(s)			0.136	0.141	0.147	0.154	0.161	0.1684	0.1765	0.1851	0.1945	0.2046
$t=\sum\Delta t_i$(s)		0	0.13	0.2	0.4	0.578	0.73	0.907	1.08	1.26	1.4	1.66

注：在第二次近似迭代计算中，计算公式与第一次近似迭代计算公式一样，只是把公式中的 $\Delta p_{c,eq}/\Delta e$ 用 $\Delta p_c^{(1)}/\Delta e$ 替代即可。由表8-1可见，本例中前后两次近似迭代计算出的压强值已非常接近，故可结束计算。

8.4　固体火箭发动机点火过程及压强上升段的计算

固体火箭发动机根据操作指挥人员或某种自动控制装置发出的点火指令而开始工作。点火指令信号先使发动机点火器的发火系统起动工作，发火系统再点燃能量释放系统，形成两级点火，能量输出逐级放大，产生足以保证点燃主推进剂装药所需的高温燃烧产物，并通过热传导、对流、辐射以及其中灼热质点对主装药表面的撞击等方式将热量传递给推进剂，使装药表面温度升高到着火温度，产生燃烧火焰。如果点火正常，则主装药燃烧将能自持稳定地延续。

点火是发动机开始工作的第一步，点火过程的完善程度对发动机工作有重要影响。下面我们将对点火器、点火起动过程及其相应的压强上升段的工程计算三个问题进行讨论。

8.4.1 点火器

点火器的形式与结构随发动机和推进剂装药不同而有很大的差异，一般点火器可分为发火系统和能量释放系统两个基本部分。

1. 发火系统

发火系统含有发火药，发火药产生的热量，用来点燃能量释放系统的点火药。发火药的成分，因激发发火系统工作的外加能源种类不同而不同。目前普遍使用的激发发火系统工作的能源是电能，当按下发射按钮时，电流便由点火电源通过埋在发火药中的、有一定电阻的细金属丝，使金属丝发热。因此，此时发火药主要成分是热敏药，如三硝基苯间二酚铅等。发火系统的激发能源也可能使用机械能（机械撞击）、化学能（两种化学物质的化学反应）、冲击波或激光束等，这时发火药也相应地包含对上述能量敏感的物质。

2. 能量释放系统

能量释放系统的主体是点火药。点火药靠发火药点燃，然后再用来点燃发动机的推进剂主装药。点火药的种类和型号规格繁多，大致可以分为三类：黑火药、烟火剂和复合推进剂。

对于双基推进剂来说，一般使用黑火药就可满足点火要求。含铝复合推进剂要求能量更高的点火药，因此普遍采用由金属粉（铝、镁、锆、硼等）和氧化剂（过氯酸钾、硝酸钾、聚四氟乙烯等）组成的烟火剂点火药，它们加上少量黏结剂混和后经过造粒或压成药片使用，点火药颗粒尺寸越大，则燃烧时间越长。

烟火剂或黑火药的药盒式点火器在小型固体火箭发动机上广泛使用，而在现代大、中型固体火箭发动机上多采用点火发动机式点火器，其中点火药为专供点火用的复合推进剂，这时点火器如同一个小型固体火箭发动机的燃烧室。燃烧产物经由定向喷孔喷出，用来点燃发动机的主装药。由于要求在极短的点火时间内产生大量点火药燃烧产物，因此点火发动机通常采用高燃速、薄肉厚、大燃面的星形内孔或轮辐形内孔推进剂装药。点火发动机式点火器的性能可用燃烧产物流率、总流量、工作时间、燃烧产物温度、凝相微粒含量以及热流密度的空间分布等参数来表示。

8.4.2 固体火箭发动机的点火起动过程

发动机的起动过程就是依靠点火器点燃主装药，使燃烧室压强不断升高，并趋近工作段的平衡压强，在主装药转入稳定燃烧的同时，发动机也进入稳定工作状态。全部起动过程大致可划分为以下几个阶段。

1. 预备阶段

预备阶段从发出点火指令、接通点火器发火系统的电路开始，到点火器开始向燃烧室内腔排出燃烧产物终止。这一阶段所需时间称为点火器的发火延迟和能量释放延迟时间。

2. 点火药燃烧产物在燃烧室自由容积中的传播

点火器向燃烧室内排出的燃烧产物首先充满燃烧室空腔，然后向喷管端流动，同时排挤和压缩燃烧室内原有的冷空气。点火药燃烧所产生的压缩波则以更高的速度（声速）传播，到达喷管端即发生反射。在特定条件下，压缩波有可能发展成激波。被排挤到喷管端的空气压强上升到一定程度，喷管堵盖被推开，空气开始外流，同时有一个稀疏波向燃烧室头部传播。由此不难看出，这一阶段的流场是相当复杂的。另外，如果点火器放在主装药通道内部或尾部（喷管端），流场还可能具有明显的不均匀性，其特征与点火器的具体结构有关。

3. 主装药的加热和点燃

点火药燃烧产物流过装药表面时，即以对流、辐射、炽热颗粒的直接接触、撞击等方式加热主装药。由于起动过程流场的非定常性、不均匀性以及边界层结构沿轴向的变化等，主装药表面各部分的受热状态很不一样，因此主装药表面各点的点燃有先后之分。当表面某点首先达到点火临界温度时，主装药即在该点首先点燃，并转入下一阶段。

4. 装药表面的火焰传播

主装药表面局部点燃之后，主装药的燃烧产物与点火药的燃烧产物共同对主装药加热，使主装药表面其余部分先后点燃，这就是装药表面的火焰传播过程。在这个过程中，装药表面上方燃气的流动状态以及装药表面的受热状态都有很大的变化。这是因为：

（1）装药点燃之后即向药柱通道喷注燃气，这必然引起装药表面边界层结构的变化（相对于装药未点燃之前）。边界层结构的变化，作为一种微小扰动，将在火焰前锋的前面以声速传播，从而改变了对流换热特性。

（2）装药燃烧产物和点火药燃烧产物的混合燃气以大于火焰传播的速度运动，从而增强了对未燃表面的加热。

（3）已燃部分将不断产生压缩波，它们以声速传播和反射，从而使流场参数及加热条件不断变化。

5. 燃烧室自由容积的充填过程

当主装药表面局部点燃出现火焰、火焰沿主装药表面向药柱头尾部传播，致使主装药表面全部点燃，并产生大量的燃气充填燃烧室内的自由容积，使燃烧室内的压强升高且压强上升率也增大，这些又都促使装药燃速增加。因此，在各因素的综合影响下，发动机点火起动阶段的压强上升率是很高的，可达 $10^2 \sim 10^4$MPa/s。从主装药表面局部点燃到主装药表面全部点燃所需要的时间称为主装药点火延迟时间。

固体火箭发动机点火的成败和好坏通常用点火延迟时间 t_{ID} 来衡量。点火延迟时间的基本定义是：从发出点火指令、施加外部激励开始，到确认装药全部表面已点燃的瞬时，所经历的时间。由此可见，点火延迟时间由点火器的发火延迟、能量释放延迟和主装药点火延迟组成。点火延迟时间示意图如图 8－9 所示。

为了确保主装药的可靠点火和加快发动机的起动过程，一般均使点火药略有富余，所以在主装药表面全部点燃之后，仍有一部分剩余的点火药继续燃烧。点火药的燃烧产物与主装药的燃烧产物互相混合，一部分从喷管流出，另一部分充填燃烧室，使室内压强不断上升。这时，剩余点火药量及点火药的粒度对燃烧室内的充填过程、整个发动机起动过程的压强瞬变特性都有重大影响。

图 8－10 表示几种典型的点火过程压强上升曲线。曲线 1 表示点火药过少、点火压强过低，点火药的能量不足，因而点火失败（也可能发生反常燃烧现象）；曲线 2 表示点火药略显不足，发生了点火延迟现象；曲线 3 代表正常情况；曲线 4 说明点火药粒度太细、燃烧时间过短，不能与装药的点火及火焰传播过程恰当匹配，因而造成了点火初始压强峰和

随后的下凹现象；曲线5表示点火药量过多，造成严重的点火压强峰。发动机设计要求在各种工作条件下（如在低温或低压下）主装药都能可靠点火，发动机可在规定时期内进入稳定的工作状态，既不产生过大的点火压强峰，更不能过多地延迟发火或点不着火。

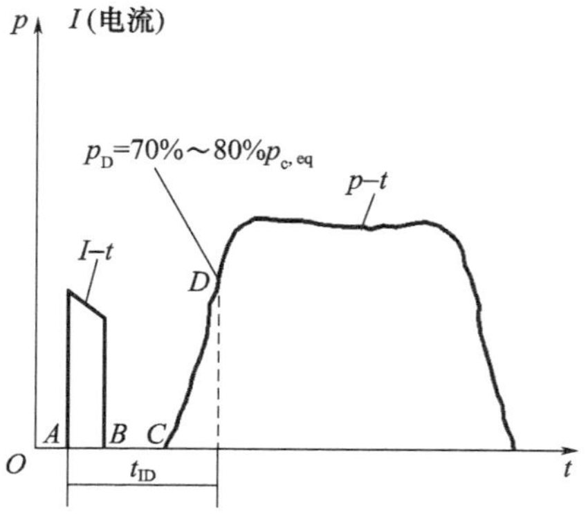

图8－9　点火延迟时间示意图

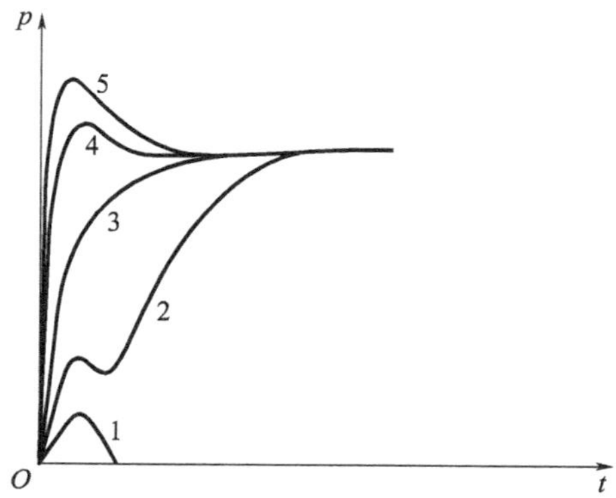

图8－10　不同点火过程压强变化的比较

发动机点火起动过程中各个阶段的划分带有任意性，其目的只是便于描述起动过程。实际上，以上所说各个阶段并不能截然分开，各阶段是相互重叠、同时进行的。

8.4.3　点火起动段压强建立过程的工程计算

由以上内容可知，发动机点火起动过程包含多种物理、化学变化，燃烧室内燃气流动状态相当复杂，并且随时变化。很明显，为了尽可能真实地反映点火过程的细节，必须考虑燃气流动的非定常性、非稳态的热交换和质量交换过程、火焰传播、侵蚀效应、压强瞬变对燃速的影响以及燃气温度的瞬态变化等，且在起动过程中的不同阶段，装药表面的边界条件还将有所不同，因此，必须用一组考虑各种因素后的偏微分方程来描述点火起动过程。目前，借助计算机技术，用数值法求解点火过程的偏微分方程组并不是十分困难的事情，而实际的困难在于对起动过程中的许多物理、化学过程了解不足，无法精确描述这些过程、严格地确定边界条件，因而在精确计算中不得不引入各种简化假设和经验关系式。

目前，点火起动段压强建立过程的工程计算法均假设主装药点火（包播火焰传播等）是瞬时完成的，压强计算可从点火压强开始，从而避开了点火药燃气流动及主装药点火的过程。同时还假定所有燃气参数在整个燃烧室自由容积中是均匀一致的，这样便将实际中的多维流动问题简化成为零维流动问题。经过这样的简化，计算困难将大大减少。应当指出的是，这种工程简化计算方法不能反映真实的点火过程的详细情况，有一定的工程计算缺陷。下面介绍一种简单的点火起动段压强建立过程的工程计算法。

在工程计算中假设：

（1）装药点火瞬时完成，这时的燃烧室内压强为点火压强 p_{ig}。点火压强须根据实验或某些经验式确定。根据这一假设，压强建立过程计算的初始条件应为：$t=0$，$p_c=p_{ig}$。

（2）主装药点燃后，压强上升很快，燃烧室的自由容积和燃面来不及发生明显的变化，因而可以认为发动机燃烧室的自由容积和燃喉比均保持不变，为初始值，即 $V_c=V_{ci}$，$K=K_0$，为常数。

(3) 点火起动过程的压强瞬时变为等温过程,因而 C^* 或 C_D 为常数。

(4) 没有剩余点火药。

由上述假设条件不难看出,此时的压强建立过程的计算实际上已被简化为燃烧室充填过程的计算。

根据以上假设,从压强计算的基本方程式(8-13)可以得到

$$\frac{dp_c}{dt}=\frac{\Gamma^2 C^* A_t}{V_{ci}}(\rho_p C^* aK_0 p_c^n - p_c) \tag{8-60}$$

分离变量进行积分:

$$\int_0^t dt = \frac{V_{ci}}{\Gamma^2 C^* A_t}\int_{p_{ig}}^{p_c}\frac{dp_c}{\rho_p C^* aK_0 p_c^n - p_c} \tag{8-61}$$

积分结果为

$$\begin{aligned} t &= \frac{V_{ci}}{\Gamma^2 C^* A_t}\int_{p_{ig}}^{p_c}\frac{1}{1-n}\cdot\frac{-p_c^n d(\rho_p C^* a K_0 - p_c^{1-n})}{p_c^n(\rho_p C^* a K_0 - p_c^{1-n})} \\ &= \frac{1}{1-n}\frac{V_{ci}}{\Gamma^2 C^* A_t}\left[-\ln(\rho_p C^* aK_0 - p_c^{1-n})\right]_{p_{ig}}^{p_c} \\ &= \frac{1}{1-n}\frac{V_{ci}}{\Gamma^2 C^* A_t}\ln\left(\frac{\rho_p C^* aK_0 - p_{ig}^{1-n}}{\rho_p C^* aK_0 - p_c^{1-n}}\right) \end{aligned} \tag{8-62}$$

式(8-62)给出了压强建立过程中燃烧室内瞬时压强 p_c 和时间 t 的关系。此式只适用于给出 p_c 去计算对应的时间 t,并在 p_c-t 图上描绘出压强上升曲线。为了便于给出 t 去计算对应的 p_c,必须进行适当变换。令

$$\rho_p C^* a K_0 = p_{c,eq}^{1-n}$$

及

$$\tau = \frac{1}{1-n}\cdot\frac{V_{ci}}{\Gamma^2 C^* A_t} \tag{8-63}$$

则式(8-62)可简化为

$$t = \tau\ln\frac{p_{c,eq}^{1-n} - p_{ig}^{1-n}}{p_{c,eq}^{1-n} - p_c^{1-n}} \tag{8-64}$$

改写成指数形式:

$$\frac{p_{c,eq}^{1-n} - p_{ig}^{1-n}}{p_{c,eq}^{1-n} - p_c^{1-n}} = e^{\frac{t}{\tau}} \tag{8-65}$$

或

$$p_c^{1-n} = p_{c,eq}^{1-n} - (p_{c,eq}^{1-n} - p_{ig}^{1-n})e^{-\frac{t}{\tau}} \tag{8-66}$$

最后得

$$\left(\frac{p_c}{p_{c,eq}}\right)^{1-n} = 1 - \left[1 - \left(\frac{p_{ig}}{p_{c,eq}}\right)^{1-n}\right]e^{-\frac{t}{\tau}} \tag{8-67}$$

或

$$\left(\frac{p_c}{p_{c,eq}}\right)^{1-n} = 1 - ce^{-\frac{t}{\tau}} \tag{8-68}$$

式中:$c = 1 - \left(\frac{p_{ig}}{p_{c,eq}}\right)^{1-n}$。

8.4.4 压强建立过程中瞬变压强的变化特征

式(8-68)直接给出了压强 p_c 与时间 t 的关系。很明显，若 $p_{ig} < p_{c,eq}$，则 $c>0$，随着时间的延长，燃烧室压强将从点火压力 p_{ig} 开始按指数关系不断上升，理论上，当 t 趋于无穷大时，p_c 趋于 $p_{c,eq}$，所以平衡压强也叫作极限压强；如果点火压强高于平衡压强，即 $p_{ig} > p_{c,eq}$，则 $c<0$，燃烧室压强将随着时间的增长而不断下降，理论上，当 $t \to \infty$ 时，$p_c \to p_{c,eq}$。上述两种变化情况见图 8-11。由此可知，从非平衡压强过渡到平衡压强需要一定的时间而不能瞬时完成。从理论上讲，燃烧室压强要经过无限长时间才能达到平衡压强，但实际上，就一般发动机的装填条件来说，燃烧室压强变化很快，只需百分之几秒或十分之几秒就能上升到平衡压强的 95%~98%，此时，燃烧室内的实际压强与平衡压强的差别已经很小，故可以认为燃烧室压强实际上已经达到平衡压强。因此经常用压强达到平衡压强的 95% 所需时间来衡量压强上升的快慢。

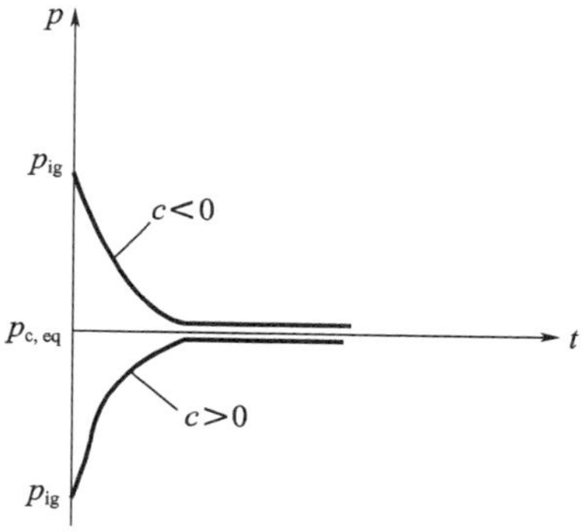

图 8-11 压强建立过程中瞬变压强的变化特征

从式(8-68)不难看出，影响压强变化过程的各个因素都包含在参数 c 和 τ 中。c 值实际上取决初始点火压强 p_{ig} 与平衡压强 $p_{c,eq}$ 之差。显然，压强差越大，则 c 值越大，过渡过程所需时间也越长；参数 τ 具有时间的量钢，其大小主要取决于燃烧室的初始自由容积 V_{ci} 和喷管喉部面积 A_t，或发动机的装填密度，所以 τ 是发动机的特征时间。很明显，燃烧室初始自由容积(或 L^*)越大，特征时间 τ 越长，压强变化就越慢。换言之，若发动机装填密度比较小，充填自由容积或从自由容积排出多余气体都需要更长的时间。

在工程上经常用发动机的点火延迟时间来衡量起动过程的快慢。显然，点火延迟时间越短、起动越迅速，发动机能更快地进入稳定工作状态。为了缩短点火延迟时间，一方面要改进点火器的设计或加大点火药量，以提高点火压强；另一方面可通过增大发动机装填密度，安装喷管堵盖等措施来增大压强上升的速率。

8.5 固体火箭发动机熄火过程及压强下降段的计算

8.5.1 熄火过程概述

固体火箭发动机根据应用场合的不同，有两种熄火情况。

1. 自行熄火

所谓自行熄火，就是主装药燃尽后发动机自动熄火、工作结束。对于大多数战术导弹来说，如果不是要求在主动段击中目标，则发动机熄火一般是在推进剂主装药燃尽后自行熄火。

2. 强迫熄火

所谓强迫熄火，就是指在主装药燃尽前采取一些强迫措施使发动机熄火而结束工作。例如：弹道式战略导弹为了保证弹头命中目标常常需要适时终止发动机推力；航天用火箭发动机，为了使航天飞行器准确进入预定轨道，都要求火箭发动机在主动段工作的终点具有预定的速度向量，为此，常常在火箭发动机头部装置加速度积分仪作为测定速度的传感器，当飞行器达到规定的速度向量时发出信号，适时终止发动机的推力作用等。推力终止首先要使火箭发动机迅速熄火、不再产生推力，同时要使飞行器与火箭发动机强行分离，即使发动机有某些剩余推力，仍不至于作用在飞行器上，以免干扰飞行器的预定弹道。因此，为了适时终止正在工作的火箭发动机的推力，常采用强迫熄火方法。

强迫熄火常用的方法如下：

1）采用反推力装置

在发动机头部设置若干个反向喷管，发动机正常工作时，它们都被密封堵住，一旦需要终止推力时，就将它们突然打开。这时，产生反向推力使发动机与弹头脱离。

打开反向喷管时，发动机燃烧室压强突然降低。突然降压使气相密度减小，火焰与推进剂表面距离增大，减小了温度梯度，因而减小了由火焰传向表面的热流密度。另外，压强降低使气相反应速率减小，造成气相反应区增厚，也使温度梯度减小。上面两个因素结合在一起，当降压率达到一定值时，便造成熄火。对于复合推进剂来说，由于氧化剂与燃料成分的分解速率对表面热流密度变化的敏感程度不同，当突然降压时，引起气相混合比暂时变化，一般是变成更富燃的，因而火焰温度显著下降。这反过来又使表面所接受的热流密度减小，造成恶性循环，导致迅速熄火。

试验证明，当燃烧室内压强变化率 $\mathrm{d}p/\mathrm{d}t$ 超过某一临界值时，装药便能可靠熄火。每种推进剂都有特定的临界压强下降率，它也与熄火前的燃烧室压强值有关，熄火前燃烧室压强越高，临界压强下降率越大。例如，某种复合推进剂，当燃烧室压强为 3.75×10^6 Pa 时，临界压强下降率 $\left(-\dfrac{\mathrm{d}p}{\mathrm{d}t}\right)_{\mathrm{cr}}=5.1\times10^6$ Pa/s。

2）喷射阻燃剂

阻燃剂可以是液体（如水）、固体（如碳酸氢铵粉末）或气体（如氮气）。向推进剂主装药表面喷射阻燃剂时，阻燃剂升温、汽化要吸收热量，从而降低了装药表面温度和燃气温度；阻燃剂本身以及它所产生的气体，阻挡了燃气向装药表面的热量传递，也使装药表面温度降低，因此使推进剂装药分解速率及火焰温度降低，进而造成燃烧室压强急剧下降，导致发动机强迫熄火。选择阻燃剂时要求阻燃剂的热容和汽化热都大，以便减少阻燃剂消耗量。喷射阻燃剂强迫熄火法的缺点是需要在飞行器上装置阻燃剂系统，其中包括贮箱和喷注器等，增加了结构复杂性和质量。

无论是自行熄火还是强迫熄火，在熄火后都有一段发动机燃烧室内燃烧产物向外排出的过程，这时压强和推力持续下降，形成压强－时间曲线和推力－时间曲线的下降段

（也称拖尾段）。在下降段中推力所产生的冲量，叫作后效冲量。后效冲量的大小及偏差影响弹道精度，也影响级间的分离（包括弹头与末级发动机的分离）。级间分离通常要求推力在 10 ~ 20ms 内终止，因此要求后效冲量小。采用反推力喷管就是减小后效冲量的一个办法。

8.5.2 压强下降段的计算

自行熄火或强迫熄火使发动机工作结束以后的压强下降过程可能有两种不同的情况：

第一种情况是主装药不产生余药（如主装药完全燃尽的自行熄火或强迫熄火后主装药不再燃烧的情况等），此时发动机熄火后，燃面和燃气生成率突然变为零，只有通过喷管向外界排放燃气的过程。那么随着燃烧室内燃气贮存量的减少、燃气不断膨胀，燃烧室压强将迅速下降到环境压强，发动机推力也相应地下降到零。

第二种情况是对于自行熄火的发动机，主装药基本燃烧结束以后，还有少量余药继续燃烧。因为余药的燃面和燃气生成率本来不大，而且随时间迅速减小，所以燃烧室压强和推力仍要快速下降。

不论哪种情况，压强和推力的消失都需要一定的时间，因此这一阶段的推力仍可产生一定的后效冲量。一般来讲，后效冲量数值不大，仅占总冲量的很小一部分，对常规的发动机可能并不起重要作用，不过在要求严格控制发动机工作结束时导弹的最大速度或级间分离的情况下，不得不考虑后效冲量的作用。于是，下降段的压强和推力的计算便成为一个不可缺少的步骤。

在发动机工作的下降段，喷管质量流率 $\dot{m}_d$大于燃气生成率 $\dot{m}_b$，压强以一定速率下降，在下降过程中，燃气与发动机壁面之间存在传热、燃气与喷管壁之间以及燃气分子之间存在摩擦、对于某些药型的装药来说往往还有余药的燃烧甚至包覆层的燃烧等。因此压强下降过程是一个复杂的膨胀过程。为了计算下降段的压强，经常见到的有两种处理方法：

一种方法是把压强下降过程近似看作等温膨胀过程。按等温膨胀过程处理时，认为燃烧室内燃气在膨胀过程中温度保持不变。例如，燃烧室内有余药燃烧的排气过程，虽然余药的燃烧面比工作段中主装药的燃烧面要小得多，但是余药的燃烧不断产生高温燃气，多少弥补了燃烧室内燃气在喷管膨胀过程中温度的下降，所以近似地看作等温膨胀。

另一种方法是把压强下降过程近似看作绝热膨胀过程。按绝热膨胀过程处理时，认为下降段压强降低的速率很快，膨胀过程进行时间很短，燃气与外界的热交换往往可以忽略不计，这时按绝热膨胀过程处理更接近实际。例如，对于燃烧室内没有余药或余药很少的情况，或者对于快速熄火的情况等。等温膨胀和绝热膨胀是两种理想的极限情况，实际过程必然处于中间状态。下面分别说明这两种计算方法。

1. 按等温膨胀计算下降段压强

在等温膨胀条件下，燃气温度不变，则流率系数 C_D或特征速率 C^* 可以看作常数，基本方程式（8 - 13）则可以用于压强下降段的计算。此时，装药燃面$A_b = 0$，燃烧室自由容积V_c为常数并近似地等于整个燃烧室的容积，于是式（8 - 13）简化为

$$\frac{\mathrm{d}p_c}{\mathrm{d}t} = -\frac{\Gamma^2 C^*}{V_c} p_c A_t \qquad (8-69)$$

分离变量并积分式(8-69)：

$$\int_0^t \mathrm{d}t = -\frac{V_c}{\Gamma^2 C^* A_t} \cdot \int_{p_{c,eq}}^{p_c} \frac{\mathrm{d}p_c}{p_c} \tag{8-70}$$

得

$$t = \frac{V_c}{\Gamma^2 C^* A_t} \ln \frac{p_{c,eq}}{p_c} \tag{8-71}$$

式(8-71)表明，压强下降段的 $p_c - t$ 曲线是一条指数曲线。式中的 $p_{c,eq}$ 为装药燃烧结束时刻对应的燃烧室压强，其数值可以从工作段的计算中得到。

2. 按绝热等熵膨胀计算下降段压强

在绝热等熵膨胀的情况下，燃气温度 T 是不断下降的，由于流率系数 C_D 或特征速度 C^* 与温度有关，因此 T、C_D 和 C^* 都是时间的函数。基本方程式(8-13)不再适用，必须用质量守恒方程(8-1)、状态方程(8-7)、容积变化率方程(8-5)和等熵关系式(代替能量方程)导出压强计算公式。

令 $A_b=0$，$V_c=$常数，于是质量守恒方程式(8-1)简化为

$$V_c \frac{\mathrm{d}\rho_c}{\mathrm{d}t} = -\frac{\Gamma}{\sqrt{RT}} A_t p_c \tag{8-72}$$

在绝热膨胀过程中，$p_c/\rho_c^k=$常量。设燃烧室内装药燃烧结束时(熄火时)燃气的压强为 $p_{c,eq}$、密度为 $\rho_{c,eq}$，它们的数值都可以从工作段的计算中得到，在这里作为已知数，因此有

$$\rho_c = \rho_{c,eq} \left(\frac{p_c}{p_{c,eq}} \right)^{1/k}$$

上式两边对时间 t 微分得

$$\frac{\mathrm{d}\rho_c}{\mathrm{d}t} = \frac{\rho_{c,eq}}{k p_{c,eq}^{1/k}} p_c^{\frac{1-k}{k}} \frac{\mathrm{d}p_c}{\mathrm{d}t}$$

代入式(8-72)得

$$\frac{V_c \rho_{c,eq}}{k p_{c,eq}^{1/k}} p_c^{\frac{1-k}{k}} \frac{\mathrm{d}p_c}{\mathrm{d}t} = -\frac{\Gamma A_t p_c}{\sqrt{RT}} \tag{8-73}$$

将状态方程：

$$RT = \frac{p_c}{\rho_c} = \frac{p_c}{\rho_{c,eq} \left(\dfrac{p_c}{p_{c,eq}} \right)^{1/k}} \frac{p_{c,eq}^{1/k}}{\rho_{c,eq}} p_c^{1-\frac{1}{k}}$$

代入式(8-73)得

$$\frac{V_c \rho_{c,eq}}{k p_{c,eq}^{1/k}} p_c^{\frac{1-k}{k}} \frac{\mathrm{d}p_c}{\mathrm{d}t} = -\Gamma A_t \frac{\rho_{c,eq}^{1/2}}{p_{c,eq}^{1/2k}} p_c^{\frac{k+1}{2k}} \tag{8-74}$$

整理式(8-74)并分离变量得

$$\mathrm{d}t = -\frac{V_c}{k\Gamma A_t} \frac{\rho_{c,eq}^{1/2}}{p_{c,eq}^{1/2k}} p_c^{\frac{1-2k}{2k}} \mathrm{d}p_c$$

从燃烧结束瞬间算起，进行积分：

$$\int_0^t \mathrm{d}t = \int_{p_{c,eq}}^{p_c} -\frac{V_c}{k\Gamma A_t} \frac{\rho_{c,eq}^{1/2}}{p_{c,eq}^{1/2k}} p_c^{\frac{1-2k}{2k}} \mathrm{d}p_c$$

可得

$$t=\frac{2V_c}{(k-1)\Gamma A_t\sqrt{RT_f}}\left[\left(\frac{p_c}{p_{c,eq}}\right)^{\frac{1-k}{2k}}-1\right] \tag{8-75}$$

由式(8－75)解出 p_c,得

$$p_c=p_{c,eq}\left[\frac{2V_c}{2V_c+\Gamma\sqrt{RT_f}A_t(k-1)t}\right]^{\frac{1-k}{2k}} \tag{8-76}$$

式(8－76)就是燃烧结束以后,按照绝热膨胀条件所得到的燃烧室压强随时间变化的关系式。严格地讲,式(8－71)和式(8－75)只适用于喷管超临界流动的情况,因为其中引用了超声速流动的流量公式,而在压强下降过程中,喷管中的燃气流动从超临界流动过渡到亚临界流动。因此,式(8－71)和式(8－75)只适用于当 $p_a/p_c\leqslant[2/(k+1)]^{k/(k-1)}$ 的情况,当 p_c 下降到使 $p_a/p_c>[2/(k+1)]^{k/(k-1)}$ 时,喷管中的流动全是亚声速,这时必须用亚声速流率关系式计算流率。但是,实际上在压强下降过程中,绝大部分时间喷管是在超临界状态下工作,只有当 p_c 下降到约为 $2p_a$(p_a 为环境压强)以下时才会出现亚临界状态,这段时间很短,对整个发动机性能影响很小,可以不加考虑。以上两种方法相比,由于式(8－75)考虑了温度的下降,所以燃烧室压强下降得更快一些。但总的来说,两者差别不大。

例 8－3:完成例 8－2 中的压强上升段和下降段的计算。

解:

(1) 压强上升段的计算。

将已知数据:$p_{ig}=2\text{MPa}$, $V_{ci}=2.7\times10^{-4}\text{m}^3$, $K_0=\frac{A_{bi}}{A_t}=\frac{0.1241}{2.46\times10^{-4}}=504.47$ 代入式(8－62)可得

$$\begin{aligned}t&=\frac{1}{1-n}\frac{V_{ci}}{\Gamma^2C^*A_t}\ln\left[\frac{\rho_pC^*aK_0-p_{ig}^{1-n}}{\rho_pC^*aK_0-p_c^{1-n}}\right]\\&=\frac{1}{1-0.66}\times\frac{2.7\times10^{-4}}{0.6584^2\times1340.75\times2.46\times10^{-4}}\\&\quad\times\ln\left[\frac{1340.75\times1600\times2.6024\times10^{-7}\times504.47-(2\times10^6)^{1-0.66}}{1340.75\times1600\times2.6024\times10^{-7}\times504.47-p_c^{1-0.66}}\right]\\&=0.0055542\ln\frac{142.84}{281.62-p_c^{0.34}}\end{aligned}$$

压强上升段的计算结果如表 8－2 所列。

表 8－2　压强上升段的计算结果

压强/MPa	3	4	5	6	7	8	10	12	14	16
上升时间/s	0.0009	0.0017	0.0024	0.0032	0.0040	0.0049	0.0068	0.0094	0.0134	0.035

(2) 压强下降段的计算。已知数据 $V_{ci}=2.46\times10^{-3}\text{m}^3$, $p_{c,eq}=8.06\times10^6\text{Pa}$。

按等温膨胀过程计算:

根据式(8－75)得

$$
\begin{aligned}
t &= \frac{V_c}{C^* \Gamma^2 A_t} \ln \frac{p_{c,eq}}{p_c} \\
&= \frac{2.46 \times 10^{-3}}{0.6584^2 \times 1340.75 \times 2.46 \times 10^{-4}} \ln \frac{8.06 \times 10^6}{p_c} \\
&= 0.0172 \ln \frac{8.06 \times 10^6}{p_c}
\end{aligned}
$$

等温膨胀的压强下降段的计算结果如表 8－3 所列。

表 8－3　等温膨胀的压强下降段的计算结果

压强/MPa	8	6	4	2	1
上升时间/s	0.000129	0.00508	0.0121	0.02397	0.03589

按绝热膨胀过程计算：

根据式(8－75)得

$$
\begin{aligned}
t &= \frac{2V_c}{(k-1)\Gamma A_t \sqrt{RT_f}} \left[\left(\frac{p_c}{p_{c,eq}} \right)^{\frac{1-k}{2k}} - 1 \right] \\
&= \frac{2 \times 2.46 \times 10^{-3}}{(1.252-1) \times 0.6584 \times 2.46 \times 10^{-4} \times \sqrt{\frac{8.31 \times 103}{23.4} \times 2193.2}} \times \left[\left(\frac{p_c}{8.06 \times 10^6} \right)^{\frac{1-1.252}{2 \times 1.252}} - 1 \right] \\
&= 0.1366 \left[\left(\frac{p_c}{8.06 \times 10^6} \right)^{-0.10064} - 1 \right]
\end{aligned}
$$

绝热膨胀的压强下降段的计算结果如表 8－4 所列。

表 8－4　绝热膨胀的压强下降段的计算结果

压强/MPa	8	6	4	2	1
上升时间/s	0.0001028	0.004118	0.00998	0.02057	0.03192

可见按绝热膨胀过程计算比按等温膨胀过程计算，$p_c - t$ 曲线下降得快一点。将上升段和下降段分别加在例 8－2 计算的工作段的前、后，即可得到完整的、发动机点火起动至工作结束时的 $p_c - t$ 曲线。

习　题

1. 燃烧室压强的重要性体现在哪几个方面？
2. 燃烧室压强随时间的变化规律是什么？
3. “零维”内弹道学中计算燃烧室压强随时间变化的基本微分方程是什么？
4. 零维变燃面装药发动机工作段压强的计算步骤是什么？

第 9 章　火药装药技术的进展

近年,火药装药技术有较大的进展,提出了一些新概念、新结构的火药装药,有些已经得到应用,它们在提高初速、提高射速,增加射程、增加威力和精度等方面起了非常重要的作用。这些新概念、新结构的火药装药包括渐增性燃烧的装药、密实装药、低温感装药、多层变燃速装药、随行装药、模块装药、3D 打印的装药等。本章将对这些技术进行论述。

9.1　渐增性燃烧的装药

内孔燃面渐增和燃速渐增等渐增性燃烧的装药早已得到应用。近期,高燃速高密度的装药技术得到了发展,这类装药包括整体药柱、多层结构药柱和按序分裂杆状药等,它们是具有较强增燃性效果的装药。

9.1.1　燃速渐增性装药

燃速渐增性燃烧是通过发射药各个燃烧层化学组分变化而获得的,在燃烧期间,各个燃烧层的燃速发生有规律的变化并逐渐增加。反映在弹道上,初期燃气生成速率小,燃气在低燃速下生成,因此,火炮的膛压上升较慢,并使最大压力出现在膛容较大的瞬间。当燃烧进入药的内部,发射药燃速和燃气生成量则迅速增加,减缓了最大压力后的膛压下降速率,比较有效地控制了 $p-l$ 曲线的形状。由于大幅提高发射药的燃速有困难,在较薄药体上改变燃速也有一定的难度,因此,研究工作主要集中于如何降低燃速,并且是降低药体局部区的燃速,从而在发射药燃烧方向上形成燃速由低到高的变化,实现了燃速的渐增性燃烧。

目前,已有多种技术和方法可以控制发射药的燃速。小口径武器普遍采用的钝感技术是将燃气火焰温度较低的物质,如 DNT、中定剂、苯二甲酸二丁酯、樟脑等渗入发射药的表层,降低了该区发射药的火焰温度和燃速。因为这些物质沿表面向内部方向的浓度由大到小,燃速则由小到大,最终表现为燃速的渐增性。

另一种阻燃方法是采用发射药表面涂层,涂层物质是低燃速物质或高分子聚合物,它们在发射药燃烧环境中是可以消失的或是缓燃的。因此和钝感技术一样,使发射药在整体上具有燃烧的渐增性。

阻燃、钝感等各类技术,属于抑制和减缓燃速的技术,关键在于降低燃速。其可靠性及稳定性由弹道效果来判定。

一种具有变燃速性质的管状药由燃速不同的多个燃烧层组成。燃烧时火药燃速逐步增加，表现出强烈的增燃性质。图9－1是有两种燃烧层的管状药，外层是缓燃层，也是低燃温的低燃速层，内层是高能、高燃速层。内外层燃速比为6：1，外层药在最大压力前燃烧完，内层中的部分火药在最大压力后燃烧。

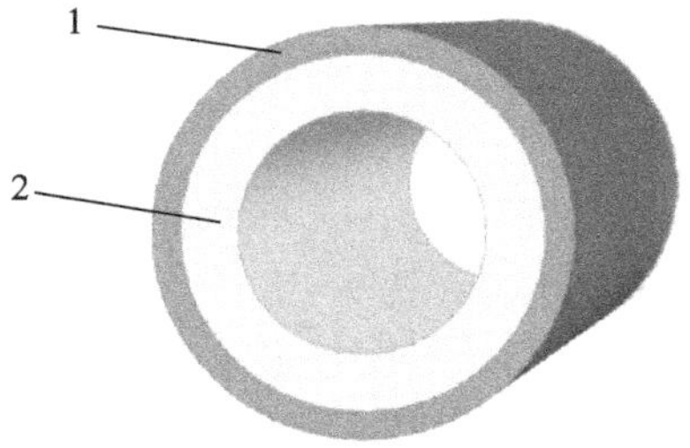

图9－1　变燃速多层火药药柱

1—缓燃层；2—高能、高燃速层。

9.1.2　增面性燃烧装药

1. 多孔粒状药

燃面渐增是利用发射药几何形状的变化而获得的。在粒状药中，球形药、单孔粒状药的燃烧具有减面性，而7孔、19孔、37孔粒状药是增面的。常用增面值比较增面性的大小，增面值是燃烧过程的燃烧面积与初始表面积的比值（$\sigma_s = S/S_0$）。

7孔、19孔粒状发射药是目前常用的燃面渐增性发射药，最大增面值分别为1.3和1.7（图9－2）。在燃烧分裂点σ_s处最大，分裂点之后σ_s开始下降。表9－1是多孔火药的增面性及其应用100mm高射炮的增速效果。

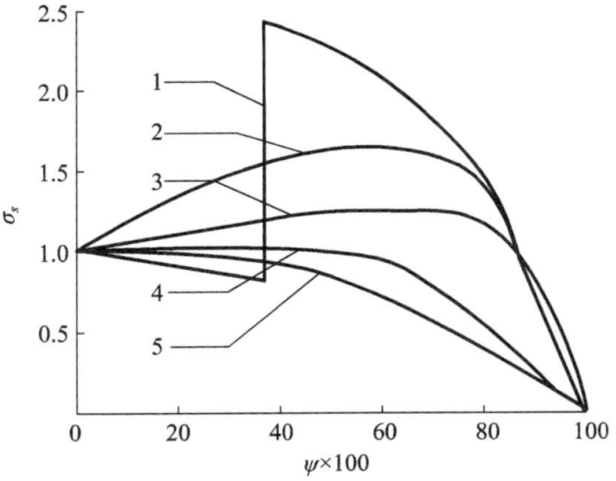

图9－2　药型与增面性的关系

1—球形药；2—管状药；3—7孔药；4—19孔药；5—按序分裂杆状药。

表9－1　多孔火药的增面性和增速效果

类型	单孔	7孔	19孔	37孔	61孔	91孔	129孔
0	1.0	1.11	1.20	1.216	1.224	1.243	1.244
$\Delta v_0 \times 100$	1.0	1.034	1.055	1.062	1.064	1.066	1.069

在 p_m 相同的情况下，37 孔比 19 孔火药增速 0.7%。用 37 孔药替代管状药，初速增加得较为明显。用 19 孔或 37 孔替代 7 孔，发射药初始表面积可分别减少 10.6% 和 25.4%，有利于控制膛内的初始压力。这表明，利用增加燃面渐增性的技术可以在 p_m 不变的情况下提高装药量，并且发射药在膛热力学能烧完，因此，可以提高炮口速度。用 19 孔发射药代替 7 孔发射药，有可能提高初速 2%。但生产孔数更多的发射药在工艺上有困难。

2. 按序分裂杆状药装药

按序分裂杆状药装药（program splitting shape，PSS）是一种增面性较高的装药，采用了药体分裂的增面技术。按序分裂杆状药（图 9-3、图 9-4）的内部有交叉于中心的几条预制槽，预制槽沿纵向贯穿于药杆，药杆的端面是封闭的。按序分裂杆状药有很高的增面值 σ_s。PSS 大量增面现象发生在燃烧过程最有效的时间，保证在弹道循环的早期不出现超压现象，而在 p_m 之后按序大量增加燃面，并在膛内燃完，这种装药可能是一种较为适用的高密度装药。

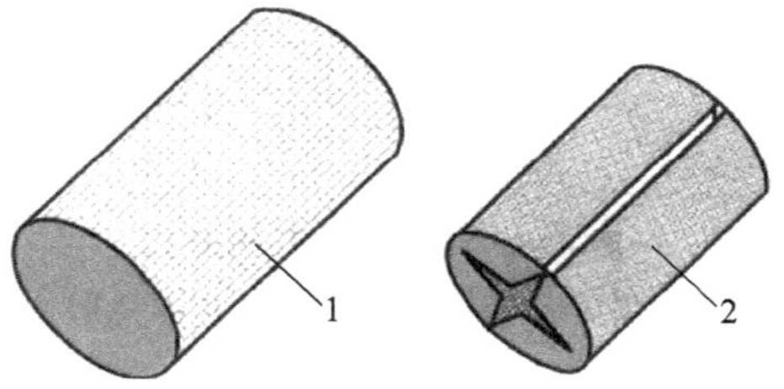

图 9-3　按序分裂杆状药

1—燃烧前杆状药；2—开始分裂状态。

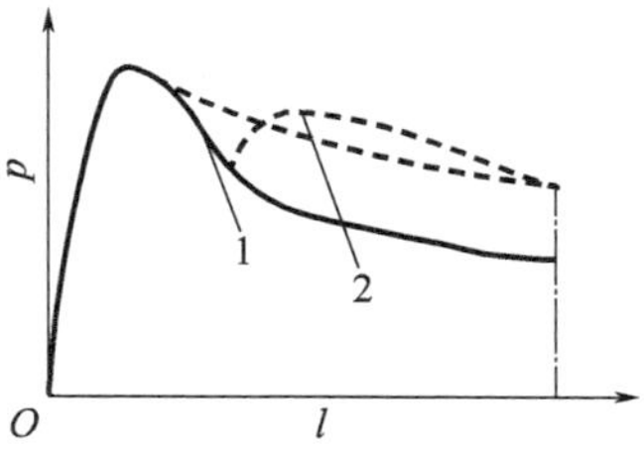

图 9-4　不同药形的 $p-l$ 曲线

1—普通装药 $p-l$；2—PSS 燃烧第二压力峰。

PSS 开始燃烧时预制槽表面不燃烧。随着燃烧过程的发展和弹丸向炮口运动，燃烧在药杆的侧面和端面向内部发展，达到 p_m 并在膛内压力开始下降时，预制槽暴露，并发生药体分裂。此时，燃烧面和气体生成率突然数倍地增加，提高了 $p-t$ 曲线的面积和火炮的初速。预计，PSS 在粒状药的基础上可再增加火炮初速 2% ~3%。

设计 PSS 首先要考虑药杆的外表面和端面。药杆的侧面、端面的几何尺寸和形状要保证 燃烧时达到要求的 p_m 和 t_m。之后确定分裂物的数量、几何尺寸，并使第二个压力峰值达到或接近第一个压力峰值。如果采用组合的、不同形状尺寸的分裂物，重现数量更多的 p_m 峰，当这些振动的峰幅无限小时，就获得“平台”弹道。可以认为：

PSS 是高增面/高装药密度的装药，具有应用的可能性。

PSS 的 σ_s 值高，此类装药不限于杆状药，也可以使用药卷和药块。

PSS 技术的现实性和优越性尚需证实。

3. 阻燃、增面复合型渐增性燃烧装药

利用药形提高增面性的效果是有限的，7 孔、19 孔火药的最大增面值仅为 1.3 和 1.5。如果结合阻燃技术还可以再增加 σ_s 值。以 7 孔火药为例，采用外侧阻燃后，最大增面值可以达到 3。

利用药形、阻燃等多种增面性技术的组合方式，如阻燃的开槽管状药、部分切口的阻燃杆 状药、阻燃的片状药叠加装药等，都可以获得较强烈的增燃效果，明显地提高弹道效率。

9.2 密实装药

9.2.1 粒状药密实

密实装药和高能药装药对增加炮口动能的效果是相似的。发展密实装药是提高能量密度的一条途径,效果比较明显,并且更具现实性。目前,通过配方提高能量的幅度较难超过20%,通过密实装药提高能量的幅度可能达到50%。所以,研究者很重视密实装药的研究。

装药密实的本质是减少药室的无效空间和提高发射药的密度。一种方法是减小药体间的空隙、减小药体内孔的空间,以及减小装药元部件所占有的空间。另一种方法是提高发射药本身的密度,现有发射药的密度为1.50~1.70g/cm^3。

钝感衬纸是装药的主要元件,经估算,衬纸要降低同质量的装药量。以提高炮口动能为主要目标的装药,应尽量减少衬纸用量,或改进衬纸的结构与放置位置,为增加装药量提供空间。

高速动能弹尾翼的结构能影响装药的性能,如果使用尾翼药筒装药代替布袋式装药,可以提高装药量近2%。用管状药的药排围成圆环附于药筒内的斜肩部,也可以提高装药量。

应尽可能减少装药固定件、点火具、布袋等元件所占的体积。这些部件将药筒分隔成数个小区,而小空间的装药密度明显地降低。

下面几种方法可以增加粒状药的装填密度:

(1) 减小或消除药粒之间的空隙。同样弧厚、相同长/径(*L*/*D*)比值的粒状药,其装药密度按从大到小的顺序排列:球形>圆柱形>六边形>梅花形。在粒状药中,小粒药的装药密度高于大粒药的装药密度。使*L*/*D*接近1和用大、小粒混合的装药方法,都可以提高装填密度。

杆状药和粒状药相比,无内孔杆状药的装填密度大。有内孔的杆状药的装填密度取决于药杆的内孔直径。

(2) 对粒状药进行光泽处理。用振动的方法可以提高装药密度,但摩擦阻力影响了药粒的移动。对发射药粒进行光泽处理,既能消除静电,又能对药粒润滑和削去尖角,所以,光泽是提高装填密度的重要手段。对于大口径火炮装药,药粒光泽和不光泽的装药量要相差5%,这是一个较明显的差别。常用的光泽剂是石墨。

光泽和消除药粒空隙等方法皆属于制式的装药方法,它涉及的问题较少。可以综合利用或者部分利用上述方法于装药的型号设计。一般情况下,一个装药结构至少可采用其中三项技术,装填密度可以提高9%~15%(表9-2)。

表9-2 装药方法与装药密度

装药方法	提高装药密度×100	装药方法	提高装药密度×100
石墨光泽	2.5~3.5	圆角六边形替代梅花形	2.9~3.1
7孔替代19孔	2.0	改变长径比,减少内孔径	2.0~3.0
大、小粒混合装药	3.0~5.0	尾翼及药排代替布袋	2.0~3.0

(3) 在单体散装的密实中,不可忽视单体火药固有的密度。对不同的现有火药,密度差可达0.1g/cm^3,即使用高密度火药就可提高装药量约6%。

9.2.2 球形药密实

球形药是轻武器和小口径武器用的主要发射药,同等质量的粒状药,球形药的装填密度最高。球形药的流动阻力小,因此,球形药装药可获得较高的 m_p/m 值和较高的炮口速度。大尺寸球形药难以加工,也不容易进行钝感处理,所以限制了它在大口径火炮上的应用。但大口径火炮一直希望能使用球形药。

现在密实球形装药,成为大口径武器一种高性能的装药,分别应用于155mm、203mm等大口径火炮。密实球形装药成为具有实用价值的装药。密实球形装药具有如下特性:

(1) 装填密度高。自由装填的装填密度为1.03~1.05g/cm^3。装药后经轻微压实的压装球形药,装药密度可达1.30~1.35g/cm^3。压装球形药钝感层厚度约等于22%的球半径长度。钝感层中阻燃剂的浓度梯度大,阻燃剂的质量分数最高为15%,燃烧的初始期有相对低的 $d\Psi/dt$ 值,作为美国105mm火炮M68装药,密实球形药能提高火炮初速50~60m/s。

(2) 低易损性和低易碎性。对于撞击的安全性,密实球形药大于M30和M9,同时不易破碎。

(3) 低烧蚀性。因密实球形药有深度钝感层而降低了火焰温度,球形药的速燃层、高燃温层起作用于膛容较大的阶段。

(4) 易形成压力波。密实球形药透气性差,增大了气流阻力,但采用贯穿于整药床的点火系统能够抑制压力波。

单基药、三基药、双基药都可以制成用于大口径武器的大粒球形药。其中典型的大粒双基球形药的组分为:

NC(13.15% N):74.6%,NG:15%,C_2:8.5%,二苯胺:1.0%,K_2SO_4:0.6%,水:0.2%,石墨:0.1%。

一种大粒球形药的钝感深度是燃烧层厚度的30%(图9-5),药的外层钝感剂浓度 N 最高,约为18%,出现在燃烧层相对厚度($2e/2e_1$)6%深度。因散装和压实的差别,两种球形药装药钝感的方法也有差别,其目的是通过钝感剂浓度分布的不同,抑制压实药因装药量的增加而产生的高压。

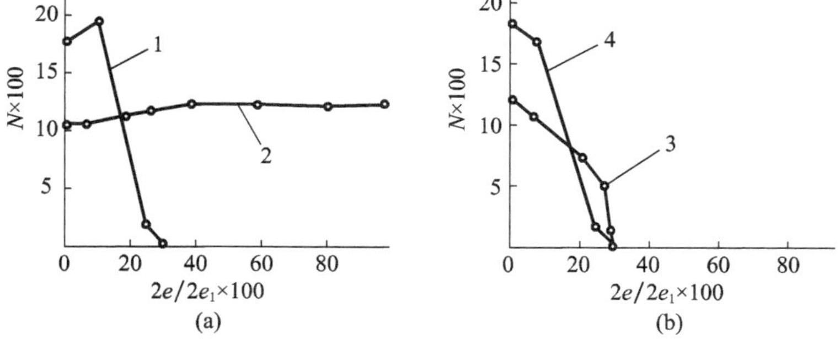

图9-5 钝感浓度和深度的关系

(a) 散装球形药转装药;(b) 散装与压实球形药转装药。

1—阻燃剂浓度;2—NG浓度;3—压实装药阻燃剂浓度;4—自由装填阻燃剂浓度。

9.2.3　杆状药密实

部分切口杆状药是增面性和装填密度都较高的装药，如图 9 - 6 所示。该装药在发射药杆上分布着相间、垂直于纵轴的多个等距离切口，切口的深度等于药杆的半径。切口是杆药内孔的气体出口，其作用是使燃气及时流出，避免内孔超压和药杆的破碎。部分切口杆状药的增面值决定于内孔的数量，在内孔数量相同的情况下，与粒状药的增面性接近。但因为药杆有序排列，装药的装填密度较高。为了提高增面性，内孔设置的数量尽量多；为了增加装药密度，药杆要尽量长。

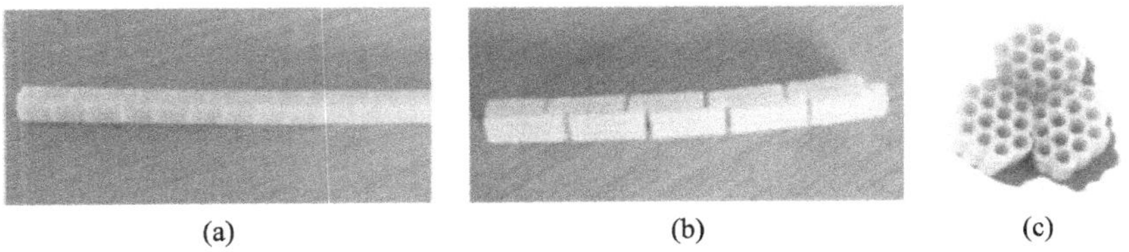

(a)　　(b)　　(c)

图 9 - 6　部分切口杆状药

(a) 发射药；(b) 20MPa 下燃烧后；(c) 50MPa 下燃烧后。

选取最佳的切口距与内孔径的关系是改善弹道性能的关键。和 M203、8 号标准粒状装药相比，在使用部分切口杆状、高能火药和增加装药量 m_p 的情况下，p_m 相同时初速提高 6%。

部分切口杆状药的物理结构、燃烧规律和数值模拟等技术，建立在传统的装药理论和实践的基础上，有明确的可行性和现实性。

9.2.4　压实固结装药密实技术

压实固结装药的装药密度可以达到 1.2g/cm^3 以上，具有较强的增面性质。现在，装药界正研究它在小口径武器上的应用前景，取得一些进展。制作压实固结装药时，先取常规的粒状药，经溶剂溶解或用黏结剂、模压使药粒固结，药柱表面再用阻燃剂作钝感处理。对其燃烧过程的研究发现，药粒的软化程度、阻燃程度、药粒的几何因素都强烈地影响压实固结装药的解体和燃烧过程。燃烧开始，由于药粒紧密接触而具有较低的燃烧面，药柱解体变为粒状药后，装药剧烈增面。

压实固结装药的技术难点是解体和火焰传播过程的稳定性与再现性。目前，对诸如药粒解体、气体的渗透性、气流阻力以及装药固结等许多现象的认识还不够清楚，燃烧的宏观增面性、密实程度、点火冲量和发射药组成等对燃烧行为的影响等问题尚需探索和解决。应用于大口径武器的多层整体药柱、粒状药固结药柱或压实药柱，也必须具有变燃速性质和特高燃速的性质。

压实固结装药在燃烧初期由于分解或者碎裂会产生较大的冲击压力，造成膛压偏高和一致性较差。解决途径主要是选择合适的基体药粒和控制压实固结发射药制备工艺。以变燃速发射药为基体药粒的固结密实发射药有效解决了此难题(图 9 - 7)。

研究者研究了一种由粒状药黏结形成的固结装药，它是由粒状的单基药、双基药或多基药经与黏结剂混合而成的药柱或药块的装药。固结装药能增加装药质量和燃烧的渐增性，便于装填，有助于形成弹尾传火通道。固结装药的尺寸取决于对装药弹道性能和力学性能的要求。

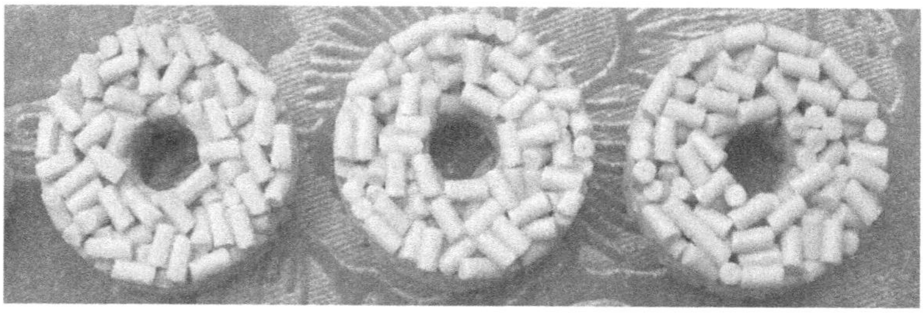

图9－7　以变燃速发射药为基体药粒的固结密实发射药

9.3　低温感装药

9.3.1　装药的温度系数

装药的温度系数定义为火炮环境温度的微小变化 dT 与之对应的单位压力下最大膛压（或初速）的相对变化值：

$$K=(\mathrm{d}p_{\mathrm{m}}/\mathrm{d}T)/p_{\max}\text{或}(\mathrm{d}v_0/\mathrm{d}T)/v_0$$

环境温度变化改变了发射药的温度和发射药的燃烧速度，随着温度的增加，燃烧速度呈指数级上升，明显地影响了发射药燃气生成速率，在不同地区、不同季节，甚至在白天和晚上，虽然是同一装填条件，但火炮有不同的弹道性能，甚至相差很大。冬天和夏天，火炮的膛压可能相差40～80MPa，明显地降低了武器效率和武器的安全性。温度系数与发射药、弹丸和火炮等多种因素有关。对于现有的武器，高温区 dp_{m}/dT 为12～22MPa/℃，低温区为－0.7～－1.5MPa/℃。

在武器服役的环境温度内，装药只能在高温下发挥正常作用，但武器实际使用于能量损失较大的常、低温环境。常温和低温的速度损失分别为2%～8%和8%～12%。所以，专家普遍认为，低温感装药技术是一种极有吸引力、能够显著改进弹道性能的技术。

9.3.2　一种新的低温感装药技术

南京理工大学的王泽山等运用发射药燃面和燃速的调控技术，使燃面和燃速的增减等效互补，达到了各温度下燃气生成速率的恒定，同时解决了储存安定性的关键问题，发明了一种低温感装药技术。

（1）基本原理。本节研究的结果是获得一种混合发射药装药，它是由制式火药（主装药，MC）和包覆药（B）按一定比例组成的混合装药（MC＋B）。该装药还可以配备低温感点火具和其他元件，形成低温感装药（LTSC，也称低温度系数装药）。

LTSC 的基本原理：

由气体生成速率（dΨ/dt）：

$$\mathrm{d}\Psi/\mathrm{d}t=(S/\Lambda_1)(\mathrm{d}e/\mathrm{d}t)$$

式中：Ψ 为某瞬间火药燃烧掉的相对体积；t 为火药的燃烧时间（s）；e 为火药的燃烧层厚度（mm）；S 为火药的燃烧面积（mm^2）；Λ_1 为火药原有的体积（mm^3）。

燃速 de/dt 随温度变化（图 9－8 曲线 1）是化学反应的属性，燃速不随温度变化的要求较难实现。因此，本节研究避开燃速与温度的关系，而在 LTSC 中建立一个补偿系统（S/Λ_1）。在低温下的火药燃速低时，补偿系统能调控燃面并使燃面增加；而在高温火药燃速高时，补偿系统能调控燃面并使燃面降低（图 9－8 曲线 2）。即在 LTSC 中，存在的补偿系统与另一个系统（de/dt）呈负向效应，从而使 LTSC 在弹道的主要阶段和在各种环境温度下，保证装药的气体生成速率 $d\Psi/dt$ 为一个恒定值（图 9－8 曲线 3）。

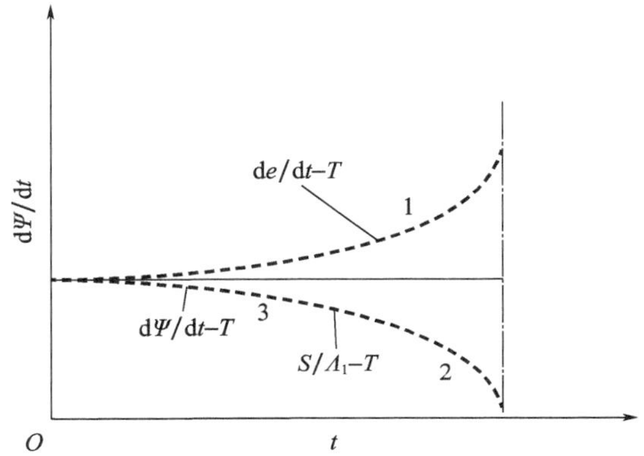

图 9－8　补偿系统的作用原理

（2）技术方法。补偿系统的主要元件是低温感火药和/或低温感点火具，同时采用低温感装药结构。

低温感火药控制燃面（S/Λ_1）值的方法，是在药体内设置空间小、数量多的内孔腔，在众多内孔腔的口部有起开关作用的功能材料。高温时，内孔腔关闭、内孔面不暴露；低温时，内孔腔打开，内孔面暴露。不同温度内孔腔暴露的数量不同。使低温感火药具有与火药燃速呈负向的效应。

起开关作用的功能材料与火药组分相容，抑制了组分迁移，使低温感火药常储稳定、不失效。

低温感点火具在高温时的点火冲量小，在低温时的点火冲量大，点火具和高温燃烧快、低温燃烧慢的装药交叉互补，强化了低温感效果。

低温感装药结构是异质、异型火药的组合，不同的组合获得特征不同的弹道曲线，分别成为零梯度装药（高温、常温、低温射程一致）和不同温度区间具有不同温度系数的装药，应用于不同的火炮和弹药。

9.4　多层变燃速装药

以内弹道学原理为基础，结合多层火药的制备工艺，制备的多层变燃速发射药可有效地对燃气释放规律进行控制，从而实现在不增加膛内最大压力的条件下，提升弹丸初速，最终提高身管武器的威力。多层变燃速发射药制备原理是通过控制与调节各层组分以控制燃速，使发射药层与层之间存在燃速差，实现能量和燃气程序化释放的发射药，进而达到发射药渐增性燃烧的目的（图9－9）。

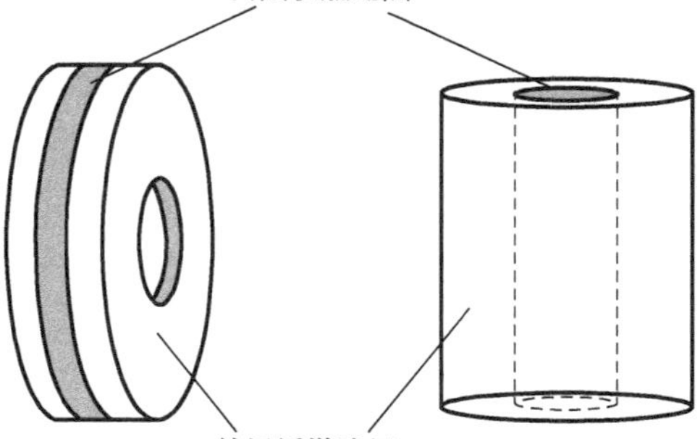

图9－9　多层变燃速发射药示意图

中北大学的马中亮、张江波等在这方面做了较多的工作。多层变燃速发射药的制备原材料、工艺方法等与现有发射药制备较为相似，相对易于制备，同时可调节药型与尺寸应用于多种口径身管武器，具有应用的普遍适用性。在对原材料的选择方面，可以选用硝化棉、硝化甘油制备单基变燃速发射药和双基变燃速发射药，利用硝化棉含氮量与硝化甘油含量的改变，实现发射药层与层之间的燃速差；另外，也可以加入乙基纤维素、黑索今等，使发射药层与层之间具有燃速差，达到发射药渐增性燃烧的目的。在药形结构方面，由于多层变燃速发射药与现有发射药制备较为相似，可制备成管状发射药和片状发射药，其中片状发射药又可再分为方片状药、带状药和环状药。可见，多层变燃速发射药具有多种药形结构，可以适用于多种口径的身管武器（图9－10）。

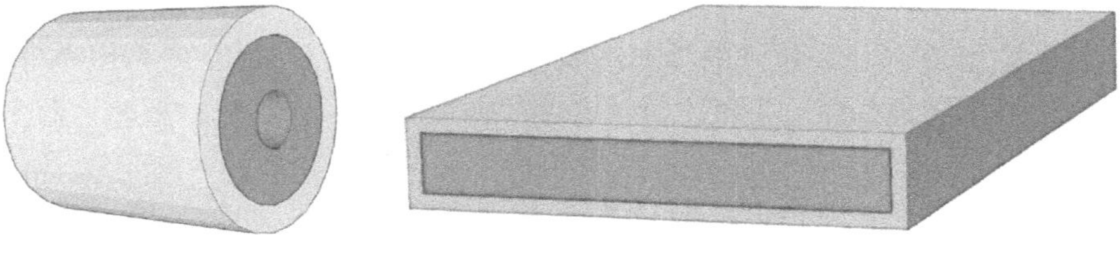

图9－10　管状与方片状药形结构的多层变燃速发射药

9.4.1　多层变燃速发射药的制备

如前所述，多层变燃速发射药的制备与现有发射药的制备较为相似，相对易于制备，可以采用现有的发射药制备工艺流程进行改进后制备，其关键的制备工艺是采用物料流道的控制，从而实现制备多种内外层厚度比的多层变燃速发射药，以匹配多种条件下的装药需求。以双基多层变燃速发射药制备工艺流程为例，多层变燃速发射药的制备工艺流程如图9－11所示。多层变燃速发射药制备过程需要将具有燃速差的两种物料分别加入后，以特制模具进行挤压成型，能够保证较高密度的同时，也使多层变燃速发射药具有了良好的燃烧渐增性。图9－12为7孔变燃速发射药实物图。

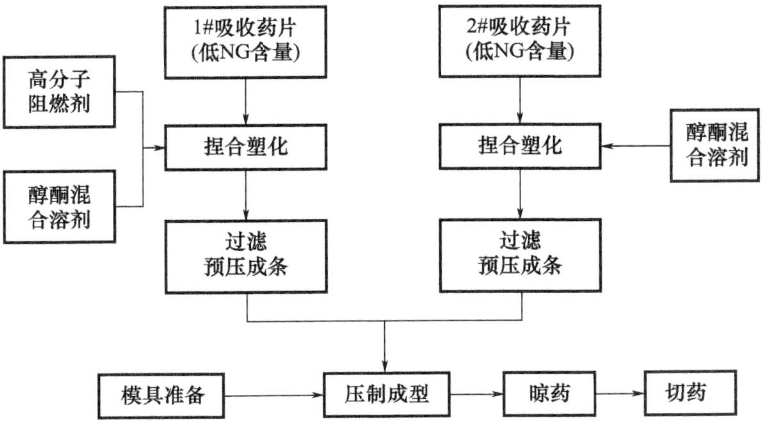

图9-11　多层变燃速发射药的制备工艺流程

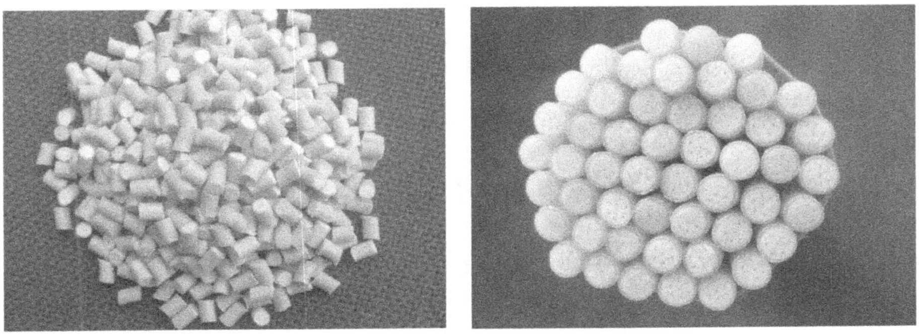

图9-12　7孔变燃速发射药实物图

9.4.2　多层变燃速发射药特点

多层变燃速发射药是一种通过控制与调节各层组分燃速的方法，使发射药能量和燃气产生程序化释放，并具有燃烧渐增性的发射药。多层变燃速发射药的燃烧分为两个阶段，在外层燃烧阶段，发射药的燃烧速度相对较低，燃气生成速率较小，膛内压力上升较慢；当外层燃完进行内层燃烧时，燃烧速度和气体生成速率快速上升，膛内压力快速上升，从而实现并控制发射药能量释放的渐增性。

多层变燃速发射药具有高密度、高能量，机械强度高等特点，制备过程相对较容易，其突出的特点是燃烧具有渐增性。图9-13为典型多层变燃速发射药的$L-B$曲线，其中B表示相对压力，即瞬时压力与最大压力的比值，反映了发射药渐增性区间的大小，表征发射药药粒燃烧的一致性；L反映了发射药燃烧过程中气体生成速率的变化幅度，表征发射药燃烧的增面性。可以看出，多层变燃速发射药在B为0.2～0.7的渐增性区间内，多层变燃速发射药未出现动态活度的降低，表明多层变燃速发射药的结构设计可以降低或抵消减面燃烧的影响。另外，$L-B$曲线的下围面积较传统发射药更高，表明多层变燃速发射药推动弹丸运动的做功效率较高，理论上，多层变燃速发射药可以达到提高弹丸初速的目的。

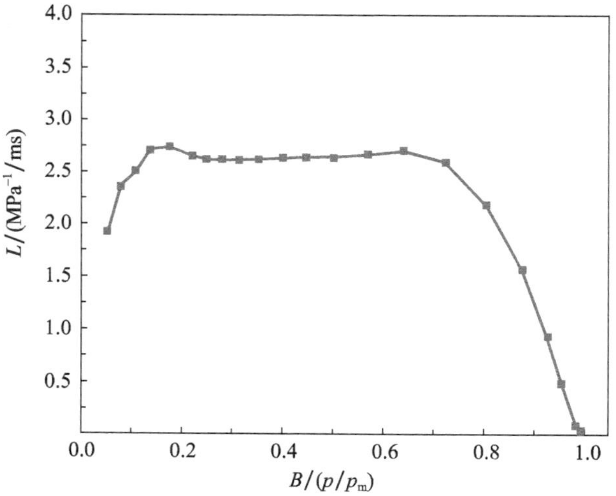

图 9-13　典型多层变燃速发射药的 $L-B$ 曲线

多层变燃速发射药具有巨大的潜在优势，结合整体装药的概念，对层状变燃速发射药进行卷制处理，以卷制多层变燃速发射药的装药方式实现弹丸动能的提升，理论上可进一步增强多层变燃速发射药的渐增性燃烧，对提高身管武器的射击威力与射击稳定性具有重要的实际意义，图 9-14 为卷制多层变燃速发射药的燃烧过程。

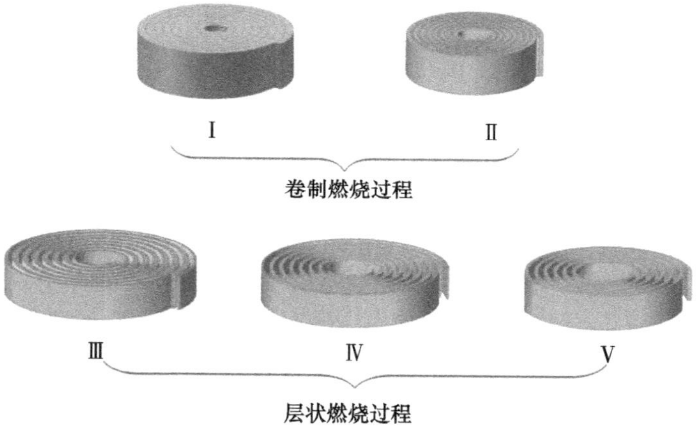

图 9-14　卷制多层变燃速发射药的燃烧过程示意图

卷制多层变燃速发射药的燃烧过程可分为 5 个燃烧阶段，记卷制多层变燃速发射药圈数为 n。第一阶段，径向与轴向方向的外表面中缓燃层燃烧，燃至外表面中缓燃层燃完。第二阶段，径向与轴向方向的外表面中速燃层燃烧，直至卷制多层变燃速发射药的结构散开，第一、第二阶段中，径向方向的燃烧包括最外圈和最内圈的表面部分燃烧；由于黏结部分断开、卷制结构散开，此时燃烧模型可转化为多层变燃速发射药的燃烧模型，侧面的所有表面均进行燃烧。第三阶段，中间 $n-2$ 圈的缓燃层与轴向上下表面燃烧，其中缓燃层全部燃完该阶段结束。第四阶段，最内圈与最外圈、中间 $n-2$ 圈的速燃层在轴向方向燃烧，径向同时燃烧，燃至最内圈与最外圈速燃层燃完，该阶段结束。第五阶段，剩余的

$n-2$ 圈的速燃层在径向与轴向方向同时燃烧,直至全部燃完。

在多层变燃速发射药的基础上,通过对多层变燃速发射药进行物理卷制处理,使其具有紧致的螺旋结构,这种发射药为卷制多层变燃速发射药。卷制多层变燃速发射药与多层状变燃速发射药的主要区别在于物理结构的不同。采用卷制方式处理多层变燃速发射药,目的为控制发射药在燃烧过程中的燃烧面,使发射药的燃烧面从小到大逐渐变化,使燃烧面的变化具有一定的渐增性,故采用卷制多层变燃速发射药在理论上具有更强的燃烧渐增性。

9.5　随行装药

获得高初速的主要手段之一是增加发射药与弹丸的质量比(m_p/m)和增加膛容利用率 η_g。近年来,火炮使用的 m_p/m 值几乎成倍地增加,但在大量提高 m_p/m 之后,初速增加量并不像预测的那样有效。当火炮确定之后,随着 m_p/m 的增加,v_0开始上升较快,而后来变慢。图9-15是40mm火炮的$\frac{m_p}{m}-v_0$曲线。该火炮的行程与口径的比值是100,$p_m=1000$MPa,装药密度 $\Delta=1.24\text{g/cm}^3$,膨胀比为4.16,采用M30发射药。随着 m_p/m 升高,v_0上升是有限制的。其中有两个原因:一个原因是在 p_m 固定的条件下,增加 m_p/m 值的同时必须加大 $2e_1$ 值,这会降低火药的能量利用率,影响了初速的提高;另一个原因是有部分能量用于加热弹底附近的气体,使其与弹丸有相同的速度。m_p/m 越增加,尤其是当 $v_0>2000$m/s时,消耗在加热弹底气体的能量就越大。

通过试验观察,在火炮发射期间,装药主要集中于药室,燃烧的气体则流向弹底。因为燃气流速是与温度有关的声速,所以在高速火炮中,燃气的压力波峰不能及时传到弹底,将出现弹底和膛底之间大的压差。当火药燃完之后,由于弹丸的高速运动,以及气体运动所受声速的限制,膛底、弹底压力不平衡现象更加明显,严重影响增速的效果。图9-16是火炮纵向的瞬时压力分布,膛底至弹底存在较大的压力梯度。

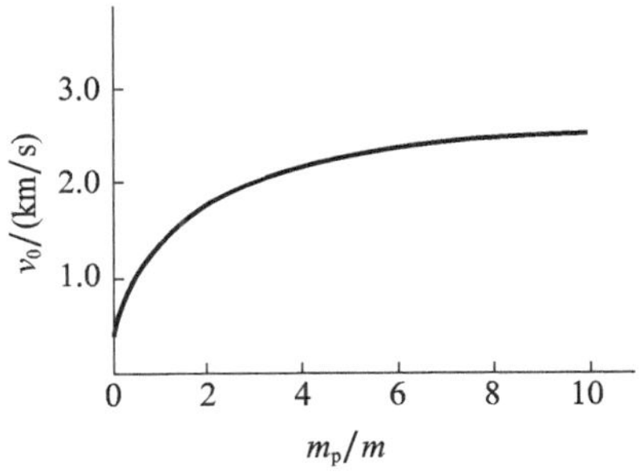

图9-15　40mm火炮系统 $m_p/m-v_0$的关系

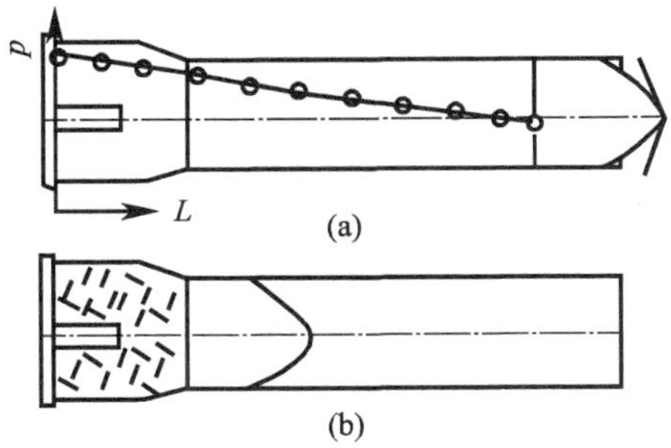

图9-16　火炮纵向的瞬时压力分布

(a) 弹丸出炮口压力分布;(b) 发射前状态。

通过流体动力学公式,可以发现弹丸初速与燃气流速之间的依赖关系。对于气体的声速 a,有

$$a=\left\{\left(\frac{\partial\rho}{\partial p}\right)_T-[T/(c_p/\rho^2)](\partial\rho/\partial T)_p^2\right\}^{-\frac{1}{2}}$$

$(\partial p/\partial \rho)T$ 是恒温下 $\rho-p$ 关系图中的斜率。经计算表明，当膛压和燃气温度都不太高时，火药燃气的声速和弹丸的移动速度就出现差距。现以 $N(1)$ 单基药为例，对应 p、T 的 $N(1)$ 发射药燃气的声速 a 见表 9－3 中。各类火药燃气组分虽然不一致，声速也不一致，但对于高初速火炮的各类火药，其燃气声速值在同一压力和温度下相差不大。

表 9－3　$N(1)$ 火药燃气的声速与温度的关系

温度/K	声速/(m/s)				
	202.6MPa	253.3MPa	303.9MPa	354.6MPa	405.2MPa
2500	1270	1322	1374	1417	1459
2600	1285	1340	1389	1432	1475
2700	1301	1355	1404	1444	1490
2800	1316	1371	1417	1459	1502
2900	1331	1383	1429	1471	1514
3000	1346	1398	1438	1481	1526

现有火炮 $v_0=1700\sim1800\text{m/s}$，但由表 9－3 看出，当 $T=3000\text{K}$，$p_m=405.2\text{MPa}$ 时，燃气声速只有 1526m/s。说明燃气声速是影响高初速火炮初速再提高的主要原因。

因此，增加弹底压力是非常重要的。解决的途径之一是采用随行装药。该装药除药室内的发射药之外，另在弹丸底部设置一个随弹丸运动的随行装药。在火炮发射时，药室中的发射药被点燃，其燃气又推进弹丸和随行装药，膛内气体达到一定压力后，随行装药被点燃。这时，在弹底局部，由于随行装药的燃烧，为弹底部提供一个和膛底压力几乎相当的压力，从而减小了弹、膛底的压力梯度。

9.6　模块装药

目前应用的模块装药有双模块装药和等模块装药。虽然等模块装药要降低射程覆盖量，但它更适于射击操作，所以，性能优良的等模块装药一直是研究的目标。20 世纪 80 年代后期，北约国家（英、美、法、德、意）为 155mm 火炮签署了《弹道谅解备忘录》（JBMOU），决定研制统一标准的全等式模块装药（23L 药室 6 个模块，18L 药室 5 个模块）。该协议还对初速、射程分界及重叠量达成一致。由于没有找到同时兼顾大、小号装药性能的技术，到 90 年代中期，5 个协约国决定放弃全等式模块的研究。

国内的研究，也遇到了同样的问题。这表明，要使装药等模块化，就要损失射程覆盖量，或者在保证最小射程的情况下损失远射程；或者在保证远射程的情况下损失最小射程。

所以，现在国际上主要研究和应用的模块装药是双模块装药，也在研究尽量减少射程损失的等模块装药。

但是，全等式模块装药与其他装药相比，它在机械化、射速、武器质量、装药基数、寿命等方面的性能都是先进的。其最终效果是简化勤务和增大威力。表 9－4 的数据表明，使用等模块装药的一门火炮威力，几乎等价于布袋装药的 3 门火炮的威力。

表9-4 布袋装药、模块装药的性能的比较

装药类别	1发弹模块单元数/个	3min射击可丢失单元数/个	射速/(发/min)	等价威力
布袋式	M3A1等8	168	3~4	1门炮(基准)
不等模块	5	72~144	6~8	等价2门炮
双模块	10	144~288	8~12	等价2门炮
全等式模块	6	0~180	预计12~15	等价3门炮

所以,全等式(等模块)模块装药是最理想的和最先进的装药,这已成为国内、外军械领域的共识。

目前,国外应用的全等式模块装药,是损失了射程覆盖量的等模块装药,如以色列陆军39倍口径155mm火炮全等式模块装药,最小射程为4.15km(射角200密位),使用底排弹药时获得最大射程为21.5km,射程覆盖量损失大于20%。德国莱茵金属公司的DM72、155mm全等式模块装药最小射程为7.8km(射角200密位),射程覆盖量损失近17%。

9.7 3D打印的装药

3D打印技术(增材制造技术),融合了计算机辅助设计、材料加工与成型技术,以数字模型文件为基础,通过软件与数控系统将专用材料按照挤出、熔融、光固化、喷射或烧结等方式逐层堆积,最终制造出实体物品。

增材制造技术的特点是摆脱了传统制造方式的约束,可以实现复杂结构件的制造,对于设计者而言,轻松实现"所想即所得,所需即所得"。虽然3D打印种类很多,但基本操作流程是一致的,图9-17给出了3D打印的基本过程,具体如下:

(1) 数据准备。首先需要绘制所需火药的三维形状,并进行二维切片处理,此时三维模型被分割为相互叠加的二维数据。

(2) 材料准备。准备打印所需的含能"墨水",根据不同的打印机的结构,将"墨水"放置在指定位置。

(3) 二维打印。根据3D打印成型原理的不同,喷头、挤出头或激光器接收指令的控制进行二维移动,将墨水按照规划好的路径进行涂覆、黏结,最终完成对该层二维图形的打印。

(4) 逐层堆积。当一层图形打印完毕时,在Z方向上将继续进行下一层的打印,并且与上层黏结起来。

(5) 重复上述过程,直至样品打印完成。

将打印好的火药,从成型平台上取下,得到想要的火药样品。

国际标准化组织对3D打印工艺提出了分类原则,根据原材料、激活源、机制等不同,将3D打印分为光聚合固化技术、材料喷射技术、材料挤出技术、粉末床熔合技术、黏结剂注射技术、薄片层叠技术、定向能量沉积技术七类。

杨伟涛等在光固化发射药3D打印领域,制备出了含能光固化黏结剂APNIMMO发射药,侧链含有硝酸酯基团,初始分解温度为160~180℃,分解峰温为219℃,与RDX、

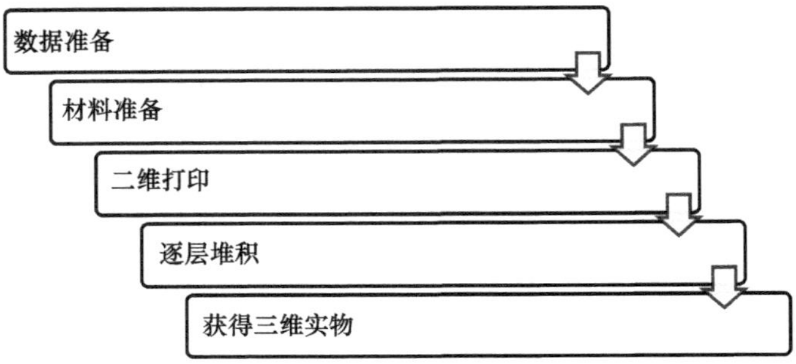

图 9-17　3D 打印的基本过程

CL-20 等常规含能固体相容性好。

相比非含能光固化黏结剂配方体系，在相同的固体种类与固体含量下，采用含能光固化黏结剂的发射药的火药力提高了 200J/g 以上，可以达到 1100J/g 以上（图 9-18）。

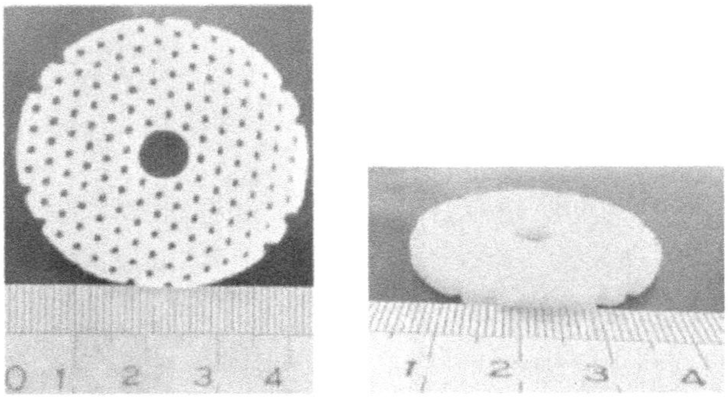

(a)　　(b)

图 9-18　光固化打印超多孔圆盘发射药

(a) ×200；(b) ×500。

习 题

1. 简述多层变燃速发射装药的原理。
2. 简述低温感装药的基本原理。
3. 简述随行装药的基本原理。
4. 简述 3D 打印装药的发展现状。

参考文献

[1] 王泽山,何卫东,徐复铭. 火药装药设计原理与技术[M]. 北京:北京理工大学出版社,2006.
[2] 唐金兰,刘佩进. 固体火箭发动机原理[M]. 北京:国防工业出版社,2013.
[3] 鲍福廷,侯晓. 固体火箭发动机设计[M]. 北京:中国宇航出版社,2016.
[4] 周起槐,任务正. 火药物理化学性能[M]. 北京:国防工业出版社,1983.
[5] 刘继华. 火药物理化学性能[M]. 北京:北京理工大学出版社,1997.
[6] 王泽山,徐复铭,张豪侠. 火药装药设计原理[M]. 北京:兵器工业出版社,1995.
[7] 王泽山,欧育湘,任务正. 火炸药科学与技术[M]. 北京:北京理工大学出版社,2002.
[8] 肖忠良. 火炸药导论[M]. 北京:国防工业出版社,2019.
[9] 刘林林,马忠亮,萧忠良. 变燃速发射药膛内燃烧与内弹道过程研究[J]. 兵工学报,2010,31(4):409-413.
[10] 高可政,马忠亮,萧忠良. 变燃速发射药芯料体积流率波动值的数值模拟[J]. 火炸药学报,2010,33(1):71-74. DOI:10.14077/j.issn.1007-7812.2010.01.019.
[11] 吕秉峰,刘幼平,董凤云,等. 定容条件下火药实际燃烧规律的数值模拟[J]. 火炸药学报,2007,(6):72-74.
[12] 马忠亮,李志良,徐方亮,等. 药型尺寸对变燃速发射药燃烧渐增性的影响[J]. 含能材料,2007,(2):128-130.
[13] 马忠亮,夏萍,贺增弟,等. 胶黏固结发射药的燃烧性能[J]. 火炸药学报,2006,(5):60-62.
[14] 贺增弟,刘幼平,马忠亮,等. 变燃速发射药的低温感性能[J]. 火炸药学报,2006,(1):65-67.
[15] 萧忠良,贺增弟,刘幼平,等. 变燃速发射药的原理与实现方法[J]. 火炸药学报,2005,(1):25-27.
[16] 贺增弟,刘幼平,马忠亮,等. 变燃速发射药的燃烧性能[J]. 火炸药学报,2004,(3):10-12.
[17] 刘平,马忠亮,王率宇,等. 七孔变燃速发射药燃烧性能的数值计算[J]. 含能材料,2015,23(3):243-247.
[18] 程山,马忠亮,代淑兰,等. 七孔变燃速发射药内弹道性能的数值计算[J]. 火炸药学报,2014,37(2):78-81,85. DOI:10.14077/j.issn.1007-7812.2014.02.012.
[19] 马忠亮,刘林林,萧忠良. 变燃速发射药两相流内弹道模型及数值模拟[J]. 高压物理学报,2012,26(1):102-106.
[20] 马忠亮,朱林,高可政,等. 影响变燃速发射药尺寸波动因素数值计算[J]. 含能材料,2011,19(4):445-449.
[21] 范雪坤,马忠亮,朱林. 变燃速发射药燃烧性能研究进展[J]. 四川兵工学报,2011,32(7):48-50,54.
[22] 马忠亮,鲁坤,范雪坤,等. 多层管状发射药燃烧性能的数值计算[J]. 火炸药学报,2011,34(2):69-72. DOI:10.14077/j.issn.1007-7812.2011.02.013.

[23] 鲁坤,马忠亮,萧忠良．药型对层状发射药燃烧渐增性的影响[J]．含能材料,2011,19(1):69－73.

[24] 刘林林,马忠亮,萧忠良．变燃速发射药内弹道参数的预估[J]．火炸药学报,2010,33(5):83－86. DOI:10.14077/j.issn.1007－7812.2010.05.011.

[25] 张江波,高红旭,肖飞,等．铝丝电爆炸中考虑层状运动的纳米颗粒形成模型[J]．等离子体科学与技术,2023,25(1):151－162.

[26] 张江波,肖霞,赵煜华,等．铜丝钛丝电爆炸对硝胺发射药的点火特性[J]．火工品,2022,(5):24－29.

[27] 张江波,高红旭,肖飞,等．在毛细管放电中冲击波对推进剂点火的影响[J]．等离子体科学与技术,2022,24(6):188－196.

[28] 韦丁,王琼林,严文荣,等．降低身管烧蚀性研究进展[J]．火炸药学报,2020,43(4):351－361. DOI:10.14077/j.issn.1007－7812.2019.04.033.

[29] 王琼林,李强,苟兵旺,等．大口径火炮发射过程炮架振动的主动抑制技术[J]．火炸药学报,2017,40(6):1－6. DOI:10.14077/j.issn.1007－7812.2017.06.001.

[30] 张江波,梁磊,张玉成,等．不同金属粉在等离子体点火中的作用研究[J]．火工品,2016,(6):32－35.

[31] 刘强,张玉成,张江波,等．底喷式等离子体发生器的输出特性研究[J]．爆破器材,2015,44(4):11－14,18.

[32] 刘强,张江波,严文荣,等．基于多层发射药内弹道模型的软件设计与实现[J]．四川兵工学报,2013,34(4):20－23.

[33] 焦旭英,张玉成,杜江媛,等．大长径比点传火管的点传火性能[J]．火炸药学报,2013,36(1):78－81. DOI:10.14077/j.issn.1007－7812.2013.01.018.

[34] 张江波,王琼林,张玉成．改性单基发射药内弹道模型[J]．弹道学报,2012,24(2):73－78.

[35] 严文荣,张玉成,赵晓梅,等．等离子体对发射药烧蚀作用的机理研究(英文)[J]．火炸药学报,2012,35(1):77－82. DOI:10.14077/j.issn.1007－7812.2012.01.018.

[36] 张江波,余斌,张玉成,等．串式装药两相流模型及数值求解[J]．兵工自动化,2011,30(5):64－67.

[37] 张江波,张玉成,李强,等．发射药膛内两种燃速测试方法的比较[J]．含能材料,2011,19(1):78－81.

[38] 赵晓梅,张玉成,严文荣,等．ETPE 发射药的热分解特性与燃烧机理[J]．火炸药学报,2010,33(3):68－71,87. DOI:10.14077/j.issn.1007－7812.2010.03.006.

[39] 张江波,杨雁,张玉成,等．某新型发射药在身管附加装药中的应用研究[J]．含能材料,2010,18(2):192－195.

[40] 张玉成,李瑞,蒋树君,等．底喷式等离子体发生器射流的输出特性[J]．火炸药学报,2010,33(1):67－70. DOI:10.14077/j.issn.1007－7812.2010.01.023.

[41] 张江波,张玉成,蒋树君,等．多层发射药内弹道模型及数值求解[J]．火炸药学报,2009,32(3):83－86.

[42] 张江波,张玉成,王琼林,等．片状多层发射药的内弹道性能[J]．火炸药学报,2009,32(2):64－67.

[43] 张江波,蒋树君,余斌．序列装药内弹道过程的模拟分析[J]．火炸药学报,2008,(3):87－90.

[44] 张江波,张玉成,蒋树君,等．双药室装药实现能量补偿的技术研究[J]．火炸药学报,2008,(2):68－70,74.

[45] 李曼曼,武若蘅,高宇晨,等．CL－20 粒度对 3D 打印光固化发射药的热分解和燃烧性能的影响(英文)[J]．火炸药学报,2023,46(4):345－351. DOI:10.14077/j.issn.1007－7812.2022.06.010.

[46] 李梓超,姚月娟,徐真珍,等. 四孔发射药的静态和动态燃烧性能研究(英文)[J]. 火炸药学报,2022,45(5):744-748. DOI:10.14077/j.issn.1007-7812.2022.05.027.

[47] 任家桐,谭博军,杨伟涛,等. 金属-有机框架材料在火药中的应用研究进展[J]. 火炸药学报,2023,46(3):185-198. DOI:10.14077/j.issn.1007-7812.2022.05.009.

[48] 潘清,朱一举,王明,等. 某双基球扁药中 DBP 钝感剂的分布及扩散[J]. 火炸药学报,2021,44(4):549-554. DOI:10.14077/j.issn.1007-7812.2020.06.023.

[49] 赵强,刘波,刘少武,等. 堵孔钝感高能叠氮硝胺发射药的性能[J]. 含能材料,2020,28(3):242-247.

[50] 何昌辉,王琼林,刘少武,等. 发射药及装药燃烧残渣的研究进展[J]. 火炸药学报,2017,40(2):10-18. DOI:10.14077/j.issn.1007-7812.2017.02.002.

[51] 杨伟涛,张玉成,刘少武,等. RDX 基可燃材料的热力学性能,非等温反应动力学及安全性研究(英文)[J]. 火炸药学报,2017,40(2):19-23,32. DOI:10.14077/j.issn.1007-7812.2017.02.003.

[52] 刘波,王琼林,刘少武,等. 改性单基发射药中功能组份分散对燃烧性能的影响[J]. 中国军械,2012,8(2):114-118.

[53] 姚月娟,刘少武,王琼林,等. 颗粒模压发射药的燃烧性能[J]. 含能材料,2012,20(1):76-79.

[54] 魏伦,王琼林,刘少武,等. 多层发射药的燃烧特性[J]. 火炸药学报,2010,33(1):75-78. DOI:10.14077/j.issn.1007-7812.2010.01.020.

[55] 王琼林,刘少武,张远波,等. 程序控制燃烧发射药的概念和原理[J]. 火炸药学报,2009,32(5):71-74.

[56] 魏伦,王琼林,刘少武,等. 一种圆环状多层发射药的燃烧模型[J]. 火炸药学报,2009,32(4):80-83,87.

[57] 王琼林,赵小锋,刘少武,等. 一种基于密闭爆发器试验的发射药燃烧渐增性定量评价方法[J]. 火炸药学报,2009,32(3):71-74.

[58] ZHANG J,LIU W,XIAO F,et al. Investigation Into Magnetic Reconnection Formation on Propellant Ignition in Electrical Explosion[J]. Frontiers in Physics,2021,9:780968.

[59] 杨伟涛,Clive W,闫光虎,等. 超多孔圆片(MPD)发射药定容燃烧特性的数值计算(英文)[J]. 火炸药学报,2020:1-9.

[60] ZHANG J,LI X,SHI H,et al. Understanding titanium carbide nanoparticle formation by an underwater electrical explosion process through experimental and modeling studies[J]. Physics of Plasmas,2020,27:023510.

[61] ZHANG J,CHEN L,YANG W,et al. Study on Electrical Explosion Mechanism and Ignition Characteristics of Copper and Aluminum Powder under Ignition Solid Propellant[J]. IEEE Trans. Plasma Sci. ,2020,48:1-7.

[62] KURULKAR G R,SYAL R K,SINGH H,et al. Combustible cartridge case formulation and evaluation[J]. Journal of Energetic Materials,1996,14:127-149.

[63] FATALIEV R V,ENEIKINA T A,KOZLOVA L A,et al. Study of an effect of promising cellulose components on the physico-mechanical properties and a burning rate of a combustible material for combustible cartridge cases produced according to the filtration casting technology[J]. Journal of Physics:Conference Series,2020,1666:012054.